Excel 2016
高级应用案例教程

陈卓然 主编

李　政　刘　刚　陆思辰 副主编

清华大学出版社
北京

内 容 简 介

习近平总书记在党的二十大报告中指出："实践没有止境，理论创新也没有止境。"实践是检验真理的标准，本书以任务驱动方式，紧密结合应用，通过丰富的实例，介绍 Excel 2016 的操作技巧、高级功能和实用技术，更加凸显实践应用对理论知识掌握的重要性。

本书首先对 Excel 基本操作、公式、函数与图表等知识进行提炼；接着介绍 VBA 及编程技术；然后给出若干应用案例，其中大部分用非编程和编程不同方法实现，以便对比同样问题的多种解决方案；最后给出几个用 Excel 和 VBA 开发的应用软件。

读者可通过分析、改进、移植这些案例，积累知识，拓展应用，开发自己的作品，提高应用水平。

本书可作为高等院校各专业"计算机基础"的后续课程教材，也可作为计算机及信息技术专业课教材，还可供计算机应用和开发人员参考。

图书在版编目（CIP）数据

Excel 2016高级应用案例教程 / 陈卓然主编. —北京：清华大学出版社，2023.10
ISBN 978-7-302-64836-9

Ⅰ. ①E… Ⅱ. ①陈… Ⅲ. ①表处理软件－教材 Ⅳ. ①TP391.13

中国国家版本馆CIP数据核字（2023）第195164号

责任编辑：袁勤勇
封面设计：常雪影
责任校对：徐俊伟
责任印制：沈　露

出版发行：清华大学出版社
　　　　　网　　　　　址：http://www.tup.com.cn, http://www.wqbook.com
　　　　　地　　　　　址：北京清华大学学研大厦 A 座　　　　　邮　　编：100084
　　　　　社　总　机：010-83470000　　　　　邮　　购：010-62786544
　　　　　投稿与读者服务：010-62776969，c-service@tup.tsinghua.edu.cn
　　　　　质 量 反 馈：010-62772015，zhiliang@tup.tsinghua.edu.cn
　　　　　课 件 下 载：http://www.tup.com.cn, 010-83470236
印 装 者：三河市龙大印装有限公司
经　　销：全国新华书店
开　　本：185mm×260mm　　　印　　张：18.25　　　字　　数：433 千字
版　　次：2023 年 11 月第 1 版　　　印　　次：2023 年 11 月第 1 次印刷
定　　价：58.00 元

产品编号：096966-01

Excel 是全球最流行的办公软件之一，是微软公司开发的集成办公软件 Office 的成员。虽然很多人掌握了 Excel 的基本知识和操作技能，但所做的工作仍然比较低效。这是因为 90%以上的人，仅仅在使用 Excel 的 10%左右的功能。当然，另外 90%的功能不可能都是常用的，但确实蕴含着丰富的宝藏，如果能用好其中的实用技术、技巧和高级功能，就能真正提高办公软件的应用水平。

党的二十大指出，教育、科技、人才是全面建设社会主义现代化国家的基础性、战略性支撑。全国高等院校计算机基础教育研究会发布的《中国高等院校计算机基础教育课程体系 2008》提倡"以应用为主线"或"直接从应用入手"构建课程体系，认为使用办公软件是所有大学生应具备的最基本能力，课程内容应包含办公软件的高级应用技术。《中国高等院校计算机基础教育课程体系 2014》继承和发展了"面向应用"的教学理念，并进一步提出"以应用能力培养为导向，完善复合型创新人才培养实践教学体系建设"的工作思路。

基于课程体系的调整，全国计算机等级考试（NCRE）从 2013 年下半年开始，新增了二级"MS Office 高级应用"科目，要求考生具有计算机应用知识及 MS Office 办公软件的高级应用能力，能够在实际办公环境中开展具体应用。考试环境为 Windows 10 和 Microsoft Office 2016。

与此同时，有些高校在信息技术类专业中开设了"办公软件高级应用"课程，在其他专业中开设了类似的选修课或公共课。

目前，市面上已有一些介绍办公软件应用技巧和高级技术的书，但很难找到合适的"办公软件高级应用"教材。原因是这些书要么篇幅巨大，知识含量却不多；空讲理论和操作，而不联系实际应用；要么应用案例专业性太强，应用面太窄。

鉴于此，我们结合多年的教学实践，参考大量资料，针对多种需求开发了一系列在实践中已得到应用的案例，并在此基础上，进行提炼和加工，编写了本书。之所以取名为《Excel 2016 高级应用案例教程》，而非《办公软件高级应用》，是为了突出其中的一个主题，深入研究 Excel 的应用技术。

本书的主要特色如下。

（1）对 Excel 应用技术和技巧，进行了深入挖掘和广泛收集，并进行精心提炼和加工。写入教材的内容既有专业深度，也有应用广度，更注重实用性。

（2）内容紧凑，有效信息含量大。

（3）理论联系实际，以应用为主线。每个案例都有实际应用背景，针对性强。书中详细介绍了每个案例的实现方法、过程和技术要点，给出了全部源代码。

本书还配有全套的示例文件、电子教案等教学资源，感兴趣的读者可加入办公软件应用群（QQ 群号：369786984）进行交流。

本书的内容包括以下 4 部分。

（1）第 1~4 章，对 Excel 基本操作、函数、图表和公式等知识进行提炼，给出一些应用实例和技巧。

（2）第 5、6 章，介绍 VBA 编程的基础知识和实用技巧。

（3）第 7~10 章，给出若干应用案例，其中大部分用非编程和编程不同方法实现，以便对比同样问题的多种解决方案。

（4）第 11、12 章，给出几个用 Excel 和 VBA 开发的应用软件。

本书第 1~4 章由陈卓然执笔；第 5、6 章由刘刚执笔；第 7~10 章由陆思辰执笔；第 11、12 章由李政执笔。参加本书代码调试、资料整理、文稿录入和校对等工作的还有贾萍、张会萍、常秀云、高曼曼等，在此对他们的支持和帮助表示感谢。

由于作者水平所限，难免有不足和错误之处，请读者不吝批评和指正。

作 者

2023 年 5 月

目 录

第 1 章 Excel 基本操作 1

  1.1 制作简单的电子表格 1

    1.1.1 基本概念 1

    1.1.2 工作簿和工作表管理 2

    1.1.3 单元格内容的编辑 5

  1.2 单元格格式控制 12

    1.2.1 单元格格式控制基本方法 12

    1.2.2 单元格格式控制技巧 13

  1.3 自定义数字格式 15

  1.4 排序、筛选与计算 18

  1.5 视图和页面设置 21

  1.6 数组公式及其应用 23

    1.6.1 数组公式的基本操作 23

    1.6.2 用数组公式统计各分数段人数 24

  1.7 条件格式的应用 26

    1.7.1 为奇偶行设置不同背景颜色 26

    1.7.2 忽略隐藏行的间隔背景 27

    1.7.3 比较不同区域的数据 28

    1.7.4 为"小计"行列自动设置醒目格式 29

  1.8 名称的定义与应用 30

    1.8.1 定义和引用名称 30

    1.8.2 在名称中使用常量与函数 32

    1.8.3 动态名称及其应用 33

  上机练习 34

第 2 章 工作簿函数 36

  2.1 计算最近 5 天的平均销量 36

  2.2 制作字母和特殊符号代码对照表 37

  2.3 汇总各科成绩 38

2.4   对称剔除极值求平均值 39

2.5   提取字符串中的数值、字符和中文 41

2.6   将字符串拆成两部分 44

2.7   员工信息查询 46

2.8   银行转账记录的筛选与分类汇总 48

上机练习 50

第 3 章   图表与图形 52

3.1   两城市日照时间对比图表 52

3.2   迷你图与工程进度图 55

3.3   绘制函数图像 57

3.4   制作动态图表 58

3.5   图表背景分割 59

3.6   人民币对欧元汇率动态图表 61

3.7   图片自动更新 63

3.8   数据透视表和数据透视图 65

上机练习 66

第 4 章   公式应用技巧 68

4.1   生成随机数 68

4.2   制作闰年表 69

4.3   学生信息统计 71

4.4   调查问卷统计 72

4.5   学生考查课成绩模板 73

4.6   员工档案及工资表 76

上机练习 82

第 5 章   VBA 应用基础 84

5.1   用录制宏的方法编写 VBA 程序 85

5.1.1   准备工作 85

5.1.2   宏的录制与保存 85

5.1.3   宏代码的分析与编辑 86

5.1.4   用其他方式执行宏 88

5.2   变量和运算符 89

5.2.1   变量与数据类型 89

5.2.2   运算符 93

5.3   面向对象程序设计 96

5.4   过程 99

5.4.1　工程、模块与过程 100

5.4.2　子程序 101

5.4.3　自定义函数 103

5.4.4　代码调试 106

5.5　工作簿、工作表和单元格 107

5.5.1　工作簿和工作表操作 107

5.5.2　单元格和区域的引用 108

5.5.3　对单元格和区域的操作 112

5.5.4　自动生成年历 115

5.6　工作表函数与图形 117

5.6.1　在 VBA 中使用 Excel 工作表函数 117

5.6.2　处理图形对象 118

5.6.3　多元一次方程组求解 119

5.6.4　创建动态三维图表 121

5.7　在工作表中使用控件 122

5.8　使用 Office 命令栏 124

5.8.1　自定义工具栏 125

5.8.2　选项卡及工具栏按钮控制 128

5.8.3　自定义菜单 130

上机练习 131

第6章　VBA 实用技巧 133

6.1　标识单元格文本中的关键词 133

6.2　从关闭的工作簿中提取数据 134

6.3　在 Excel 状态栏中显示进度条 135

6.4　获取两个工作表中相同的行数据 136

6.4.1　用逐个数据项比较方法实现 137

6.4.2　用 CountIf 函数实现 137

6.5　考生编号打印技巧 138

6.5.1　工作簿设计 139

6.5.2　参数设置和初始化子程序 140

6.5.3　批量生成多张工作表 140

6.5.4　分别生成和打印每张工作表 142

6.6　商品销售出库单的自动生成 143

6.7　汉诺塔模拟演示 147

上机练习 152

第 7 章　数据输入与统计 154

7.1　用下拉列表输入数据 154

7.1.1　用名称和工作簿函数设置下拉列表项 154

7.1.2　用数据有效性设置下拉列表项 156

7.1.3　设置不同单元格的下拉列表项 157

7.1.4　动态设置自定义工具栏的下拉列表项 160

7.2　统计不重复的数字个数 162

7.2.1　用 FIND 函数统计单元格内不重复的数字个数 162

7.2.2　用 COUNTIF 函数统计区域中不重复的数字个数 163

7.2.3　用 FREQUENCY 函数统计区域中不重复的数字个数 164

7.2.4　用 MATCH 函数统计区域中不重复的数字个数 164

7.2.5　用 VBA 自定义函数统计区域中不重复的数字个数 165

7.3　制作应交党费一览表 166

7.4　种植意向调查数据汇总 169

7.5　函授生信息统计 172

7.5.1　公式实现法 173

7.5.2　程序实现法 174

7.5.3　数据透视表法 176

上机练习 177

第 8 章　数据处理 180

8.1　大小写金额转换 180

8.1.1　用公式生成中文大写金额 180

8.1.2　用 VBA 程序生成中文大写金额 181

8.1.3　将数值转换为商业发票中文大写金额 184

8.2　四舍六入问题 187

8.2.1　用 Excel 工作簿函数 187

8.2.2　用 VBA 自定义函数 189

8.3　Excel 信息整理 192

8.3.1　手动操作 193

8.3.2　用 VBA 程序实现 195

8.4　批量生成工资条 197

8.5　制作九九乘法表 200

上机练习 203

第 9 章　排序与筛选 205

9.1　用高级筛选实现区号邮编查询 205

9.2　免试生筛选..208
　　9.2.1　手动操作..208
　　9.2.2　用 VBA 程序实现..211
9.3　考试座位随机编排..212
9.4　销售额统计与排位..216
　　9.4.1　工作表设计..216
　　9.4.2　用辅助区域进行统计..217
　　9.4.3　清除标注..220
　　9.4.4　显示销售额对应的排位..220
　　9.4.5　用 Large 函数进行统计..221
上机练习..223

第 10 章　日期与时间..225
10.1　由身份证号求性别、年龄、生日和地址.............................225
　　10.1.1　用 Excel 工作簿函数..225
　　10.1.2　用 VBA 自定义函数..229
10.2　计算年龄并标识退休人员..231
　　10.2.1　用公式实现..232
　　10.2.2　用 VBA 代码实现..233
10.3　计算退休日期..234
　　10.3.1　用 VBA 程序实现..235
　　10.3.2　用 Excel 公式实现..239
10.4　用机记录浏览与统计..241
　　10.4.1　保存开关机记录..241
　　10.4.2　工作表设计..243
　　10.4.3　程序设计与运行..244
上机练习..247

第 11 章　文件管理..249
11.1　列出指定路径下全部子文件夹和文件名.............................249
11.2　批量重命名文件..251
11.3　提取汉字点阵信息..254
11.4　标记并删除重复文件..257
上机练习..261

第 12 章　家庭收支流水账..264
12.1　工作簿设计..264
12.2　基本数据维护..269

12.3   分类汇总图表 272

12.4   测试与使用 276

上机练习 278

参考文献 280

第 1 章

Excel 基本操作

二十大指出，教育、科技、人才是全面建设社会主义现代化国家的基础性、战略性支撑。掌握专业的办公电脑操作技术，是新时代对人才提出的基本要求。

Excel 是应用广泛的电子表格软件，它由微软开发，属于 MS Office 套装办公软件中的重要组件。通过电子表格软件进行数据的管理与分析，已成为人们学习和工作的必备技能之一。

本章通过完成几个实际任务，来学习 Excel 2016 工作簿和工作表管理、单元格内容和格式设置、数据的排序和筛选、数组公式及其应用、名称的定义与应用等基本知识、操作方法和技巧。

为节省篇幅，本书对 Excel 的基本内容进行提炼，省略不必要的插图，而把重点放在应用上，希望通过应用帮助读者获取更多知识和技术。建议读者边看书边操作，以获得最佳的学习效果。

1.1 制作简单的电子表格

本节将通过制作一个简单的电子表格，来介绍 Excel 工作簿、工作表、单元格的操作技巧。

1.1.1 基本概念

在一台安装了 Office 2016 的计算机中，单击 Windows "开始"按钮，在"所有程序"菜单中选择 Microsoft Excel 2016，或者单击桌面上的快捷方式图标，或者双击已创建的 Excel 工作簿文件，都可以启动 Excel 2016。

启动 Excel 2016 后，会看到图 1-1 所示的工作界面。图中标注了各部分的名称。

1. 工作簿、工作表、单元格

在 Excel 中创建和保存的文件叫工作簿。每个工作簿包含若干个工作表，每个工作表包含若干个单元格。

如果把工作簿比作一个会计账本，工作表就相当于账页。账页实际上是一张表格，表格中行与列的交叉处即为单元格。

受可用内存的限制，Excel 2016 工作簿中的工作表个数，一般为数百个。每个工作表有 1048576 行、16384 列，共 1048576×16384 个单元格。

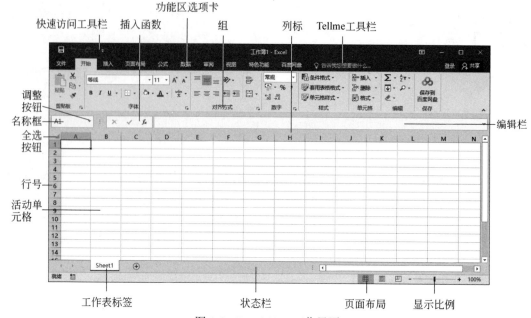

图 1-1　Excel 2016 工作界面

2. 相对地址、绝对地址、混合地址

每个单元格都有唯一的地址(也称为"名称")。地址用列标(A, B, C,…)和行号(1,2,3,…)来表示。例如，A1、B6、E127、AE8、$A$6、$B8、B$8 等都是有效的单元格地址。

其中，不带符号"$"的为相对地址。在进行公式复制等操作时，若引用公式的单元格地址发生变动，公式中的相对地址会随之变动。

列标和行号前面都带有"$"的为绝对地址。在进行公式复制等操作时，若引用公式的单元格地址发生变动，公式中的绝对地址保持不变。

列标或行号前有一个"$"的为混合地址。在进行公式复制等操作时，公式中的相对行或相对列部分会随引用公式的单元格地址变动而变动，绝对行或绝对列部分保持不变。

3. 活动工作表、活动单元格

工作簿中当前被激活的工作表和单元格，通常称为活动工作表和活动单元格，也可称为当前工作表和当前单元格。

4. 区域、区域引用

一个或多个单元格构成区域。可以对区域进行编辑、删除、格式设置及打印等操作，也可以对区域使用公式。构成区域的单元格可以是相邻的，也可以是不相邻的。

区域的地址称为区域引用。相邻单元格构成的区域其引用方法为：区域左上角单元格地址＋冒号＋区域右下角单元格地址，不相连的区域和单元格引用时用逗号分隔，例如，"B4:D10,E7,L20"。

1.1.2　工作簿和工作表管理

对 Excel 的操作，首先是工作簿和工作表，然后是单元格或区域。对工作簿和工作表的管理主要包括以下内容。

1. 新建工作簿

进入 Excel 2016 时，系统自动创建名为"工作簿 1"的新工作簿，在默认情况下，该工作簿含有 1 张名为 Sheet1 的空白工作表（见图 1-1）。

在 Excel 中创建新的工作簿，可以用以下方法：

单击"文件"选项卡，选择"新建"命令，在"可用模板"中选择"空白工作簿"，即可新建一个工作簿，并命名为"工作簿 2"。

可以利用系统提供的模板创建特定格式的工作簿。

2. 打开工作簿

打开已有的工作簿，通常有以下几种方法：

【方法 1】　在 Windows 环境下，双击要打开的工作簿文件。

【方法 2】　在 Excel 中，选择"文件"选项卡中的"打开"命令。

【方法 3】　在 Excel 中，选择"文件"选项卡中的"最近所用文件"命令，在右侧"最近使用的工作簿"列表中选择相应的文件。

3. 保存工作簿

保存工作簿，通常使用以下几种方法：

【方法 1】　单击"快速访问工具栏"中的"保存"按钮。

【方法 2】　在"文件"选项卡中选择"保存"或"另存为"命令。

【方法 3】　用 Ctrl+S 快捷键。

首次保存工作簿时，系统会打开"另存为"对话框。在这个对话框中，可以指定保存位置、文件名和类型。

4. 关闭工作簿

单击 Excel 标题栏中的"关闭"按钮，可退出 Excel，同时关闭所有打开的工作簿。如果工作簿未保存，系统将询问是否保存。

要退出 Excel，也可以使用"文件"选项卡中的"退出"命令，或者按 Alt+F4 键。

若要关闭当前编辑的工作簿，而不退出 Excel，可以单击工作簿窗口标题栏中的"关闭"按钮。也可以使用"文件"选项卡中的"关闭"命令。

5. 选定工作表

单击某个工作表标签，该工作表将成为活动工作表，也就是当前工作表。

要选定多个工作表，可以按住 Ctrl 键，然后逐一单击工作表标签。若选择连续的多张工作表，还可以按住 Shift 键，单击首尾表标签。

如果工作表很多，可单击工作表标签滚动按钮，显示其他标签。

为了快速选定工作表，可以右击工作表标签滚动按钮，在弹出的快捷菜单中选择需要的工作表。

6. 为工作表命名

【方法 1】　双击工作表标签，输入新名称，按 Enter 键。

【方法 2】 右击工作表标签，在弹出的快捷菜单中选择"重命名"命令，输入新名称，按 Enter 键。

【方法 3】 单击工作表标签，在"开始"选项卡的"单元格"选项组中单击"格式"按钮，选择"重命名工作表"命令。

7. 移动或复制工作表

【方法 1】 单击工作表标签，将其拖到目标的位置。或按住 Ctrl 键，并将工作表标签拖到要插入该副本的位置。

【方法 2】 右击工作表标签，在弹出的快捷菜单中选择"移动或复制"命令，在对话框中指定位置，勾选"建立副本"复选框，则进行复制，否则进行移动。

【方法 3】 单击工作表标签，在"开始"选项卡的"单元格"选项组中单击"格式"按钮，选择"移动或复制工作表"命令。

注意：要将工作表移动或复制到另一个工作簿中，必须先将该工作簿打开，否则"工作簿"列表中看不到相应的文件名。

8. 插入和删除工作表

插入工作表的常用方法如下。

【方法 1】 单击工作表标签右边的"新工作表"按钮，在当前工作表的右边插入一张空白工作表。

【方法 2】 右击工作表标签，在弹出的快捷菜单中选择"插入"命令，在"插入"对话框中双击"工作表"，可在当前工作表前插入一张空白工作表。

【方法 3】 单击要在其左边插入新工作表的工作表标签，然后在"开始"选项卡的"单元格"选项组中单击"插入"按钮下方的下三角按钮，在弹出的菜单中选择"插入工作表"命令。

删除工作表的常用方法如下。

【方法 1】 选定要删除的单个或多个工作表。在"开始"选项卡的"单元格"选项组中单击"删除"按钮下方的下三角按钮，在弹出的菜单中选择"删除工作表"命令。

【方法 2】 右击工作表标签，在弹出的快捷菜单中选择"删除"命令。

9. 设置工作表标签颜色

【方法 1】 右击工作表标签，在弹出的快捷菜单中选择"工作表标签颜色"命令并设置颜色。

【方法 2】 单击工作表标签，在"开始"选项卡的"单元格"选项组中单击"格式"按钮，选择"工作表标签颜色"命令并设置颜色。

10. 显示或隐藏工作表

【方法 1】 右击工作表标签，在弹出的快捷菜单中选择"隐藏"命令。

【方法 2】 单击工作表标签，在"开始"选项卡的"单元格"选项组中单击"格式"按钮，选择"隐藏工作表"命令。

取消隐藏：从上述相应菜单中选择"取消隐藏"命令，在打开的"取消隐藏"对话框中选择相应的工作表。

11. 保护工作表和工作簿

为了防止对设计好的工作表或工作簿有意或无意的修改，需要对其进行保护。

（1）在"审阅"选项卡的"更改"选项组中选择"保护工作表"或"保护工作簿"命令。

（2）选择需要保护的选项。

（3）两次输入密码，单击"确定"按钮。

在"审阅"选项卡的"更改"选项组中，也可以撤销对工作表或工作簿的保护。

1.1.3　单元格内容的编辑

在 Excel 单元格中，可以直接输入、修改和删除数据，可以自动填充序列数据，也可以填写公式并由公式求出相应的结果。

1. 选定单元格或区域

要对单元格或区域进行操作，首先要选定。选定方法有以下几种。

【方法 1】　单击任意单元格可以将其选定。单击行号可以选中一行，单击列标可以选中整列，单击工作表左上角的"全选"按钮可以选中整个工作表。

【方法 2】　按住鼠标左键拖动，可选定多行、多列或多个单元格构成的区域。按住 Ctrl 键再单击或拖动鼠标可选定不连续的行、列或区域。

【方法 3】　用键盘。

按箭头键（↑、↓、→、←），选中相邻的单元格。

按 Ctrl+箭头键，移动光标到工作表中当前数据区域的边缘。

按 Shift+箭头键，在原来选定区域的基础上，加选旁边的单元格。

按 Tab 键、Shift+Tab 键，向右、向左选定单元格。

按 Enter 键、Shift+Enter 键，向下、向上选定单元格。

在"文件"选项卡中选择"选项"命令，在"Excel 选项"对话框的左边选择"高级"项，右边找到"编辑选项"，可以改变"按 Enter 键后移动所选内容"的控制方向。

【技巧 1-1】　快速选中数据区。单击任意一个有数据的单元格，按 Ctrl+A 键。

【技巧 1-2】　快速定位到某一单元格。在名称框中输入单元格地址，按 Enter 键。

2. 单元格内容的输入、修改和删除

选中单元格后，可以直接输入数据，编辑栏会显示相同的内容。在编辑栏中输入或修改数据，当前单元格的内容也会随之改变。

在已有数据的单元格中输入新的内容，原来的内容就会被覆盖掉。如果想在原来内容的基础上进行修改，有 3 种办法：双击这个单元格，按 F2 功能键，选中单元格后在编辑栏进行修改。

不论在单元格还是在编辑栏中输入或修改，只要按 Enter 键即可结束当前单元格的编辑，将光标移到下一单元格。如果某单元格的文字中需要输入回车符，可按 Alt+Enter 键。

若要删除单元格的内容，只需要选中该单元格，按 Delete 键即可。

如果要撤销先前的操作，可按 Ctrl+Z 键。

3．输入和填充计算公式

下面，创建一个 Excel 工作簿，在工作表中输入一些数据，并在其基础上输入和填充计算公式。

进入 Excel 2016，系统会自动创建一个带 Sheet1 工作表的工作簿。将 Sheet1 工作表重命名为"简单表格"，将工作簿保存为"简单的电子表格.xlsx"。

在"简单表格"工作表中，输入图 1-2 所示的数据。

其中，A1 单元格输入的内容为表格的标题，A2:E2 区域输入的内容为表格中数据项名（表头），A3:D8 区域输入的是一些具体数据。

为了计算每种文化用品的总价，可以选中 E3 单元格，输入公式"=C3*D3"，单击编辑栏中的"输入"按钮☑或按 Enter 键，将得到公式的计算结果。

注意：公式前面一定要加一个等号。

重新选中 E3 单元格，用鼠标拖动边框右下角的小方块"填充柄"，向下填充（复制公式）到 E8 单元格，或双击填充柄，计算各物品"总价"的公式就会被填充到 E4～E8 这些单元格中，得到图 1-3 所示的结果。

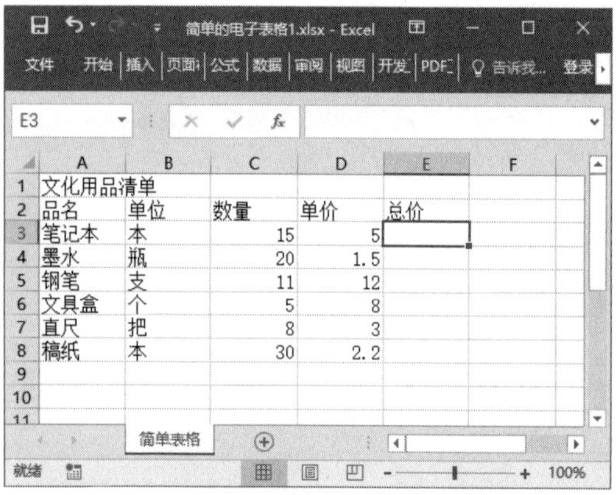

图 1-2 "简单表格"工作表内容

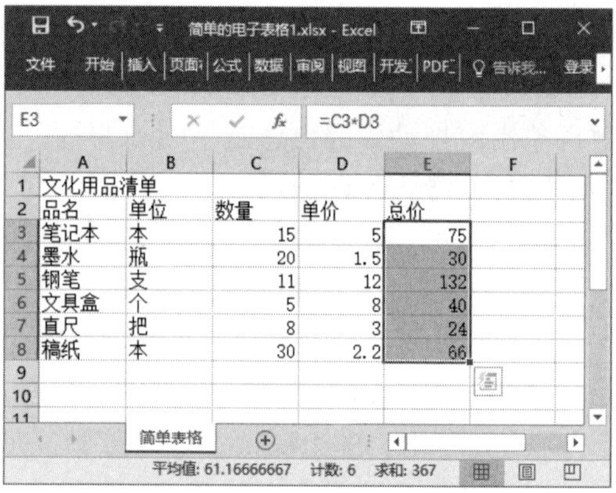

图 1-3 输入和填充公式后的结果

可以看到，E8 单元格的公式为"=C8*D8"，而不是"=C3*D3"。这是因为公式中单元格用的是相对地址，所以随着公式位置的变化，引用的单元格地址也发生了变化。

下面，进一步分析相对地址、混合地址和绝对地址的区别。

在"简单的电子表格"工作簿中，插入一个新的工作表，放到"简单表格"工作表的后面，重命名为"相对、混合、绝对地址"。

在"相对、混合、绝对地址"工作表的 C2、C3 单元格中分别输入数据 60、50，如果在 D2 单元格中输入公式"=C2"，那么将 D2 单元格的公式向下填充到 D3 时，D3 中的内容就变成了 50，里面的公式是"=C3"。将 D2 单元格的公式向右填充到 E2，E2 中的内容是 60，里面的公式变成了"=D2"。

如果在 D2 单元格中输入"=$C2"，将 D2 单元格的公式向右填充到 E2，E2 中的公式还是"=$C2"，而向下填充到 D3 时，D3 中的公式就成了"=$C3"。

如果在 D2 单元格中输入"=C$2"，将 D2 单元格的公式向右填充到 E2 时，E2 中的公式变为"=D$2"，而下填充到 D3 时，D3 中的公式还是"=C$2"。

如果在 D2 单元格中输入"=$C$2",则不论向哪个方向填充,单元格的公式都是"=$C$2"。

也就是说,列标和行号前面带"$"号,则在公式复制时保持不变,否则随公式位置改变。

【技巧 1-3】　在编辑栏中选中公式的单元格地址,按 F4 键,可以切换地址的相对、绝对、混合形式。

【技巧 1-4】　选中一个区域,在编辑栏中输入计算公式,按 Ctrl+Enter 键后,公式将填充到整个选中的区域。

4. 公式的显示和求值

在"文件"选项卡中选择"选项"命令,在"Excel 选项"对话框的左边选择"高级"项,在对话框右边找到"在此工作表的显示选项",选中"在单元格中显示公式而非其计算结果"复选框,单击"确定"按钮。这时当前工作表中的公式就被显示出来了。

例如,在"简单的电子表格"工作簿的"简单表格"工作表中,显示的公式如图 1-4 所示。

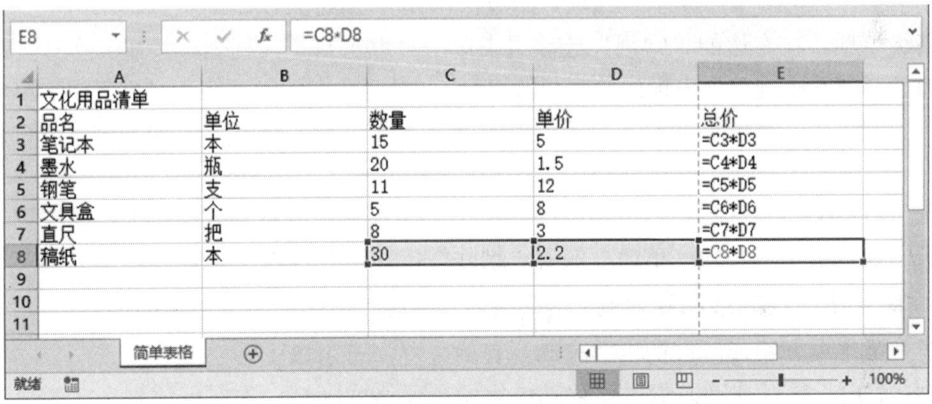

图 1-4　在工作表中显示公式

如果想恢复显示公式的计算结果,取消"在单元格中显示公式而非其计算结果"复选框的选择即可。

读者可以逐步进行公式运算,以分析公式的计算过程和中间结果。进行公式求值有以下两种方法:

【方法 1】　选中想要进行公式求值的单元格。在"公式"选项卡的"公式审核"选项组中单击 公式求值 按钮。在"公式求值"对话框中单击"求值"按钮,将会逐步求出公式中每一部分的值和最终结果。

【方法 2】　选中想要进行公式求值的单元格,在编辑栏中选中整个表达式或部分表达式,然后按 F9 键,将会求出表达式的值。

例如,在"简单的电子表格"工作簿的"简单表格"工作表中选择 E3 单元格。在编辑栏中选中部分表达式 C3,按 F9 键,得到 15。选中部分表达式 D3,按 F9 键,得到 5。选中部分表达式 15*5,按 F9 键,得到 75。

5．序列数据自动填充

在 Excel 中，使用填充功能输入等比或等差数列非常方便。例如，在某单元格输入"1"，下一个单元格输入"3"，然后从上到下选中这两个单元格，再向下拖动选中区域右下角的填充柄，可以填充一个等差数列。

要填充等比数列，可首先在单元格中输入数列的第 1 个数值。然后选中要填充数列的单元格区域，在"开始"选项卡的"编辑"选项组中单击"填充"按钮，选择"序列"命令。在"序列"对话框中选中"等比序列"单选按钮，设置步长值，单击"确定"按钮。

在"序列"对话框中也可以填充"等差序列""日期"等数据。

有时不确定要填充的数据有多少，例如一个等比数列，只知道要填充的开始值和终值。此时可以先选择尽量多的单元格，在"序列"对话框中设置步长和终值。

此外，有些常用的序列数据，只要输入一项，再用填充柄，就可填充其余项。例如，输入"星期一"，用填充柄，就可填充"星期二、星期三、星期四、星期五、星期六、星期日"。输入"一月"，就可填充"二月、三月、四月、五月、六月、七月、八月、九月、十月、十一月、十二月"。

在"文件"选项卡中单击"选项"命令，打开"Excel 选项"对话框。单击对话框左边的"高级"项，在右边的"常规"选项组中单击"编辑自定义列表"按钮。在打开的对话框中的"自定义序列"列表框内选择"新序列"，然后在右侧的"输入序列"文本框中依次输入序列的各个条目，每输入一个条目后按 Enter 键，最后单击"添加"按钮，可以添加新序列。

在"自定义序列"对话框中，可以导入 Excel 单元格区域的内容作为新的序列。在左侧列表中选择自定义序列，单击右侧的"删除"按钮，则可以将其删除。

6．单元格内容的移动和复制

要把某个单元格或区域的内容移动到其他位置，可用以下方法：

【方法 1】　鼠标拖动。选中要移动内容的单元格或区域，把鼠标放到选区的边上，待鼠标变成四个箭头的形状。按住左键拖动，会看到一个虚框，到达指定的单元格位置后松开左键即可。

【方法 2】　剪切粘贴。选中要移动内容的单元格或区域。在"开始"选项卡的"剪贴板"选项组中单击"剪切"按钮，或在弹出的快捷菜单中选择"剪切"命令，或按 Ctrl+X 快捷键。然后选中目标单元格，单击"粘贴"按钮，或在弹出的快捷菜单中选择"粘贴"命令，或按 Ctrl+V 快捷键。

将某个单元格或区域的内容复制到其他位置，可用以下方法：

【方法 1】　鼠标拖动。选择要复制内容的单元格或区域，按住 Ctrl 键，将鼠标移至选区边框上，待鼠标指针上出现加号时，按住鼠标左键拖动到合适的位置松开左键和 Ctrl 键。

【方法 2】　复制粘贴。选中要复制内容的单元格或区域。在"开始"选项卡的"剪贴板"选项组中单击"复制"按钮，或在弹出的快捷菜单中选择"复制"命令，或按 Ctrl+C 快捷键。然后选中目标单元格，单击"粘贴"按钮，或在弹出的快捷菜单中选择"粘贴"命令，或按 Ctrl+V 快捷键。

单元格区域的内容被剪切或复制到剪贴板后，区域出现虚框标记。按 Esc 键，可清除剪贴板内容。

7．选择性粘贴

选择性粘贴是指把剪贴板中的内容按照一定的规则粘贴到指定位置，而不是简单地复制。

在"开始"选项卡的"剪贴板"选项组中单击"粘贴"下方的下三角按钮，再在弹出的菜单中选择"数值""公式""格式"等，进行粘贴。

选择性粘贴还有一个很常用的转置功能。就是把一个横排的表变成竖排，或把一个竖排的表变成横排。

通过下列操作，可以将一个表格转置：

（1）选中表格区域（可以用 Ctrl+A 快捷键）。

（2）复制（可以用 Ctrl+C 快捷键）。

（3）右击选定的目标单元格。

（4）在弹出的快捷菜单中选择"粘贴选项"的"转置"命令。

8．插入和删除行、列、单元格

右击某一行号，在弹出的快捷菜单中选择"插入"命令，可以在当前行的前面插入一行。

右击某一列标，在弹出的快捷菜单中选择"插入"命令，可以在当前列的前面插入一列。

右击某个单元格，在弹出的快捷菜单中选择"插入"命令。在"插入"对话框中选择"活动单元格下移"单选按钮，单击"确定"按钮，就可以在当前位置插入一个单元格，原来的数据向下移动一行。根据需要，可选择"活动单元格右移""整行"或"整列"单选按钮。

选中若干行或若干列后右击，在弹出的快捷菜单中选择"删除"命令，可以将其删除。

删除单元格也一样，不同的是会打开"删除"对话框。选择"下方单元格上移"单选按钮，单击"确定"按钮，选定的单元格被删除，下方单元格上移。根据需要，可选择"右侧单元格左移""整行"或"整列"单选按钮。

【技巧 1-5】　插入多个空白行、列。

选中多行，在选中的行号位置右击，在弹出的快捷菜单中选择"插入"命令，将插入多行。插入的行数与选中的行数相同。

同样，可以用选中多列的方法一次插入指定数量的列。

还可以连续按 F4 键，插入多个空白行、列。

【技巧 1-6】　交换行列次序。

先选中要移动位置的列（或行），右击，在弹出的快捷菜单中选择"剪切"命令。再选中要移动到新位置的列标（或行号），右击，在弹出的快捷菜单中选择"插入剪切的单元格"命令。

也可以选中行或列，按住 Shift 键，用鼠标拖动选定区域的边框。

9．查找和替换

在"开始"选项卡的"编辑"选项组中单击"查找和选择"按钮，选择"替换"命令。

在"查找和替换"对话框的"替换"选项卡中输入要查找的内容和替换值，单击"查找下一个"按钮，Excel 将查找指定的内容，如果需要替换，就单击"替换"按钮。单击"全部替换"按钮，可以对符合条件的全部内容进行替换。

例如，用替换功能将 Alt+10（小键盘），替换为空串，可批量删除换行符。

在"开始"选项卡的"编辑"选项组中单击"查找和选择"按钮，选择"查找"命令。

在"查找和替换"对话框的"查找"选项卡中输入要查找的内容，单击"查找下一个"按钮，可以对指定的内容进行查找。

在"查找"选项卡中单击"选项"按钮，勾选"单元格匹配"复选框，将会精确查找单元格内容。如果取消"单元格匹配"复选框的选择，则进行模糊查找，即查找包含指定内容的单元格。若指定查找范围为"值"，则查找的是单元格的值，而不是公式。

在指定查找内容时，可以使用通配符。其中，"?"匹配任意一个字符，"*"匹配多个任意字符。

10. 使用批注

选中工作表的某个单元格，在"审阅"选项卡的"批注"选项组中单击"新建批注"按钮，或者右击该单元格，在弹出的快捷菜单中选择"插入批注"命令。在之后出现的类似文本框的输入框里输入批注信息，然后单击工作表的其他单元格，完成批注的输入。

带批注的单元格右上角有一个红色的三角标识符。把鼠标移到这个单元格上，批注就会显示出来。

右击带批注的单元格，在弹出的快捷菜单中选择"编辑批注"命令，可以对批注进行修改。在快捷菜单中选择"删除批注"命令，则可以删除批注。

通常情况下，只显示批注的标识符，当鼠标移到单元格上，才会显示批注的内容。如果想让 Excel 始终显示批注的内容和标识符，可以在"审阅"选项卡的"批注"选项组中单击"显示所有批注"按钮。再次单击"显示所有批注"按钮，Excel 将只显示批注的标识符。

右击包含批注的单元格，在弹出的快捷菜单中选择"显示/隐藏批注"命令，可以控制单个批注的显示状态。

右击批注外框，在弹出的快捷菜单中选择"设置批注格式"命令，可以在打开的"设置批注格式"对话框中设置批注的字体、对齐方式、颜色与线条、大小等属性。

【例 1-1】 在批注中插入图片。

（1）选中任意一个单元格，在弹出的快捷菜单中选择"插入批注"命令，即插入一个批注。

（2）选中批注外框，右击，在弹出的快捷菜单中选择"设置批注格式"命令，打开"设置批注格式"对话框。

（3）在图 1-5 所示的"设置批注格式"对话框中选中"颜色与线条"选项卡，设置线条颜色和样式，在"填充"选项组的"颜色"下拉列表中单击选择"填充效果"项，在"填充效果"对话框的"图片"选项卡中选择一个图片。

11. 数据输入技巧

【技巧 1-7】 在选中的区域中输入数据。

每输入一个数据，按 Enter 键，光标将定位到当前列的下一行。但在最后一行按 Enter 键，光标将定位到选中区域下一列的第 1 行。

每输入一个数据，按 Tab 键，光标将定位到当前行的下一列。但在最后一列按 Tab 键，光标将定位到选中区域下一行的第 1 列。

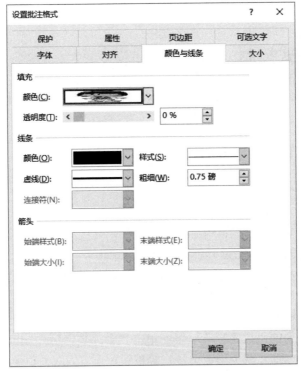

图 1-5　"设置批注格式"对话框

【技巧 1-8】　在选中区域的每个单元格中输入相同的数据。

选中连续区域或不连续区域，在选中状态下输入一个数据，然后按 Ctrl+Enter 键。

【技巧 1-9】　在多张工作表中输入相同的内容。

要在几张工作表同一位置输入相同数据，可先选中一张工作表，然后按住 Ctrl 键，再同时选中其他工作表，在任意单元格中输入数据，这些数据会自动填写到选中的各个工作表中。

【技巧 1-10】　输入身份证号、信用卡号。

默认情况下，在单元格中输入身份证号、信用卡号，系统会自动转换为科学记数法的数值形式。可以用两种方法解决这个问题：

第一种方法，在号码前面加一个半角单引号"'"。

第二种方法，右击要输入号码的单元格区域，在弹出的快捷菜单中选择"设置单元格格式"命令，或按 Ctrl+1 快捷键。在"设置单元格格式"对话框的"数字"选项卡中选择"分类"列表框的"文本"项，将数字作为文本处理。

【技巧 1-11】　输入日期、时间。

如果要输入"11 月 27 日"，就直接输入"11/27"或"11-27"，按 Enter 键。

按"Ctrl + ；"键，可输入当前日期。

按"Ctrl + Shift + ；"键，可输入当前时间。

【技巧 1-12】　输入分数。

要输入分数五分之一，如果直接输入"1/5"，系统会将其变为"1 月 5 日"。

解决办法是：先输入"0"，然后输入空格，再输入分数"1/5"，得到的值是 0.2。输入

"5 1/2"相当于 5 又 1/2，得到的值为 5.5。

1.2   单元格格式控制

单元格格式控制是 Excel 的基本操作。本节先介绍 Excel 单元格格式控制的基本方法，然后通过实例介绍单元格格式控制的几个技巧。

1.2.1   单元格格式控制基本方法

单元格格式包括文本的字体、字号、颜色、对齐方式，数字、日期、时间格式，单元格区域的颜色、图案、边框等。

1. 用功能区按钮设置单元格格式

选定单元格或区域。在 Excel 功能区"开始"选项卡的"字体"选项组中单击"加粗""倾斜""下画线"等按钮，选择字体、字号，可以将属性应用到所选的区域。单击"填充颜色"或"字体颜色"旁的下三角按钮，可设置相应的颜色。单击"边框"旁的下三角按钮，可设置单元格区域的边框。

在"开始"选项卡的"数字"选项组中单击"会计数字格式""百分比样式""千位分隔样式""增加小数位数""减少小数位数"等按钮，可以设置数值属性。

在"开始"选项卡的"对齐方式"选项组中单击相应按钮，可控制单元格的内容"左对齐""右对齐""居中""合并后居中"。

选定某个单元格或区域，在"开始"选项卡的"剪贴板"选项组中双击"格式刷"按钮，再选择其他单元格或区域，可以将格式复制到其他单元格。再次单击"格式刷"按钮即可退出复制。

选定某个单元格或区域，单击"格式刷"按钮，可以将格式复制到其他单元格一次。

2. 用快捷菜单设置单元格格式

右击选定的单元格或区域，在弹出的快捷菜单中选择"设置单元格格式"命令，或按 Ctrl+1 快捷键，都会打开一个"设置单元格格式"对话框。

在"设置单元格格式"对话框的"数字"选项卡中，可以设置数值、日期和时间格式。

在"字体"选项卡中，可以设置字体、字形、字号、颜色和特殊效果。

在"对齐"选项卡中，可以设置文本方向和对齐方式。当内容在单元格中容纳不下时，可以选择"自动换行"复选框，使单元格中的文本占据多行。选择"缩小字体填充"复选框，则会自动减小字体以适应单元格。选择"合并单元格"复选项，则将选定的单元格合并为一个单元格。

在"填充"选项卡中，可以设置区域的颜色和图案。

在"边框"选项卡中，可选择线条样式；单击"颜色"旁的下三角按钮，可选择一种边框颜色；还可以设置单元格或区域的"外边框""内部"边框和特定的"边框"线。

3. 设置列宽和行高

【方法 1】 用鼠标。

将鼠标指针定位到列标的右边界或行号的下边界。当鼠标指针变为双向箭头时，拖动鼠标即可改变列宽或行高。

用鼠标双击列标题的右边界，列宽会与最长的输入项宽度相匹配。双击行号间的下边界，则会自动设置最适合的行高。

【方法 2】 用快捷菜单。

选中若干列或行，右击，在弹出的快捷菜单中选择“列宽”或“行高”命令。在对话框中指定列宽或行高。

【方法 3】 用“格式”命令。

在“开始”选项卡的“单元格”选项组中单击“格式”按钮，选择“行高”命令，可以打开“行高”对话框，设置行高。选择“自动调整行高”命令，其效果和双击行号下边界相同。选择“列宽”命令，可以打开“列宽”对话框，设置列宽。选择“自动调整列宽”命令，其效果和双击列标右边界相同。

1.2.2　单元格格式控制技巧

通过对单元格格式的控制，还可以实现某些特殊效果，完成特殊任务。

1. 合并单元格时保留所有数值

通常情况下，如果对几个含有数据的单元格进行合并，Excel 会提示“选定区域包含多重数值。合并到一个单元格后只能保留最左上角的数据。”

下面的方法可以在合并单元格时保留所有数据。

（1）在空白单元格区域按照目标区域的大小合并单元格。

（2）单击工具栏中的“格式刷”按钮，把空白区域的格式复制到目标区域。这时目标区域的单元格被合并，表面上也只保留了最左上角的数据，但实际上其他数据并没有丢失，而是仍然保存在原来的单元格中，只不过这些单元格被隐藏了。这些被隐藏的单元格的值仍然可以被提取和使用。

例如，在图 1-6 所示的工作表中，A1:C1 区域的每个单元格都输入了“第 1 学期”，D1:H1 区域的每个单元格都输入了“第 2 学期”。

	A	B	C	D	E	F	G	H
1		第1学期				第2学期		
2	数学	语文	外语	数学	语文	外语	物理	化学
3								
4	第1学期	第1学期	第1学期	第2学期	第2学期	第2学期	第2学期	第2学期
5								

图 1-6　合并单元格后所有数值都得以保留

将 A3:C3 单元格合并，并将格式复制到 A1:C1 区域后，只显示 A1 单元格的内容。同样，将 D3:H3 单元格合并，并将格式复制到 D1:H1 区域后，只显示 D1 单元格的内容。

在 A4 单元格输入公式“=A1”，并将公式向右填充到 H4 单元格，进行公式复制，可以看到 A1 到 H1 单元格的内容。

2. 为同一个单元格中的文本设置不同格式

在 Excel 中，可以对单元格里面的一部分内容设置格式，前提是这个单元格存储的是文本型内容。利用这个特性，可以把一个单元格中的内容设置成不同的格式，以满足外观上的需要。

先选定单元格，然后在编辑栏中选定需要设置格式的部分内容，就可以通过使用工具栏上的各个格式按钮来改变格式。例如加粗、倾斜，改变颜色、字体等。

还可以用 Ctrl+1 快捷键调出"设置单元格格式"对话框进行设置。此时的"设置单元格格式"对话框只有"字体"一个选项卡可用。

3．单元格中的文字换行

在单元格中输入超过单元格宽度的字符时，如果右侧是空单元格，Excel 会在其他单元格继续显示文本内容，直到遇到一个非空单元格。

很多时候既要限定单元格的宽度，又希望能够显示文本的全部内容，可按如下方法来解决。

【方法 1】 自动换行。

（1）选定长文本单元格，按 Ctrl+1 快捷键，打开"设置单元格格式"对话框。

（2）在"设置单元格格式"对话框的"对齐"选项卡中勾选"自动换行"复选框，单击"确定"按钮。此时，Excel 会增加单元格高度，让长文本在单元格中自动换行，以便完整显示。

自动换行能够满足显示的基本要求，但效果有限，因为它不允许用户按照自己希望的方式换行。

【方法 2】 插入回车符。

如果要自定义换行，可以在编辑栏中插入回车符，强制单元格中的内容在指定的位置换行。

选定单元格后，把光标定位在需要插入回车符的位置，然后按 Alt+Enter 键，就能够插入一个回车符，实现换行。

4．设置单元格文字的行间距

默认情况下，Excel 没有提供设置行间距的功能。若要设置单元格多行文字的行间距，可按如下步骤来做。

（1）选定长文本单元格，按 Ctrl+1 快捷键，打开"设置单元格格式"对话框。

（2）在"设置单元格格式"对话框的"对齐"选项卡中将"垂直对齐"方式设为"两端对齐"，单击"确定"按钮。

（3）适当调整单元格的高度，就可以得到不同的行间距。

5．F4 键的作用

F4 键可以重复上一次操作，与 Ctrl+Y 快捷键作用相同。

例如，在当前工作簿中插入一个工作表，按 F4 键可以重复插入工作表。

再如，为某一个单元格填充一种背景颜色，然后选中其他单元格，按 F4 键后就可以填充同样的颜色。

F4 键与"格式刷"的区别："格式刷"的作用是将某一单元格的全部格式复制到新的单元格，而 F4 键只是重复最近的一次操作。

1.3　自定义数字格式

数字格式用于对单元格数值进行格式化。

在"开始"选项卡的"单元格"选项组中单击"格式"按钮，然后选择"设置单元格格式"命令，或者右击单元格，在弹出的快捷菜单中选择"设置单元格格式"命令，或者用 Ctrl+1 快捷键，打开"设置单元格格式"对话框。

在"设置单元格格式"对话框的"数字"选项卡中，通过选择不同的格式设置，可以让单元格的数值以不同的格式显示出来。

注意：无论为单元格应用了何种数字格式，都只会改变其显示形式，而不会改变单元格存储的真正内容。也就是说，工作表显示的单元格内容，并不一定是它存储的真正内容，而可能是原始内容经过某种变化后的一种表现形式。

假设一个单元格中有数字 1023.6，在默认情况下，Excel 不对单元格设置任何数字格式，此时的格式名称为"常规"，数值按照它的真实面貌显示出来。

如果在"设置单元格格式"对话框"数字"选项卡的"分类"列表框中选择"数值"项，然后勾选"使用千位分隔符"复选框，则显示形式会变为"1,023.60"。

如果在"分类"列表框中选择"货币"项，然后在"货币符号（国家/地区）"列表框中选择"¥"，则显示形式会变为"¥1,023.60"。

1. 创建自定义数字格式

如果 Excel 内置的数字格式无法满足实际工作的需求，还可以创建自定义数字格式。

创建自定义数字格式的步骤：

（1）在"设置单元格格式"对话框的"数字"选项卡中，在"分类"列表框中选择"自定义"。

（2）在"类型"文本框中输入或修改自定义的数字格式代码。

（3）单击"确定"按钮。

在"类型"下方的列表框中，已经有许多的格式代码，这些是 Excel 内置的数字格式代码，或是由用户成功创建的自定义数字格式代码。

可以先在"分类"列表框中选定一个内置的数字格式，然后再选定"自定义"项，这样就能够在"类型"文本框中看到与之对应的格式代码，以便在原有格式代码的基础上进行修改，快速得到需要的自定义格式代码。

2. 自定义数字格式的代码组成规则

自定义格式代码可以为 4 种类型的数据指定不同的格式：正数、负数、零值和文本。

在代码中，用分号来分隔不同的区段，每个区段的代码作用于不同类型的数值。

完整格式代码的组成结构为：

"大于条件值"格式;"小于条件值"格式;"等于条件值"格式;文本格式

在没有特别指定条件值的时候，默认的条件值为 0。因此，格式代码的组成结构也可视为：

正数格式;负数格式;零值格式;文本格式

应用中不一定严格按照 4 个区段来编写格式代码,少于 4 个区段也是可以的。

只写 1 个区段,格式代码作用于所有类型的数值;只写 2 个区段,第 1 区段作用于正数和零值,第 2 区段作用于负数;只写 3 个区段,第 1 区段作用于正数,第 2 区段作用于负数,第 3 区段作用于零。

表 1-1 列出了常用自定义数字格式的代码及其作用。

表 1-1　常用自定义数字格式的代码

代　　码	作　　用
G/通用格式	不设置任何格式,按原始输入的数值显示
#	数字占位符。只显示有效数字,不显示无意义的零值
0	数字占位符。当数字比代码的数量少时,可以利用代码 0 显示前导零,并让数值按指定位数显示
?	数字占位符。需要的时候在小数点两侧增加空格,也可以用于具有不同位数的分数
.	小数点
%	百分数
,	千位分隔符
E	科学计数符号
\	显示格式中的下一个字符
*	重复下一个字符来填充列宽
_	留出与下一个字符等宽的空格。利用这种格式可以很容易地将正负数对齐
"文本"	显示双引号里面的文本
@	文本占位符。如果只使用单个@,作用是引用原始文本。如果使用多个@,则可以重复文本
[颜色]	颜色代码。[颜色]可以是[black]/[黑色]、[white]/[白色]、[red]/[红色]、[cyan]/[青色]、[blue]/[蓝色]、[yellow]/[黄色]、[magenta]/[紫红色]或[green]/[绿色]。注意:在英文版用英文代码,在中文版则必须用中文代码
[颜色 n]	显示 Excel 调色板上的颜色。n 是 0~56 之间的一个整数
[条件值]	设置格式的条件

3. 自定义数字格式应用举例

【例 1-2】　控制数值颜色。

在某个单元格或区域中设置如下格式代码。

[红色][>5]G/通用格式;[蓝色][<5]G/通用格式;[颜色 7]G/通用格式

当输入的数值大于 5 显示红色、小于 5 显示蓝色、等于 5 显示粉色。

其中,3 个段区(大于、小于、等于条件)均使用通用格式,前 2 种情况用中文颜色代码,后 1 种用数值指定颜色。

【例 1-3】　自动在手机号码前面添加"移动"或"联通"字样。

在某个单元格或区域中设置如下格式代码。

```
[>138000000000]"[移动]"#;"[联通]"#
```

当输入 138（或大于 138）开头的手机号码后，会自动在前面添加"[移动]"字样，输入 137（或小于 137）开头的手机号码后，会自动在前面添加"[联通]"字样。

其中，用 2 个段区（大于、小于条件）格式代码，"#"占位符显示输入的手机号码，双引号里面的文本原样显示。

【例 1-4】 输入 0、1，显示为"男""女"。

在某个单元格或区域中设置如下格式代码。

```
"女";;"男"
```

当输入 1（或大于 1 的数值）显示"女"，输入 0 则显示"男"。

其中，用 2 个段区（大于、等于条件）格式代码。"小于"区段省略，所以输入小于 0 的数时，显示空值。

【例 1-5】 在输入的文本两边添加文字。

在某个单元格或区域中设置如下格式代码。

```
;;;"集团公司"@"部"
```

当输入文字"市场"后，会显示"集团公司市场部"。

格式代码中，前 3 个区段省略，第 4 个区段用于控制文本格式，"@"为文本占位符，显示输入的文本"市场"，占位符"@"两边双引号里面的文本原样显示。

【例 1-6】 在输入的文本右边添加文字。

在某个单元格或区域中设置如下格式代码。

```
;;;@"年级"
```

当输入文字"三"后，会显示"三年级"。

与例 1-5 类似，省略了前 3 个区段的格式代码，第 4 个区段"@"为文本占位符，显示输入的文本"三"，占位符"@"右边双引号里面的文本原样显示。

【例 1-7】 在输入的文本右边添加下画线。

在某个单元格或区域中设置如下格式代码。

```
;;;@*_
```

当输入文字"签名栏"后，会显示"签名栏＿＿＿＿＿＿＿＿"。

格式代码中，前 3 个区段省略，第 4 个区段"@"为文本占位符，显示输入的文本"签名栏"，占位符"@"后面的"*_"表示重复使用下画线"_"字符来填充列宽。

【例 1-8】 不显示零值。

在"文件"选项卡中选择"选项"命令，在"Excel 选项"对话框的左边选择"高级"项，右边找到"此工作表的显示选项"，取消"在具有零值的单元格中显示零"复选框的选择，单击"确定"按钮。Excel 将不显示当前工作表中的零值。

利用自定义数字格式，能够让工作表中的一部分单元格不显示零值而其他的单元格仍然显示零值。格式代码如下。

```
G/通用格式;G/通用格式;
```

在上面的格式代码中，第 3 区段省略，这样就可以使零值显示为空白。当然，对应于正数与负数的第 1 和第 2 区段，也可以另行定义格式。

【例 1-9】 智能显示百分比。

下面的自定义数字格式只让小于 1 的数字按"百分比"格式显示，大于等于 1 的数字使用标准格式显示，同时还让所有的数字排列整齐。

格式代码如下。

```
[<1]0.00%;#.00_%
```

这段代码有 2 个区段，第 1 个区段使用了一个判断，对应数值小于 1 时的格式，第 2 个区段则对应不小于 1 时的格式。在第 2 个区段中，百分号前使用了一个下画线，目的是保留一个与百分号等宽的空格。

4. 保存自定义数字格式的显示值

前面提到过，无论为单元格应用了何种数字格式，都只会改变单元格的显示内容，而不会改变单元格存储的真正内容。因此，Excel 没有提供直接的方法来让用户得到自定义数字格式的显示值。

但是，用下面介绍的方法。可以达到这一目的。

（1）选定应用了数字格式的单元格或单元格区域。

（2）按 Ctrl+C 快捷键。

（3）在"开始"选项卡的"剪贴板"选项组中单击右下角的对话框启动器，显示出 Office 剪贴板任务窗格。

（4）选定目标单元格或区域，单击 Office 剪贴板任务窗格中刚才复制项目旁边的下三角按钮，在弹出的菜单中选择"粘贴"命令，就可以得到与原始区域显示值完全相同的内容。

1.4　排序、筛选与计算

本节介绍用 Excel 进行数据处理的基本方法。包括数据的排序、筛选、单变量求解、模拟运算表与合并计算等内容。

1. 数据的排序

在 Excel 2016 中，可以对一列或多列中的数据文本、数值、日期和时间按升序或降序的方式进行排序，也可以按自定义序列、格式（包括单元格颜色、字体颜色等）进行排序。

【方法 1】 快速简单排序。

通常情况下，参与排序的数据列表需要有标题行，且为一个连续区域。

选中数据区的一个单元格，在"数据"选项卡的"排序和筛选"选项组中单击"升序"或"降序"按钮，可实现对该列数据的排序。

【方法 2】 多条件排序。

选择要排序的数据区域，在"数据"选项卡的"排序和筛选"选项组中单击"排序"按钮，打开"排序"对话框。

在"排序"对话框的"主要关键字"下拉列表中选择排序字段，在"排序依据"下拉列表中选择"数值""单元格颜色""字体颜色"或"单元格图标"，在"次序"下拉列表中选择"升序""降序"或"自定义序列"。如果需要，还可以单击"添加条件"按钮添加"次要关键字"条件。如果选中"数据包含标题"复选框，则排序时排除第 1 行，否则排序时包含第 1 行。最后，单击"确定"按钮。

【方法 3】　按自定义序列排序。

首先，在"文件"选项卡中单击选择"选项"命令。在"Excel 选项"对话框中单击左边的"高级"项，在右边的"常规"选项组中单击"编辑自定义列表"按钮，创建一个自定义序列。

然后，选择要排序的数据区域，在"数据"选项卡的"排序和筛选"选项组中单击"排序"按钮，打开"排序"对话框。在排序条件的"次序"列表中选择"自定义序列"。

注意：只能基于数据（文本、数值以及日期或时间）创建自定义列表，而不能基于格式（单元格颜色、字体颜色等）创建自定义列表。

2．数据的自动筛选

选中数据区中的任意单元格。

在"数据"选项卡的"排序和筛选"选项组中单击"筛选"按钮，进入到自动筛选状态。这时，数据区第 1 行的各个列标题旁会显示筛选按钮。

单击列标题旁的筛选按钮，打开筛选器选择列表。

在筛选器选择列表中可以指定筛选条件。其中，选择"数字筛选"或"文本筛选"命令，再选择"自定义筛选"命令，可自行设定筛选条件。

在设置自定义筛选条件时，可以使用通配符。其中问号"？"代表单个任意字符，星号"＊"代表多个任意字符。

在自动筛选列表中选择"从"××"中清除筛选"命令，可以清除某列的筛选条件。

在"数据"选项卡的"排序和筛选"选项组中单击"清除"按钮，可以清除工作表中的所有筛选条件并重新显示所有数据。

在自动筛选状态下，单击"数据"选项卡"排序和筛选"选项组中的"筛选"按钮，可以退出自动筛选状态。

3．单变量求解

利用 Excel 的单变量求解功能，可以求出表达式中某个变量的值。例如，对于算式 $z=3x+4y+1$，求当 $z=20$、$y=2$ 时 x 的值，就可以使用单变量求解功能。

在 Excel 工作表中，选中 A1 单元格，在名称框中输入 x，然后按 Enter 键，将 A1 单元格命名为 x。用同样的方式将 B1、C1 两个单元格分别命名为 y、z。

在 y 单元格输入 2、z 单元格输入公式"=x*3+y*4+1"。

在"数据"选项卡的"数据工具"选项组中单击"模拟分析"按钮，再选择"单变量求解"命令。在"单变量求解"对话框中，设置"目标单元格"为 z，"目标值"为 20，"可变单元格"为 x。单击"确定"按钮，在 x 单元格中可以看到计算的结果为 3.66666666666667。

在"单变量求解状态"对话框中，单击"确定"按钮，可以接受通过计算导致单元格数值的改变，而单击"取消"按钮则撤销改变。

4. 模拟运算表

Excel 的"单变量求解"和"模拟运算表"都可以进行数据分析。

还以算式 z=3x+4y+1 为例。用模拟运算表，求当 x 等于 1 到 4 的所有整数、y 等于 1 到 7 的所有整数时的 z 值。

（1）将 A1、B1、C1 单元格分别命名为 x、y、z。

（2）在 z 单元格中，输入公式"=3*x+4*y+1"。

（3）在公式所在行的右边各单元格分别输入变量 x 的变化值 1～4，在公式所在列的下面各单元格分别输入变量 y 的变化值 1～7。

（4）选中这个矩形区域。在"数据"选项卡的"数据工具"选项组中单击"模拟分析"按钮，再选择"模拟运算表"命令。

	A	B	C	D	E	F	G
1	2	3	19	1	2	3	4
2			1	8	11	14	17
3			2	12	15	18	21
4			3	16	19	22	25
5			4	20	23	26	29
6			5	24	27	30	33
7			6	28	31	34	37
8			7	32	35	38	41

图 1-7   模拟运算表

（5）在"模拟运算表"对话框中，将"输入引用行的单元格"设置为 x，将"输入引用列的单元格"设置为 y。

（6）单击"确定"按钮，可看到图 1-7 所示的运算结果。

如果改变公式，计算结果会随之变化。

5. 合并计算

Excel 的"合并计算"功能可以汇总或者合并多个数据源区域中的数据，可以按类别合并计算，也可以按位置合并计算。合并计算的数据源区域可以是同一工作表中的不同表格，也可以是同一工作簿中的不同工作表，还可以是不同工作簿中的表格。

图 1-8 中有两个结构相同的数据表"表 1"和"表 2"，利用合并计算可以轻松地将这两个表进行合并汇总，具体步骤如下：

	A	B	C	D	E	F	G	H	I
1		表1				表2			
2		城市	数量	金额		城市	数量	金额	
3		南京	100	2000		北京	30	4050	
4		上海	80	2100		上海	60	2000	
5		北京	90	3450		海南	100	9000	
6		海南	110	6000		南京	90	3000	
7									
8		按类别合并：				按位置合并：			
9									
10									
11									
12									
13									
14									
15									

图 1-8   需要合并计算的两个表

（1）选中 B8 单元格作为合并计算结果存放的起始位置，在"数据"选项卡的"数据工具"选项组中单击"合并计算"按钮，打开"合并计算"对话框。

（2）在"合并计算"对话框的"引用位置"编辑框中，选中"表 1"的 B2:D6 单元格区域，单击"添加"按钮，所引用的单元格区域地址会出现在"所有引用位置"列表框中。用同样方法将"表 2"的 F2:H6 单元格区域添加到"所有引用位置"列表框中。

（3）勾选"首行"和"最左列"复选框，单击"确定"按钮，即可生成图 1-9 所示的按类别合并计算结果。

图 1-9 按类别合并计算结果

注意：在使用按类别合并的功能时，数据源列表必须包含行标题或列标题。合并计算结果不包含数据源表的格式。

在图 1-8 所示的工作表中，选中 F8 单元格作为合并计算结果存放的起始位置。在"数据"选项卡的"数据工具"选项组中单击"合并计算"按钮。在"合并计算"对话框中，分别将"表 1"的 B2:D6 单元格区域、"表 2"的 F2:H6 单元格区域添加到"所有引用位置"列表框中。取消"首行"和"最左列"复选框的选择，单击"确定"按钮，即可生成图 1-10 所示的按位置合并计算结果。

图 1-10 按位置合并计算结果

使用按位置合并的方式，Excel 不关心多个数据源表的行标题和列标题内容是否相同，而只是将数据源表格相同位置上的数据进行简单合并计算。这种合并计算多用于数据源表结构完全相同情况下的数据合并。

合并计算的默认方式为求和，也可以选择求平均值等其他方式。

1.5 视图和页面设置

本节介绍 Excel 视图、窗口和页面管理方法。包括视图的切换、拆分窗口、新建和重排窗口、冻结窗格、页面设置等内容。

1．视图的切换

在"视图"选项卡的"显示比例"选项组中单击"显示比例"按钮，选择一个比例值，工作表的显示比例将随之改变。

在"视图"选项卡的"工作簿视图"选项组中单击"分页预览"按钮，将对当前工作表进行分页预览。单击"普通"按钮，回到正常显示。

2．拆分窗口

在"视图"选项卡的"窗口"选项组中单击"拆分"按钮，会在工作表当前单元格的上边和左边各出现一条拆分线，整个窗口被分成四部分。

拖动垂直滚动条和水平滚动条，可以改变各个窗口显示的数据，以便通过这四个窗口分别观看不同位置的数据。

可以用鼠标拖动分隔线来改变各窗口的大小。

再次单击"拆分"按钮可取消窗口拆分。

3．新建和重排窗口

为了对照一个工作簿中不同工作表的内容，可以在"视图"选项卡的"窗口"选项组中单击"新建窗口"按钮，为当前工作簿新建一个窗口。

然后，在"视图"选项卡的"窗口"选项组中单击"全部重排"按钮，在"重排窗口"对话框中选择一种窗口排列的方式。例如，"垂直并排"。

在两个窗口中选择不同的工作表，就可以进行对照了。

4．冻结窗格

如果一个工作表超长、超宽，操作滚动条查看超出窗口大小的数据时，由于看不到行标题和列标题，可能无法分清楚某行或某列数据的含义。这时，可以通过冻结窗口来锁定行标题和列标题不随滚动条滚动。

选定工作表的某个单元格，在"视图"选项卡的"窗口"选项组中单击"冻结窗格"按钮，选择"冻结拆分窗格"命令，当前单元格上方的行和左侧的列将始终保持可见，不会随着操作滚动条而消失。可以直接"冻结首行"或"冻结首列"。

单击"冻结窗格"按钮，选择"取消冻结窗格"命令，可取消窗口冻结。

5．页面设置

在"页面布局"选项卡的"页面设置"选项组中，单击右下角的对话框启动器，打开"页面设置"对话框。在"页面设置"对话框的"页面"选项卡中可以对纸张大小、方向（纵向或横向）、缩放比例等进行设置。

在"页边距"选项卡中，可以设置上、下、左、右边距，是否水平居中和垂直居中等。

在"页眉/页脚"选项卡中单击"页眉"或"页脚"下拉列表框右侧的按钮，可选择需要的页眉或页脚形式，为工作表设置页眉或页脚。从预览框中可以预览页眉和页脚的效果。还可以自定义页眉和页脚，方法是：单击"自定义页眉"或"自定义页脚"按钮，打开相应的对话框。在左、中、右 3 个编辑框中，输入文字、页号、页数、日期和时间等项目，设置需要的格式，最后单击"确定"按钮。

如果工作表的数据很多，自第 2 页起均没有标题，那么打印的成品使用起来会很不方便。因此可以设置一个在每页都能打印出来的标题。在"页面设置"对话框的"工作表"选项卡中设置"顶端标题行"或"左端标题列",则每一页都会打印出标题行或标题列。

在"页面布局"选项卡的"页面设置"选项组中,也可以直接单击相应的按钮,进行页边距、纸张大小和方向、打印标题等设置。

1.6　数组公式及其应用

Excel 数组是一组同类型的数据,可以在单个单元格中使用,也可以在一批单元格中使用。数组可以是一维或二维的。一维数组就是一列或一行数据,二维数组包含多行多列数据。

数组公式是一种专门用于数组的公式类型。它的主要优点是可以把一组数据当成一个整体来处理。

可以对若干单元格应用一个数组公式,求得一组数,分别填写到每个单元格。而无须对每个单元格分别应用公式。

1.6.1　数组公式的基本操作

要输入数组公式,首先必须选择用来存放结果的单元格区域,在编辑栏中输入公式,然后按 Ctrl+Shift+Enter 组合键,Excel 将在公式两边自动加上花括号"{}"。

编辑数组公式时,须选取数组区域并且激活编辑栏,待公式两边的花括号消失后编辑公式,最后按 Ctrl+Shift+Enter 组合键。

选取数组公式占据的全部区域,按 Delete 键即可删除数组公式。

数组公式中可使用数组常量,但需要手动输入花括号"{}"将数组常量括起来,并且用","或";"分隔数组元素。其中,","分隔不同列的元素,";"分隔不同行的元素。

【例 1-10】　输入数组常量。

在 Excel 工作表中,选中 B1:D1 单元格区域,在编辑栏中输入以下数组公式。

$$=\{1,2,3\}$$

然后按 Ctrl+Shift+Enter 组合键,会得到图 1-11 所示的结果。

选中 B3:D5 单元格区域,在编辑栏中输入以下数组公式。

$$=\{1,2,3;4,5,6;7,8,9\}$$

然后按 Ctrl+Shift+Enter 组合键,会得到图 1-12 所示的结果。

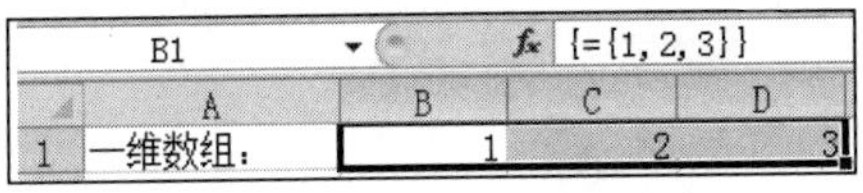

图 1-11　输入一维数组常量

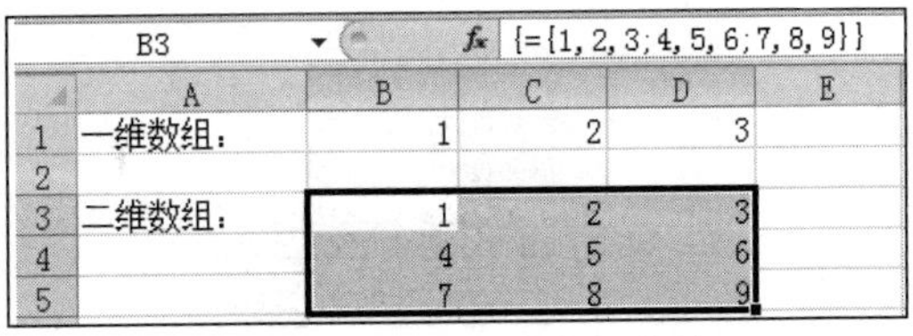

图 1-12　输入二维数组常量

选中 B7:C9 单元格区域,在编辑栏中输入以下数组公式。

$$=TRANSPOSE(\{1,2,3;4,5,6\})$$

然后按 Ctrl+Shift+Enter 组合键，会得到图 1-13 所示的数组转置结果。

B7　　f_x {=TRANSPOSE({1,2,3;4,5,6})}

	A	B	C	D	E	F
1	一维数组：	1	2	3		
2						
3	二维数组：	1	2	3		
4		4	5	6		
5		7	8	9		
6						
7	数组的转置：	1	4			
8		2	5			
9		3	6			

图 1-13　数组转置结果

数组中的常量可以包括数字、文字、逻辑值和错误值。文本必须用双引号括起来。

1.6.2　用数组公式统计各分数段人数

假设某门课程的期末考试成绩已输入到 Excel 工作表，如图 1-14 所示。现要求分别统计出各班各分数段人数。

用 COUNTIF 函数可以解决这个问题，例如，统计 1 班优秀人数，输入以下公式。

=COUNTIF(D3:D8,">=90")

但是，D3:D8 这个参数中的两个行号要逐个修改，才能求出不同班级的优秀人数。如果班级数很多，操作起来就比较麻烦。

下面介绍用数组公式实现的方法。

（1）在成绩单的旁边设计一个表格，用来填写各班各分数段的人数，如图 1-15 所示。

	A	B	C	D	E
1					
2		学号	班级	成绩	
3		0912101	1	81	
4		0912102	1	82	
5		0912103	1	98	
6		0912104	1	77	
7		0912105	1	70	
8		0912106	1	67	
9		0912201	2	65	
10		0912202	2	75	
11		0912203	2	66	
12		0912204	2	52	
13		0912205	2	80	
14		0912206	2	82	
15		0912301	3	80	
16		0912302	3	73	
17		0912303	3	86	
18		0912304	3	95	
19		0912305	3	65	
20		0912306	3	55	
21					

图 1-14　某门课程的期末考试成绩表

	A	B	C	D	E	F	G	H	I	J	K	L
1												
2		学号	班级	成绩		班级	人数					
3		0912101	1	81			优秀	良好	中等	及格	不及格	
4		0912102	1	82		1						
5		0912103	1	98		2						
6		0912104	1	77		3						
7		0912105	1	70								
8		0912106	1	67								
9		0912201	2	65								
10		0912202	2	75								
11		0912203	2	66								
12		0912204	2	52								
13		0912205	2	80								
14		0912206	2	82								
15		0912301	3	80								
16		0912302	3	73								
17		0912303	3	86								
18		0912304	3	95								
19		0912305	3	65								
20		0912306	3	55								
21												

图 1-15　在工作表中添加一个表格

（2）在 G4 单元格输入以下公式。

=SUM(($D$3:$D$20>=90)*($C$3:$C$20=$F4))

然后按 Ctrl+Shift+Enter 组合键，会得到 1 班的优秀分数段人数。

公式中，($D$3:$D$20>=90)对 D 列的每个成绩进行判断，返回一个数组，元素为 TRUE 或 FALSE。($C$3:$C$20=$F4)对 C 列的每个班级号进行判断，看是否等于 F4 单元格的值，同样返回一个数组，元素为 TRUE 或 FALSE。两个数组对应元素相乘，得到一个新的数组，结果元素为 1 或 0。两个 TRUE 相乘结果为 1，否则结果为 0。即 TRUE×TRUE=1、TRUE×FALSE=0、FALSE×TRUE=0，FALSE×FALSE =0。

最后，SUM 函数将所有的 0 和 1 加起来，结果就是 1 班的优秀分数段人数。

（3）将 G4 单元格的公式向下填充到 G6 单元格，得到 2 班、3 班的优秀分数段人数。

（4）在 H4 单元格输入以下公式。

=SUM(($D$3:$D$20>=80)*($C$3:$C$20=$F4))−G4

然后按 Ctrl+Shift+Enter 组合键，并将该公式向下填充到 H6 单元格，得到 1 班、2 班、3 班的良好分数段人数。

（5）在 I4 单元格输入以下公式。

=SUM(($D$3:$D$20>=70)*($C$3:$C$20=$F4))−G4−H4

然后按 Ctrl+Shift+Enter 组合键，并将该公式向下填充到 I6 单元格，得到 1 班、2 班、3 班的中等分数段人数。

（6）在 J4 单元格输入以下公式。

=SUM(($D$3:$D$20>=60)*($C$3:$C$20=$F4))−G4−H4−I4

然后按 Ctrl+Shift+Enter 组合键，并将该公式向下填充到 J6 单元格，得到 1 班、2 班、3 班的及格分数段人数。

（7）在 K4 单元格输入以下公式。

=SUM(($D$3:$D$20<60)*($C$3:$C$20=$F4))

然后按 Ctrl+Shift+Enter 组合键，并将该公式向下填充到 K6 单元格，得到 1 班、2 班、3 班的不及格分数段人数。

最后得到图 1-16 所示的结果。

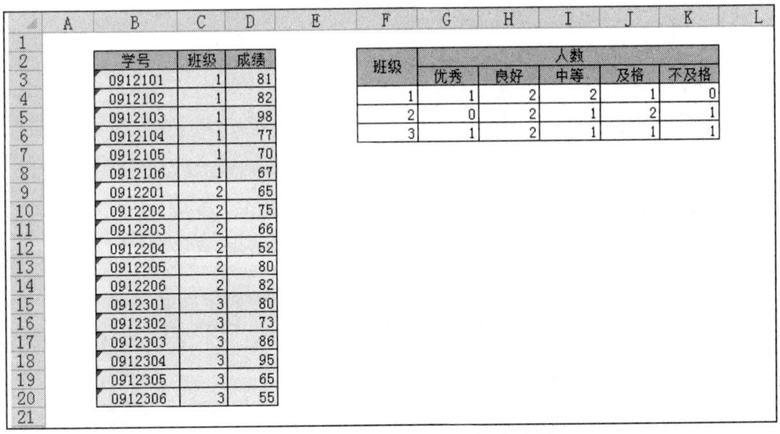

学号	班级	成绩
0912101	1	81
0912102	1	82
0912103	1	98
0912104	1	77
0912105	1	70
0912106	1	67
0912201	2	65
0912202	2	75
0912203	2	66
0912204	2	52
0912205	2	80
0912206	2	82
0912301	3	80
0912302	3	73
0912303	3	86
0912304	3	95
0912305	3	65
0912306	3	55

班级	人数				
	优秀	良好	中等	及格	不及格
1	1	2	2	1	0
2	0	2	1	2	1
3	1	2	1	1	1

图 1-16　各班各分数段人数统计结果

1.7　条件格式的应用

条件格式会基于设定的条件自动更改单元格区域的外观，突出显示所关注的单元格或区域、强调异常值，使用数据条、颜色刻度和图标集来直观地显示数据。

在"开始"选项卡的"样式"选项组中单击"条件格式"按钮，选择需要的规则和预置的条件格式，可以利用预置条件实现快速格式化。其中，"突出显示单元格规则"通过比较运算符限定数据范围，为满足条件的数据设置某种格式突出显示；"项目选取规则"可以设定前若干个最高值或后若干个最低值、高于或低于该区域平均值的单元格特殊格式；"数据条"帮助查看某个单元格相对于其他单元格的值；"色阶"通过使用两种或三种颜色的渐变效果来比较单元格区域中数据；"图标集"使用图标对数据进行注释，每个图标代表一个值的范围。

在"开始"选项卡的"样式"选项组中单击"条件格式"按钮，选择"新建规则"命令，在"选择规则类型"列表框中选择规则类型，在"编辑规则说明"选项组中设定条件及格式，可以自定义规则实现高级格式化。

在"开始"选项卡的"样式"选项组中单击"条件格式"按钮，选择"管理规则"命令，可以在"条件格式规则管理器"对话框中新建、编辑和删除规则。

下面给出条件格式应用的几个实例，读者可以举一反三，扩展自己的应用。

1.7.1　为奇偶行设置不同背景颜色

利用 Excel 的条件格式，可以为数据区的奇偶行设置不同的背景颜色，以便于阅读。这种设置效果是动态的，无论在数据区域中增加或删除行、列，格式都会自动进行相应的调整，保持原有风格。

要设置图 1-17 所示的奇偶行不同背景颜色，可按下列步骤进行。

（1）选择单元格区域 A1:F12，在"开始"选项卡的"样式"选项组中单击"条件格式"按钮，选择"新建规则"命令。

（2）在"新建格式规则"对话框的"选择规则类型"列表框中选择"使用公式确定要设置格式的单元格"项，在"编辑规则说明"选项组的编辑框中输入公式"=MOD(ROW(),2)"。

（3）单击"格式"按钮。在"设置单元格格式"对话框的"填充"选项卡中将单元格背景颜色设为"浅蓝"，单击"确定"按钮。此时的"新建格式规则"对话框如图 1-18 所示。

（4）单击"新建格式规则"对话框的"确定"按钮，就可以得到图 1-17 所示的格式。

这里，条件格式公式"=MOD(ROW(),2)"中的 ROW 函数用于求出当前行号，MOD函数把当前行号除以 2 取余数。若当前行号为奇数，条件格式公式的值为 True，则填充颜色到单元格中，否则就不填充。

如果要将格式设置为每 3 行应用一次背景颜色，可以使用公式"=MOD(ROW(),3)=1"。

如果要为奇偶列设置不同的背景颜色，把公式中的 ROW()改为 COLUMN()即可。

	A	B	C	D	E	F
1	2010	2011	2012	2013	2014	2015
2	795	651	212	643	71	947
3	707	467	263	126	400	493
4	754	678	367	270	48	582
5	115	599	546	459	674	1
6	538	330	753	521	189	131
7	532	139	751	500	909	457
8	207	67	953	225	702	263
9	329	981	291	53	846	264
10	358	725	748	186	222	961
11	675	854	474	858	37	998
12	117	441	291	338	907	508

图 1-17　奇偶行不同背景颜色

图 1-18　"新建格式规则"对话框

1.7.2　忽略隐藏行的间隔背景

1.7.1 节介绍的利用条件格式实现奇偶行不同背景颜色，无论在数据区中插入行或者删除行，其风格都不会改变。但是对数据行进行自动筛选或隐藏，间隔背景效果就被破坏了。

本小节介绍一种方法，能够在使用自动筛选或隐藏某些数据行时，不对间隔背景效果产生影响，也就是间隔背景忽略隐藏行，只对可见行进行控制。

假设有一个工作表，在图 1-19 所示的数据区中设置了"自动筛选"功能。要求对数据区的奇偶行设置不同的背景颜色，并且在自动筛选或隐藏某些数据行时，不影响间隔背景效果。可采用下列步骤。

（1）选定 A2:C12 单元格区域，在"开始"选项卡的"样式"选项组中单击"条件格式"按钮，选择"新建规则"命令。

	A	B	C
1	AAA	BBB	CCC
2	A001	B001	C100
3	A001	B003	C100
4	A002	B005	C101
5	A002	B007	C102
6	A005	B013	C105
7	A006	B007	C106
8	A007	B009	C101
9	A001	B011	C102
10	A001	B007	C103
11	A001	B009	C104
12	A001	B003	C102

图 1-19　数据区及背景颜色效果

（2）在"新建格式规则"对话框的"选择规则类型"列表框中选择"使用公式确定要设置格式的单元格"项，在"编辑规则说明"选项组的编辑框中输入以下公式。

$$=MOD(SUBTOTAL(103,A\$2:A2),2)=0$$

（3）单击"格式"按钮。在"设置单元格格式"对话框的"填充"选项卡中将单元格背景颜色设为"绿色"，单击"确定"按钮。

（4）单击"条件格式"对话框中的"确定"按钮。

（5）用同样方法，再新建一个格式规则。公式如下。

$$=MOD(SUBTOTAL(103,A\$2:A2),2)=1$$

背景颜色为"浅蓝"。

此时，在"开始"选项卡的"样式"选项组中单击"条件格式"按钮，选择"管理规则"命令，在图 1-20 所示的"条件格式规则管理器"对话框中可以看到已经创建的 2 个条件格式规则。

图 1-20 "条件格式规则管理器"对话框

经过这样设置的间隔背景，就不会再受到自动筛选或者隐藏行操作的影响了。

这里，SUBTOTAL 函数用来求可见行的序号。其中，第 1 个参数 103 表示求非空单元格个数，第 2 个参数为单元格区域。单元格区域终点使用的是相对引用，它随着行的变化而自动改变，达到求当前行序号的目的。

1.7.3　比较不同区域的数据

Excel 的多窗口特性能够帮助比较不同区域的数据，但是当数据较多时，人工比较不但费时而且准确率不高。利用条件格式，能快速而又准确地完成此项工作。

在图 1-21 所示的工作表中，源数据和校验数据分别位于 A2:B12 和 D2:E12，如果希望标记出与源数据不匹配的校验数据，可按下列步骤操作。

⊿	A	B	C	D	E
1	源数据			校验数据	
2	79.12	72.69		79.12	72.69
3	55.73	28.26		55.73	29.26
4	94.36	81.56		94.36	81.56
5	18.62	94.52		18.62	94.52
6	71.95	54.12		71.95	54.12
7	57.34	30.67		57.34	38.67
8	25.7	17.53		25.7	17.53
9	15.11	76.88		15.11	76.88
10	3.78	91.04		3.79	91.04
11	8.74	44.73		8.74	44.73
12	3.75	39.65		3.75	39.65

图 1-21 需要比较的两个数据区域

（1）选定区域 D2:E12，在"开始"选项卡的"样式"选项组中单击"条件格式"按钮，选择"新建规则"命令。

（2）在"新建格式规则"对话框的"选择规则类型"列表框中选择"只为包含以下内容的单元格设置格式"项，在"编辑规则说明"选项组的列表中选择"单元格值"项，运算符选择"不等于"，在右边的编辑框中输入"=A2"。

（3）单击"格式"按钮。在"设置单元格格式"对话框的"填充"选项卡中将单元格背景颜色设为"浅蓝"，单击"确定"按钮。此时的"新建格式规则"对话框如图 1-22 所示。

（4）单击"新建格式规则"对话框中的"确定"按钮，关闭对话框。这时，所有不匹配源数据的校验数据都被标记出来，达到校验目的。结果如图 1-23 所示。

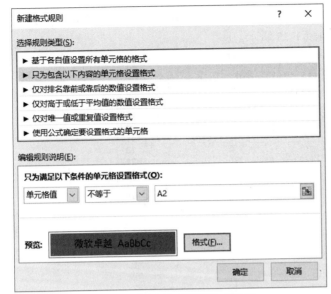

图 1-22　"新建格式规则"对话框

	A	B	C	D	E
1	源数据			校验数据	
2	79.12	72.69		79.12	72.69
3	55.73	28.26		55.73	29.26
4	94.36	81.56		94.36	81.56
5	18.62	94.52		18.62	94.52
6	71.95	54.12		71.95	54.12
7	57.34	30.67		57.34	38.67
8	25.7	17.53		25.7	17.53
9	15.11	76.88		15.11	76.88
10	3.78	91.04		3.79	91.04
11	8.74	44.73		8.74	44.73
12	3.75	39.65		3.75	39.65

图 1-23　不匹配的数据已被标记

1.7.4　为"小计"行列自动设置醒目格式

在实际工作中，常常需要在表格中使用小计行和小计列来汇总某类数据，如图 1-24 所示。

	A	B	C	D	E	F	G	H
1	班组	姓名	产品A	产品B	小计	产品C	产品D	小计
2	1	张三	150	135	285	97	194	291
3	1	李四	59	96	155	167	65	232
4	1	王五	83	86	169	53	179	232
5	1	赵六	66	61	127	158	161	319
6	小计		358	378	736	475	599	1074
7	2	周一	76	177	253	56	125	181
8	2	蔡二	129	91	220	195	92	287
9	2	杨七	136	165	301	106	115	221
10	2	郑八	200	118	318	102	137	239
11	小计		541	551	1092	459	469	928

图 1-24　包括小计行与小计列的表格

使用条件格式，能够自动为所有小计行和小计列设置醒目的格式。

（1）选定区域 A1:H11，在"开始"选项卡的"样式"选项组中单击"条件格式"按钮，选择"新建规则"命令。

（2）在"新建格式规则"对话框的"选择规则类型"列表框中选择"使用公式确定要设置格式的单元格"项，在"编辑规则说明"选项组的编辑框中输入以下公式。

$$=OR((\$A1="小计"),(A\$1="小计"))$$

公式中引用的是混合地址，目的是判断 A 列或第 1 行中是否出现"小计"字样，如果出现，则条件成立，在当前单元格设置特定的格式。

（3）单击"格式"按钮。在"设置单元格格式"对话框的"字体"选项卡中将"字形"设为"加粗"，颜色设为"蓝色"，单击"确定"按钮。

（4）单击"新建格式规则"对话框中的"确定"按钮。这时，整张表格中的"小计"行与列都自动设置了醒目的格式，如图 1-25 所示。

	A	B	C	D	E	F	G	H
1	班组	姓名	产品A	产品B	小计	产品C	产品D	小计
2	1	张三	150	135	285	97	194	291
3	1	李四	59	96	155	167	65	232
4	1	王五	83	86	169	53	179	232
5	1	赵六	66	61	127	158	161	319
6	小计		358	378	736	475	599	1074
7	2	周一	76	177	253	56	125	181
8	2	蔡二	129	91	220	195	92	287
9	2	杨七	136	165	301	106	115	221
10	2	郑八	200	118	318	102	137	239
11	小计		541	551	1092	459	469	928

图 1-25　自动醒目的小计

1.8　名称的定义与应用

在 Excel 中，通过定义和使用名称，可以简化公式，增强灵活性和通用性，提高应用的技巧性。常量、单元格区域、公式都可以定义为名称。

1.8.1　定义和引用名称

定义名称有 3 种常用方法，使用时可以针对不同情况选择最适合的方法。

【方法 1】　使用"新建名称"对话框。

选定单元格区域，然后在"公式"选项卡的"定义的名称"选项组中单击"定义名称"按钮，打开图 1-26 所示的"新建名称"对话框。

在"新建名称"对话框的"名称"文本框中输入名称，在"范围"下拉列表框中设定名称的适用范围，单击"确定"按钮。

【方法 2】　使用编辑栏的名称框。

（1）选定单元格区域。

（2）把光标定位到编辑栏名称框中，输入一个名称，然后按 Enter 键。

【方法 3】　将现有行和列标题转换为名称。

选择包括行标题或列标题的区域，在"公式"选项卡的"定义的名称"选项组中单击"根据所选内容创建"按钮，打开"以选定区域创建名称"对话框。在对话框中，通过选中"首行""最左列""末行"或"最右列"复选框来指定包含标题的位置。

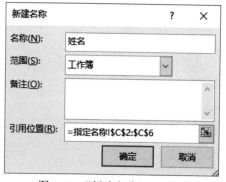

图 1-26　"新建名称"对话框

以图 1-27 所示的表格为例，如果需要把单元格区域 A2:A6 定义名称为"学号"，B2:B6 定义名称为"班级"，C2:C6 定义名称为"姓名"，步骤如下。

（1）选定单元格区域 A1:C6。

（2）在"公式"选项卡的"定义的名称"选项组中单击"根据所选内容创建"按钮，打开"以选定区域创建名称"对话框。

（3）在对话框中勾选"首行"复选框，如图 1-28 所示。单击"确定"按钮，这样 3 个区域就被分别命名了。

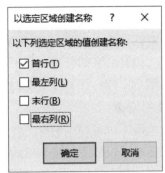

图 1-27　需要定义名称的单元格区域　　　　图 1-28　"以选定区域创建名称"对话框

名称定义的规则如下：

（1）名称可以是字母、汉字、下画线、点号（.）、斜线（/）及数字的组合，但不能以数字开头，也不能与单元格地址相同。允许用问号（?），但不能作为名称的开头。字母不区分大小写。

（2）不能以字母 R、C、r、c 作为名称，因为它们在 R1C1 引用样式中表示工作表的行、列。

（3）名称中不能包含空格，不能超过 255 个字符。

通常在编辑名称的引用位置时，按左、右箭头键，光标并没有发生移动，引用内容却改变了。这是因为，"引用位置"编辑框默认情况下处于"指向"模式，此时箭头键的作用是在工作表中选定区域而不是移动光标。解决方法是按 F2 键，切换到"编辑"模式，再进行编辑。这一技巧在任何出现类似编辑框的地方都适用。例如，设置数据验证的来源，条件格式的公式编辑等。

在工作簿中定义了名称后，当选中对应的区域时，名称框会显示出该区域的名称。

使用以下几种方法，可以引用名称。

【方法 1】　通过"名称框"引用。

单击编辑栏中"名称框"右侧的下三角按钮，打开"名称"下拉列表，选择某一名称。或者在名称框中直接输入已定义的名称，然后按 Enter 键。都可以选中该名称所对应的区域。

【方法 2】　使用定位。

在"开始"选项卡的"编辑"选项组中单击"查找和选择"按钮，再选择"转到"命令，打开"定位"对话框。在"定位"对话框中，会显示出当前工作簿除常量名称、函数名称以外的所有名称，双击其中的名称，就可选中对应的区域。

【方法 3】　在公式中引用。

在"公式"选项卡的"定义的名称"选项组中单击"用于公式"按钮，然后选择名称，可以在公式中引用名称。

在"公式"选项卡的"定义的名称"选项组中单击"名称管理器"按钮，可以新建、编辑和删除名称。

1.8.2　在名称中使用常量与函数

Excel 中的名称，并不仅仅是为单元格区域提供一个容易记忆的名字这么简单。在"新建名称"对话框中，"引用位置"编辑框中的内容是以"="开头的公式。所以，可以把名称理解为一个有名字的公式。只不过这个公式不存放于单元格中而已。

基于这一原理，在名称中不但能够引用单元格，还能够使用常量与函数。

1. 使用常量

在名称中，可以使用数字、文本等常量。其优点是，可简化公式的编写并使工作表更加整洁，随时可以修改常量名称的定义，以实现对表格中大量计算公式的快速修改。

假设有一张表格用于计算公司应交税额，其中需要频繁引用营业税的税率，此时可以使用一个名称来存储税率。

（1）在 Excel "公式"选项卡的"定义的名称"选项组中单击"定义名称"按钮，打开"新建名称"对话框。

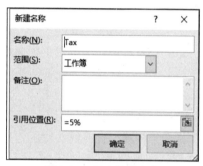

图 1-29　创建常量名称

（2）在"新建名称"对话框的"名称"文本框中输入 Tax，在"引用位置"文本框中输入"=5%"（见图 1-29），然后单击"确定"按钮。

（3）在工作表中使用刚才创建的常量名称。例如，在图 1-30 所示的工作表中，要计算 B2 单元格中营业额对应的税额，可以在 C2 单元格使用公式"=Tax*B2"，向下填充公式可以得到其他公司的税额。

如果修改 Tax 的定义，将引用位置改为"=3%"，则表格中所有引用了该名称的公式都会改变计算结果。

2. 使用函数

在图 1-31 所示的工作表中，H 列用于计算总成绩，它的公式为"=总成绩"。

图 1-30　在公式中使用常量名称

姓名	语文	数学	英语	政治	物理	化学	总成绩
张三	58	89	82	100	63	99	491
李四	83	81	90	51	76	59	440
王五	65	59	73	57	73	84	411
赵六	81	55	51	82	87	88	444
钱七	71	59	68	69	72	62	401
章八	67	99	68	66	58	88	447

图 1-31　使用带函数的名称求总成绩

之所以能够使用这样的公式求每个学生的总成绩，是因为之前为该工作表的 H2 单元格定义了一个带有求和函数的名称，如图 1-32 所示。

注意：定义此名称时，其公式中使用的是相对引用，而不是绝对引用。这样，工作表中引用该名称的公式在求值时，会随活动单元格的位置变化而对不同区域进行计算。

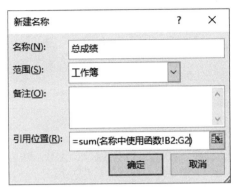

图 1-32　定义带函数的名称

1.8.3　动态名称及其应用

利用 OFFSET 函数与 COUNTA 函数的组合，可以创建一个动态的名称。动态名称是名称的高级用法，能够实现对一个可变区域的引用。

在实际工作中，经常会使用图 1-33 所示的表格来连续记录数据，表格的行数会随着记录追加而不断增多。

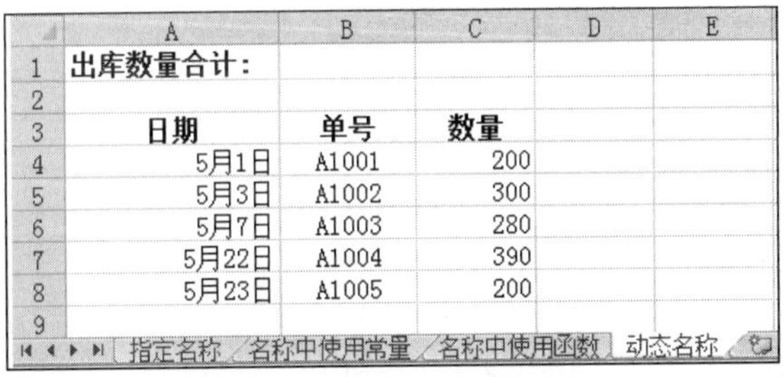

图 1-33　不断追加记录的表格

如果需要创建一个名称来引用 C 列中的数据，但又不希望这个名称引用到空白单元格，通常情况下，要在每次追加记录后改变名称的引用位置，以适应表格行数的增加。而创建动态名称，则可根据追加或删除数据行，来自动调整引用位置，以达到始终只引用非空单元格的效果，具体步骤如下。

（1）在"公式"选项卡的"定义的名称"选项组中单击"定义名称"按钮，打开"新建名称"对话框。

（2）在"新建名称"对话框的"名称"文本框中输入 Data，在"引用位置"文本框中输入以下公式。

$$=OFFSET(动态名称!\$C\$4,,,COUNTA(动态名称!\$C:\$C)-1)$$

单击"确定"按钮。

在公式中，用 OFFSET 函数返回以 C4 开始向下的若干单元格作为引用位置。单元格的数量是表达式"COUNTA(动态名称!\$C:\$C)-1"的值，也就是"动态名称"工作表 C 列除了列标题以外的非空白单元格的数量。

关于 OFFSET 函数的语法和各参数的含义参阅 Excel 帮助信息。

（3）在 B1 中输入公式"=SUM(Data)"，可以得到图 1-34 所示的结果。

B1 f_x =SUM(Data)

	A	B	C	D	E
1	出库数量合计：	1370			
2					
3	日期	单号	数量		
4	5月1日	A1001	200		
5	5月3日	A1002	300		
6	5月7日	A1003	280		
7	5月22日	A1004	390		
8	5月23日	A1005	200		
9					

指定名称 / 名称中使用常量 / 名称中使用函数 / 动态名称

图 1-34 使用动态名称计算

如果追加或删除记录，则名称 Data 的引用位置会自动发生变化，B1 中的计算结果也会随之改变。

注意：以上公式只能正确计算不间断的数据，如果表格中的数据区有空白单元格，动态名称的引用位置将发生错误。

上机练习

1. 在 Excel 工作表中创建图 1-35 所示的表格。要求：

（1）将全部单元格填充为“白色”，设置最适合的行高；

（2）对 B2:D6 区域设置粗线外边框及细线内边框；

（3）将 B2:D2 区域填充“浅绿”色，设置水平居中对齐方式；

（4）在 D2 单元格中插入批注“不含奖金”；

（5）将“姓名”“工资”列宽设为 8，“职称”列宽设为 12；

（6）在表格中，对“职称”列按自定义序列“高级工程师，工程师，助理工程师，技术员”排序；

（7）删除自定义序列。

2. 在 Excel 工作表中创建图 1-36 所示的表格。然后：

（1）用公式计算各科的最高分、最低分、平均分；

（2）设置平均分单元格为 1 位小数数值格式；

（3）将外语成绩高于平均分的学生筛选出来。

	A	B	C	D	E
1					
2		姓名	职称	工资	
3		张三	工程师	5650	
4		李四	技术员	3800	
5		王五	助理工程师	4100	
6		赵六	高级工程师	6560	
7					

图 1-35 工作表中的表格样式和数据

	A	B	C	D
1	姓名	数学	语文	外语
2	白晓敏	98	69	99
3	黄丽新	80	78	88
4	薛晶	79	87	78
5	张生超	68	90	90
6	余尚武	99	85	80
7	刘春雨	88	68	86
8	衣鹏	78	79	77
9	最高分：			
10	最低分：			
11	平均分：			

图 1-36 工作表中的表格和数据

3. 在 Excel 单元格区域设置自定义数字格式，实现如下效果：在该区域的任意单元格中输入数字"1"，则显示为"√"，其他数据原样显示。

4. 在 Excel 工作表中有大量数据，要删除所有偶数行的数据。请用尽可能简单的方法完成这项操作。

5. 在 Excel 工作表中有大量数据，需要隔一行插入一个数据（例如，由若干"."构成的字符串）。请用尽可能简单的方法完成这项操作。

6. 在 Excel 工作表中有图 1-37 所示的表格，请用合并计算的方法求出每种产品的出库总数。

	A	B	C	D	E	F
1	日期	产品	出库数			出库数
2	2011/7/2	梅花刀	54		梅花刀	91
3	2011/7/2	一字刀	20		一字刀	62
4	2011/7/2	六角螺丝	28		六角螺丝	28
5	2011/7/3	钳子	23		钳子	23
6	2011/7/4	一字刀	13		2号钉	80
7	2011/7/4	梅花刀	14		改锥	35
8	2011/7/4	2号钉	38			
9	2011/7/5	梅花刀	23			
10	2011/7/6	2号钉	42			
11	2011/7/6	改锥	35			
12	2011/7/6	一字刀	29			

图 1-37　原始数据与合并计算结果

第 2 章

工作簿函数

党的二十大报告指出：科技是第一生产力、人才是第一资源、创新是第一动力。技能人才已成为我国现代化建设的必备需求。要培养劳动者职业技能共识，即高技能培养、就业、成才。提高读者办公自动化水平，数据信息利用率也是特别重要的环节。

Excel 2016 提供了大量工作簿函数。例如，求和、求平均值、计算贷款应付利息等。

函数的输入方式与公式类似，可以直接在单元格中输入"=函数名(所引用的参数)"，但是要想记住每个函数名并正确输入所有参数有一定困难。因此，通常情况采用参照的方式输入函数。

【方法 1】 通过"函数库"选项组插入。

在"公式"选项卡的"函数库"选项组中找到某一函数类别，从函数列表中选择需要的函数，在"函数参数"对话框中输入或选择参数。

【方法 2】 通过"插入函数"按钮插入。

在"公式"选项卡的"函数库"选项组中单击"插入函数"按钮，打开"插入函数"对话框。在"选择类别"下拉列表中选择函数类别，或者在"搜索函数"文本框中输入函数的简单描述后单击"转到"按钮，在"选择函数"列表中选择函数，在"函数参数"对话框中输入参数。

若要修改函数，可以双击包含函数的单元格，进入编辑状态，对函数参数进行修改后按 Enter 键确认。

本章通过若干案例介绍工作簿函数的应用技术，涉及的主要技术包括：

（1）AVERAGE、CHAR、CODE、COUNTA、FIND、INDEX、LEFT、LEN、LENB、MATCH、OFFSET、RANK、ROW、SEARCHB、SUBTOTAL、SUMIF、TRIMMEAN、VALUE、VLOOKUP 函数及其应用。

（2）条件格式的应用、数据验证条件设置、数据筛选、将文本文件内容导入工作表。

2.1　计算最近 5 天的平均销量

	A	B
1	日期	销量
2	2019/6/28	70
3	2019/6/29	76
4	2019/6/30	60
5	2019/7/1	76
6	2019/7/2	80
7	2019/7/3	87

图 2-1　产品销量记录表

假设有图 2-1 所示的某产品销量记录表，每天增加一条销量记录。要求随时计算最近 5 天的产品平均销量。

这个问题实际上是要求出 Excel 当前工作表 B 列最后 5 项数据的平均值。求平均值可以用工作簿函数 AVERAGE 实现，但如何确定参数为 B 列最后 5 项数据呢？

可以先用 COUNTA(B:B)求出 B 列非空值的单元格个数。然后以 B1 单元格为参照，向下偏移 COUNTA(B:B)−5 个单元格，从这个单元格开始，向下引用 5 个单元格，作为 AVERAGE 函数的参数。即以 OFFSET(B1,COUNTA(B:B)−5,0,5)为函数 AVERAGE 的参数。

在当前工作表的任意一个空白单元格输入以下公式。

=AVERAGE(OFFSET(B1,COUNTA(B:B)−5,0,5))

可得到 B 列最后 5 项数据的平均值。在 B 列添加或删除数据，结果将随之变化，但始终是最后 5 项数据的平均值。

AVERAGE 函数的参数也可更改为 OFFSET(B1,COUNTA(B:B)−1,0,−5)。它以 B1 单元格为参照，向下偏移 COUNTA(B:B)−1 个单元格到 B 列最后一个单元格，从这个单元格开始，向上引用 5 个单元格，得到同样的结果。

2.2　制作字母和特殊符号代码对照表

本节用 CHAR 和 CODE 函数，在 Excel 工作表中制作一个如图 2-2 所示的字母和特殊符号代码对照表。

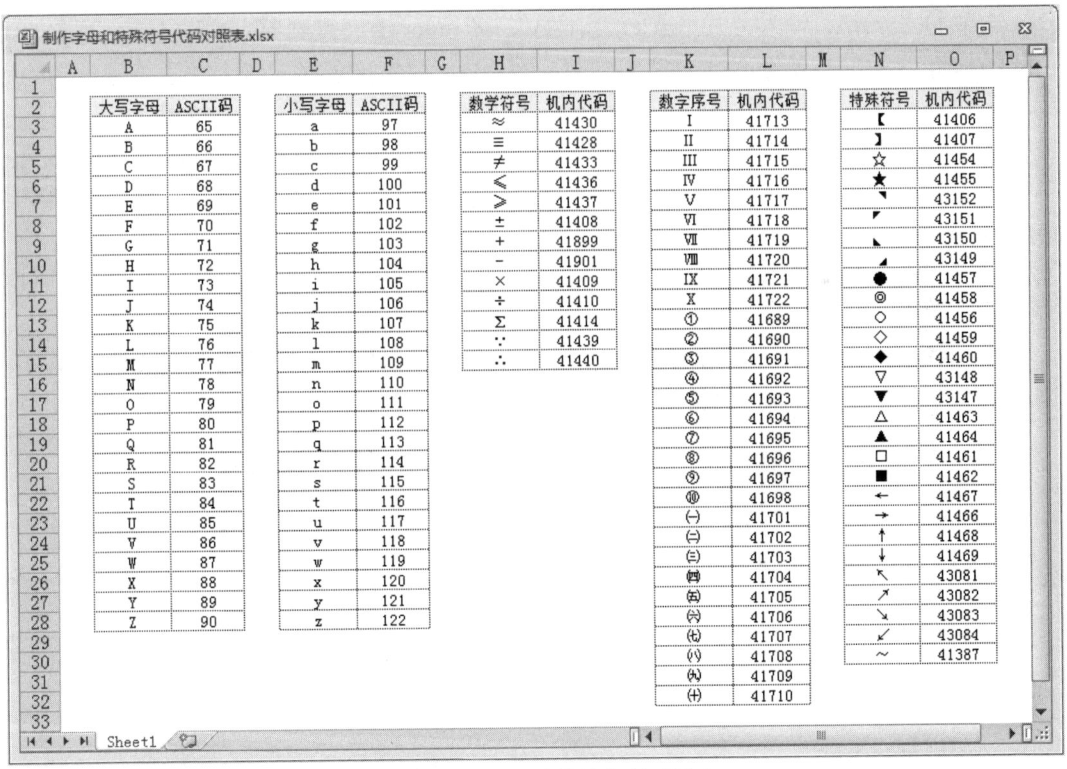

大写字母	ASCII码
A	65
B	66
C	67
D	68
E	69
F	70
G	71
H	72
I	73
J	74
K	75
L	76
M	77
N	78
O	79
P	80
Q	81
R	82
S	83
T	84
U	85
V	86
W	87
X	88
Y	89
Z	90

小写字母	ASCII码
a	97
b	98
c	99
d	100
e	101
f	102
g	103
h	104
i	105
j	106
k	107
l	108
m	109
n	110
o	111
p	112
q	113
r	114
s	115
t	116
u	117
v	118
w	119
x	120
y	121
z	122

数学符号	机内代码
≈	41430
≡	41428
≠	41433
⩽	41436
⩾	41437
±	41408
+	41899
−	41901
×	41409
÷	41410
Σ	41414
∵	41439
∴	41440

数字序号	机内代码
Ⅰ	41713
Ⅱ	41714
Ⅲ	41715
Ⅳ	41716
Ⅴ	41717
Ⅵ	41718
Ⅶ	41719
Ⅷ	41720
Ⅸ	41721
Ⅹ	41722
①	41689
②	41690
③	41691
④	41692
⑤	41693
⑥	41694
⑦	41695
⑧	41696
⑨	41697
⑩	41698
㈠	41701
㈡	41702
㈢	41703
㈣	41704
㈤	41705
㈥	41706
㈦	41707
㈧	41708
㈨	41709
㈩	41710

特殊符号	机内代码
【	41406
】	41407
☆	41454
★	41455
◥	43152
◤	43151
◣	43150
◢	43149
●	41457
◎	41458
○	41456
◇	41459
◆	41460
▽	43148
▼	43147
△	41463
▲	41464
□	41461
■	41462
←	41467
→	41466
↑	41468
↓	41469
↖	43081
↗	43082
↘	43083
↙	43084
～	41387

图 2-2　字母和特殊符号代码对照表

1．制作字母的 ASCII 对照表

创建一个 Excel 工作簿。在任意一个工作表中，设置“白色”的单元格背景。在 B2:C28 单元格区域设计一个表格，设置表格边框，添加表格标题。

在 C3、C4 单元格分别输入 65 和 66，然后选中这两个单元格，向下填充到 C28 单元格。用这种方法把 26 个大写字母的 ASCII 输入到表格中。

选中 B3 单元格，输入公式"=CHAR(C3)"，按 Enter 键后得到 C3 单元格 ASCII 码对应的字母。将 B3 单元格的公式向下填充到 B28 单元格，将得到每个 ASCII 对应的字母。

用同样方法可以制作出 E2:F28 单元格区域的小写字母的 ASCII 码对照表。

可以用 ROW 函数求出当前行号，再加上修正值得到一个 ASCII 码。例如，在 F3 单元格输入公式"=ROW()+94"，按 Enter 键后得到小写字母 a 的 ASCII 码 97。将公式向下填充到 F28 单元格，将得到 26 个小写字母的 ASCII 码。

2．制作特殊符号的代码对照表

在 H2:I15、K2:L32、N2:O30 单元格区域分别设计 3 个表格，并设置表格边框，添加表格标题。

在 H3:H15 单元格区域中输入一些常用的数学符号。方法是在 Excel"插入"选项卡的"符号"选项组中单击"符号"按钮，在"符号"对话框中选择需要的符号插入到当前单元格。用同样的方法在 K3:K32 单元格区域中输入一些常用的数字序号，在 N3:N30 单元格区域中输入一些常用的特殊符号。

选中 I3 单元格，输入公式"=CODE(H3)"，按 Enter 键后得到 H3 单元格符号对应的机内代码。将 I3 单元格的公式向下填充到 I15 单元格，将得到表格中每个数学符号对应的代码。在 L3 单元格输入公式"=CODE(K3)"，并向下填充到 L32 单元格，将得到表格中每个数字序号对应的代码。在 O3 单元格输入公式"=CODE(N3)"，并向下填充到 O30 单元格，将得到表格中每个特殊符号对应的代码。

2.3　汇总各科成绩

现有图 2-3 所示的"PB 项目开发"和"VBA 开发与应用"两门选修课成绩，要求把这两门课程的成绩汇总到"成绩总表"工作表中，得到图 2-4 所示的结果。

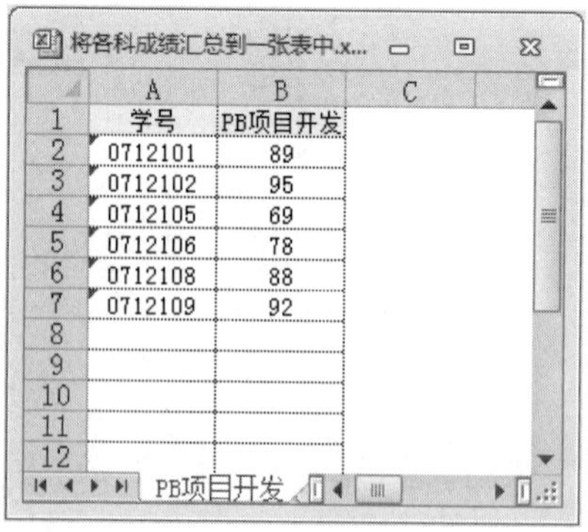

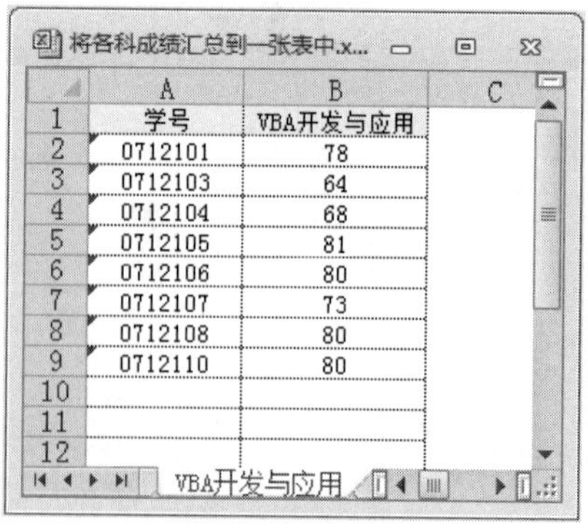

图 2-3　"PB 项目开发"和"VBA 开发与应用"课程成绩

假如两门课的学生名单和顺序完全相同，则可用复制、粘贴的方法完成。但在本示例中，"PB 项目开发"课程缺少学号尾数为 3、4、7、10 的学生成绩，"VBA 开发与应用"课程缺少学号尾数为 2、9 的学生成绩，因此不能直接进行复制和粘贴。

用 SUMIF 工作簿函数或者合并计算都可以解决这一问题。

1．用 SUMIF 工作簿函数

选中“成绩总表”工作表，在第 1 行输入“学号”“PB 项目开发”“VBA 开发与应用”作为表头，在 A 列从第 2 行开始输入连续的学号。

在“成绩总表”工作表中选中 B2 单元格，输入以下公式。

=SUMIF(PB 项目开发!A:A,$A2,PB 项目开发!B:B)

然后将公式向下填充到 B11 单元格，就会将“PB 项目开发”工作表的课程成绩填写到当前工作表与学号对应的 B 列单元格中。

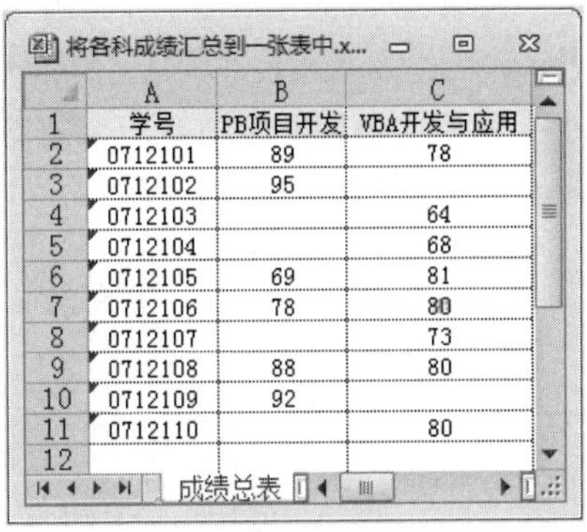
将各科成绩汇总到一张表中.x...

	A	B	C
1	学号	PB项目开发	VBA开发与应用
2	0712101	89	78
3	0712102	95	
4	0712103		64
5	0712104		68
6	0712105	69	81
7	0712106	78	80
8	0712107		73
9	0712108	88	80
10	0712109	92	
11	0712110		80
12			

成绩总表

图 2-4　汇总到“成绩总表”的结果

同样，在 C2 单元格输入以下公式。

=SUMIF(VBA 开发与应用!A:A,$A2,VBA 开发与应用!B:B)

并向下填充到 C11 单元格，就会将“VBA 开发与应用”工作表的课程成绩填写到当前工作表与学号对应的 C 列单元格中。

在 B2 单元格的公式中，工作簿函数 SUMIF 把“PB 项目开发”工作表 A 列与当前工作表 A2 单元格相同学号所对应的成绩相加，并把结果放到当前单元格。

由于各门课程的成绩表中，同一学号只有一个成绩，因此同学号成绩相加和取该学号成绩是一回事，这里只不过是利用 SUMIF 函数的条件特性而已。

由于公式中 A2 单元格用的是列绝对地址、行相对地址，因此填充到其他单元格时，行地址会相对改变。

C2～C11 单元格公式按相同原理求值。

为了避免“成绩总表”单元格中显示出无意义的“零”值，可以在“文件”选项卡中选择“选项”命令，在“Excel 选项”对话框的左边选择“高级”项，右边找到“此工作表的显示选项”，取消“具有零值的单元格中显示零”复选框的选择。

2．用合并计算功能

在当前工作簿中插入一个新的工作表，选中 A1 单元格作为合并计算结果存放的起始位置，在“数据”选项卡的“数据工具”选项组中单击“合并计算”按钮，打开“合并计算”对话框。

在“合并计算”对话框的“引用位置”编辑框中，选中“PB 项目开发”的 A1:B7 单元格区域，单击“添加”按钮，所引用的单元格区域地址会出现在“所有引用位置”列表框中。用同样方法将“VBA 开发与应用”的 A1:B9 单元格区域添加到“所有引用位置”列表框中。勾选“首行”和“最左列”复选框，单击“确定”按钮，同样可以得到需要的结果。

2.4　对称剔除极值求平均值

在统计工作中，有时需要将数据两端的极值去掉一部分之后再求平均值。例如竞技比赛中常用的评分规则是：去掉一个最高分和一个最低分后求出平均值作为最后得分。

下面通过一个示例，给出一种用工作簿函数 TRIMMEAN 实现的方法。

假设某学校组织青年教师讲课比赛，有 10 位参赛教师和 8 位评委。参赛教师名、评委名、评委给每位参赛教师所打的分数已输入 Excel 工作表，如图 2-5 所示。现要求去掉一个最高分和一个最低分后，求出每位参赛教师所得的平均分，对最高分和最低分进行标识，并求出每位参赛教师的排名。

	A	B	C	D	E	F	G	H	I	J	K
1		评委1	评委2	评委3	评委4	评委5	评委6	评委7	评委8	平均分	名次
2	参赛教师1	9.0	8.5	8.7	8.9	8.0	7.0	7.9	8.0		
3	参赛教师2	9.1	8.9	9.5	8.7	8.9	9.0	9.0	8.0		
4	参赛教师3	7.9	7.8	8.0	8.9	9.5	8.9	9.0	9.0		
5	参赛教师4	8.9	9.2	8.8	8.7	8.9	9.0	9.0	9.0		
6	参赛教师5	9.3	9.0	9.0	7.9	7.9	7.0	9.0	9.0		
7	参赛教师6	8.8	9.6	9.0	9.0	7.9	8.8	8.7	8.0		
8	参赛教师7	8.8	8.9	9.0	7.6	7.8	9.0	9.0	9.6		
9	参赛教师8	8.9	9.1	9.0	9.1	9.3	8.0	9.0	9.0		
10	参赛教师9	8.0	9.0	9.3	8.0	9.0	7.0	9.0	9.0		
11	参赛教师10	7.9	8.0	9.0	9.3	9.0	9.0	8.8	8.6		

图 2-5　青年教师讲课比赛得分表

操作步骤如下：

（1）选中 J2 单元格，输入以下公式。

=TRIMMEAN(B2:I2,2/COUNTA(B2:I2))

并把公式向下填充到 J11 单元格，将会得到每位参赛教师去掉一个最高分和一个最低分后的平均分。

公式中，TPIMMEAN 函数用于返回数据集的内部平均值。计算时，先从数据集的头部和尾部除去一定百分比的数据点，然后再求平均值。B2:I2 为需要进行求平均值的数值区域。COUNTA(B2:I2)求出 B2:I2 区域非空值的单元格个数，结果为 8。2/COUNTA(B2:I2)的值为 2/8，为计算时所要除去的数据点的比例，也就是在 8 个数据点的集合中，除去 2 个数据点，头部除去 1 个，尾部除去 1 个。

由于公式中单元格区域用的是相对地址，因此当公式向下填充到其他单元格时，地址会相对改变。

（2）为了对每位参赛教师所得的最高分和最低分进行标识，可选中 B2:I11 单元格区域，在"开始"选项卡的"样式"选项组中单击"条件格式"按钮，选择"新建规则"命令。在"新建格式规则"对话框中，将"选择规则类型"设置为"只为包含以下内容的单元格设置格式"。将第一个条件设置为：单元格值等于"=MIN($B2:$I2)"，单元格格式设置为"黄色"背景，用以标识最低分。将第二个条件设置为：单元格值等于"=MAX($B2: $I2)"，单元格格式设置为"浅绿"色背景，用以标识最高分。

此时，在"开始"选项卡的"样式"选项组中单击"条件格式"按钮，选择"管理规则"命令，在图 2-6 所示的"条件格式规则管理器"对话框中可以看到已经创建的两个条件格式规则。

（3）选中 K2 单元格，输入以下公式。

=RANK(J2,$J$2:$J$11)

并把公式向下填充到 K11 单元格，求出每位参赛教师的排名。

公式中，工作簿函数 RANK 用来返回 J2 单元格的数值在 J2:J11 区域中的排位。由于

图 2-6　"条件格式规则管理器"对话框

J2 用的是相对地址，因此公式向下填充到其他单元格时，地址会相对改变，求出每个平均分的排位，也就是每位参赛教师的名次。

最终得到图 2-7 所示结果。

	A	B	C	D	E	F	G	H	I	J	K
1		评委1	评委2	评委3	评委4	评委5	评委6	评委7	评委8	平均分	名次
2	参赛教师1	9.0	8.5	8.7	8.2	9.0	7.0	7.9	8.0	8.33	8
3	参赛教师2	9.1	8.9	9.5	8.7	8.9	9.0	9.0	8.0	8.93	2
4	参赛教师3	7.9	7.8	8.0	8.9	9.5	8.9	9.0	9.0	8.62	6
5	参赛教师4	8.9	9.2	8.8	8.7	8.9	9.0	9.0	8.0	8.88	3
6	参赛教师5	9.3	9.0	8.0	8.0	7.9	7.0	9.0	8.0	8.32	9
7	参赛教师6	8.8	9.6	9.0	9.0	7.9	8.0	8.7	8.0	8.72	5
8	参赛教师7	8.8	8.9	8.0	7.6	7.9	8.0	9.0	9.6	8.58	7
9	参赛教师8	8.9	9.1	9.0	9.0	9.3	8.0	9.0	9.0	9.02	1
10	参赛教师9	8.0	9.0	9.3	8.0	9.0	7.8	7.7	8.0	8.30	10
11	参赛教师10	7.9	9.0	8.0	9.0	9.3	9.0	8.8	8.6	8.73	4

图 2-7　最终结果

2.5　提取字符串中的数值、字符和中文

在 Excel 单元格中，可能有字母、数字、符号和汉字混排的信息，本节将通过案例介绍从中提取数值、字符和中文的方法。

1. 用 SEARCHB 函数提取半角字符

创建一个 Excel 工作簿，将 Sheet1 工作表命名为"提取字符"。

在"提取字符"工作表中，设计一个图 2-8 所示的表格，并在表格中输入一些用于测试的姓名、联系电话信息。

	A	B	C	D
1	姓名	联系电话	提取半角字符	提取电话号码
2	张三	手机: 13701234567		
3	李四	固定电话: 07563331234		
4	王五	Mobile:15987654321		
5	赵六	手机: 13923456789		
6	田七	手机: 13112345678		
7				

图 2-8　工作表中的表格和测试数据

在 C2 单元格输入以下公式。

$$=MIDB(B2,SEARCHB("?",B2),LEN(B2))$$

并向下填充到 C6 单元格，得到图 2-9 所示的结果。

	A	B	C	D
1	姓名	联系电话	提取半角字符	提取电话号码
2	张三	手机：13701234567	13701234567	
3	李四	固定电话：07563331234	07563331234	
4	王五	Mobile:15987654321	Mobile:15987654321	
5	赵六	手机：13923456789	13923456789	
6	田七	手机：13112345678	13112345678	
7				

图 2-9　提取半角字符

公式中，SEARCHB 函数在 B2 单元格的文本中查找第 1 个半角字符出现的位置。通配符"?"匹配任意 1 个半角字符。这里，B2 单元格的内容为"手机：13701234567"，由于每个汉字（全角字符）占 2 个半角字符的位置，因此 SEARCHB("?",B2)的返回值为 7。

MIDB 函数将 B2 单元格的字符串从第 SEARCHB("?",B2)个字节开始，取 LEN(B2)个字节字符，得到直至字符串末尾的子字符串。LEN 函数求出 B2 单元格字符串的长度。

由于公式中单元格使用的是相对地址，因此将其复制到 C3、C4、C5、C6 单元格时，B2 会自动变为 B3、B4、B5、B6，提取出对应的半角字符。

2．用 FIND 函数提取电话号码

在 D2 单元格输入以下公式。

$$=MID(B2,MIN(FIND(\{0,1,2,3,4,5,6,7,8,9\},B2\&"0123456789")),LEN(B2))$$

并向下填充到 D6 单元格，得到图 2-10 所示的结果。

	A	B	C	D
1	姓名	联系电话	提取半角字符	提取电话号码
2	张三	手机：13701234567	13701234567	13701234567
3	李四	固定电话：07563331234	07563331234	07563331234
4	王五	Mobile:15987654321	Mobile:15987654321	15987654321
5	赵六	手机：13923456789	13923456789	13923456789
6	田七	手机：13112345678	13112345678	13112345678
7				

图 2-10　提取电话号码

公式中，B2&"0123456789"将 B2 单元格的内容与字符串"0123456789"拼接，得到一个新的字符串，使得字符串中一定包含 0～9 这 10 个数字符号，以免当查找的数字符号不存在时，出现错误信息。

FIND 函数分别求出 0～9 这 10 个数字符号在字符串中首次出现的位置。MIN 函数求出这些位置的最小值，也就是第 1 个数字符号的位置。

最后，用 MID 函数，从 B2 单元格字符串第 1 个数字符号开始，取出后面的所有字符。

例如，B2 单元格的内容为"手机：13701234567"，与字符串"0123456789"拼接后的结果为"手机：137012345670123456789"，FIND 函数得到的结果为常量数组{7,4,9,5,11,12,13,

6,23,24}，再用 MIN 函数求出其中的最小值为 4，最后用 MID 函数取出字符串"手机：13701234567"从第 4 个字符开始的子字符串为"13701234567"。

公式中单元格使用的是相对地址，将其复制到 D3、D4、D5、D6 单元格时，B2 会自动变为 B3、B4、B5、B6。

这种方法能够准确定位字符串中第 1 个数字符号，前面是全角、半角字符都没关系，但要求电话号码后面没有其他字符，否则会提取出多余的信息。

3. 用 LOOKUP 函数提取数值

在工作簿中插入一个工作表，命名为"提取数值"。在工作表的 A 列输入若干行字符串，其中包含数值，数值可能在字符串的首尾或中间，如图 2-11 所示。

在 B1 单元格输入以下公式。

=LOOKUP(9.9E+307,--MID(A1,MIN(FIND({0;1;2;3;4;5;6;7;8;9},A1&1234567890)),ROW($1:$100)))

并向下填充到 B6 单元格，得到图 2-12 所示的结果。

	A	B
1	张三工资预支3120	
2	李四4500元差旅借款	
3	王五销售提成1240.5	
4	赵六加班费369	
5	3124.7元文化用品	
6	办公用品345元	
7		

图 2-11　提取数值前

	A	B
1	张三工资预支3120	3120
2	李四4500元差旅借款	4500
3	王五销售提成1240.5	1240.5
4	赵六加班费369	369
5	3124.7元文化用品	3124.7
6	办公用品345元	345

图 2-12　提取数值后

公式中，A1&0123456789 将 A1 单元格的内容与字符串"0123456789"拼接，使得字符串中一定包含 0～9 这 10 个数字符号，以免查找时出错。FIND 函数分别求出 0～9 这 10 个数字符号在字符串中首次出现的位置。MIN 函数求出这些位置的最小值，也就是第 1 个数字符号的位置。ROW($1:$100)的值为数组{1;2;3;…99;100}。MID 函数从 A1 的第 1 个数字符号开始，分别取出长度为 1，2，3，…，100 的字符串，构成一个数组。"--"的作用是将数组元素转换为数值，非数值为无效数据。最后用 LOOKUP 函数在数组中查找 9.9E+307，即 9.9 乘以 10 的 307 次方这个超级大的数，由于数组中不可能存在这个数，因此会把数组中小于 9.9E+307 的最大值作为函数的返回值，这个值就是要提取的数值。

4. 用 MATCH 函数提取中文

在工作簿中插入一个工作表，命名为"提取中文"。在工作表的 A 列输入若干行字符串，其中包含连续中文字符，如图 2-13 所示。

在 B1 单元格输入以下数组公式。

{=MID(A1,MATCH(1,1/(MIDB(A1,ROW($1:$30),1)<>MID(A1,ROW($1:$30),1)),0),LENB(A1)−LEN(A1))}

并向下填充到 B6 单元格，得到图 2-14 所示的结果。

图 2-13　提取中文前　　　　　　　　　　　　图 2-14　提取中文后

　　公式中通过判断是否为双字节字符来区分中文字符和其他字符。MIDB 函数以字节方式提取字符串中的字符，遇到中文时就会发生与 MID 函数结果不一致的情况。与此类似，LENB 函数以字节形式统计字符串的长度，中文是双字节字符，其长度是 LEN 函数统计的结果的 2 倍。通过 LENB(A1)-LEN(A1) 可以得到 A1 单元格中包含的中文字符个数。

　　MIDB(A1,ROW($1:$30),1) 的值为一个数组，元素为 A1 单元格以字节方式提取的第 1 个～第 30 个字符，双字节字符对应空格。MID(A1,ROW($1:$30),1)) 的值也是一个数组，元素为 A1 单元格第 1 个～第 30 个字节或双字节字符。两个数组进行比较，在遇到双字节字符时，对应元素不同，比较结果为 True，否则为 False。比较结果仍然是一个数组。对数组元素分别取倒数，True 对应于 1、False 对应于错误值。MATCH 函数在数组中精确查找数值"1"首次出现的位置。最后用 MID 函数在 A1 单元格中从该位置开始提取 LENB(A1)-LEN(A1) 个字符即为其中的连续中文。

2.6　将字符串拆成两部分

　　创建一个 Excel 工作簿，将其中的一个工作表命名为"将字符串拆成两部分"。在工作表中设计一个图 2-15 所示的表格，在表格中输入若干用于测试的产品名称信息。

产品名称	方法1		方法2	
	前字符串	后字符串	前字符串	后字符串
CanonDesign 打印机				
Benq Printer				
Lenovo 电脑				
HPLaserjet打印机				
Seagate 硬盘				

图 2-15　工作表中的表格和测试数据

1. 用 FIND 函数拆分空格分隔的数据

在 B3 单元格输入以下公式。

$$=LEFT(A3,FIND(" ",ASC(A3))-1)$$

并向下填充到 B7 单元格。

在 C3 单元格输入以下公式。

$$=RIGHT(A3,LEN(A3)-FIND(" ",ASC(A3)))$$

并向下填充到 C7 单元格。得到图 2-16 所示的结果。

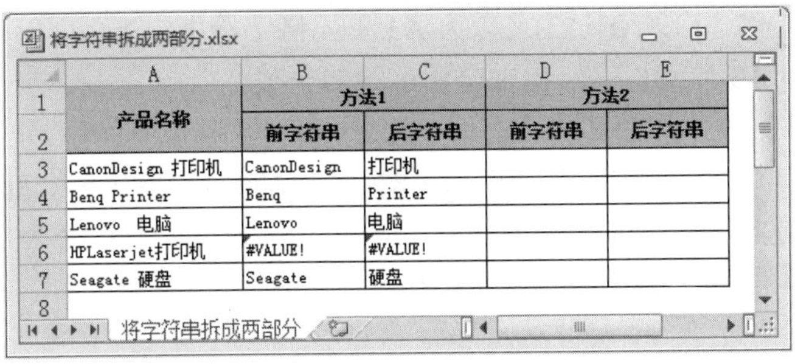

图 2-16 用第 1 种方法拆分的结果

其中，ASC 函数将全角（双字节）字符转换为半角（单字节）字符，目的是将字符串中的全角空格转换为半角空格，以便统一进行查找。FIND 函数查找空格符在字符串中出现的位置。LEFT 函数取出空格左边的字符串，RIGHT 函数取出空格右边的字符串，达到将一个字符串拆分成两部分之目的。

这种方法要求用空格（全角或半角）分隔字符串的两部分。如果字符串当中没有空格（如图 2-16 中的 A6 单元格内容），将会得到错误结果。

利用 Excel 的"分列"功能，同样可以实现对数据的拆分。

2．用 LEN、LENB 函数拆分全半角字符

在 D3 单元格输入以下公式。

$$=LEFT(A3,LEN(A3)*2-LENB(A3))$$

并向下填充到 D7 单元格。

在 E3 单元格输入以下公式。

$$=RIGHT(A3,LENB(A3)-LEN(A3))$$

并向下填充到 E7 单元格。得到图 2-17 所示的结果。

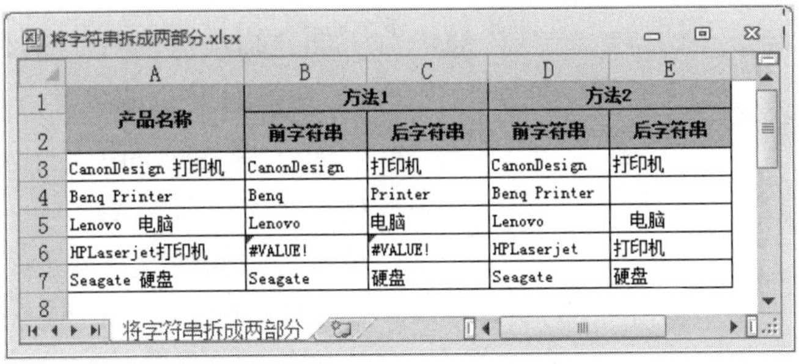

图 2-17 用第 2 种方法拆分的结果

其中，LEN 函数求出字符串中的字符数。LENB 函数求出字符串中用于代表字符的字节数。

例如，A3 单元格的内容为"CanonDesign 打印机"，LEN(A3)的值为 15，LENB(A3)的值为 18。

由于

```
LEN(全角字符)*2 = LENB(全角字符)
```

因此，LEN(A3)*2 与 LENB(A3)之差为 A3 单元格字符串中半角字符的个数，LENB(A3) 与 LEN(A3)之差为 A3 单元格字符串中全角字符的个数。

又由于测试数据中"产品名称"的前一部分是半角字符，后一部分是全角字符，因此用 LEFT 函数可以取出前一部分字符串，用 RIGHT 函数可以取出后一部分字符串。

这种方法的局限性在于，字符串必须左边是半角字符，右边是全角字符。否则（如图 2-17 中的 A4 单元格内容），将不能正确拆分。

2.7 员工信息查询

在图 2-18 所示的 Excel 工作表中，左侧有一个员工信息表，右侧有两个查询区域，一个用来按员工号查姓名和部门，另一个用来按姓名查员工号和部门。

图 2-18 员工信息表及查询区域

要求：在"按员工号查询"区域选择一个员工号后，自动显示出对应的姓名和部门。在"按姓名查询"区域选择一个员工姓名后，自动显示出对应的员工号和部门。

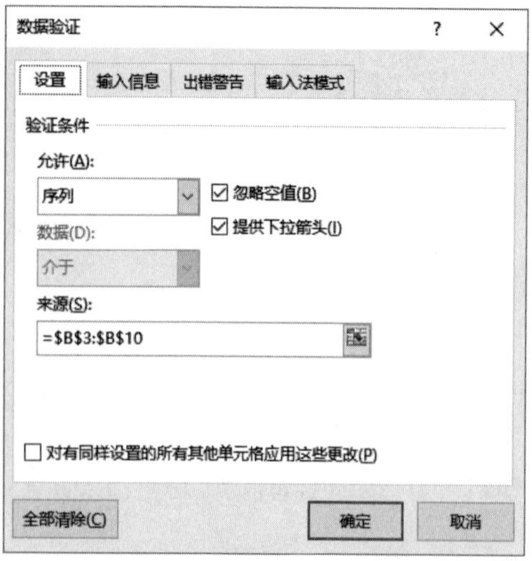

下面介绍具体实现方法。

1. 设置数据验证条件

在图 2-18 所示的 Excel 工作表中，选中 F4 单元格，在"数据"选项卡的"数据工具"选项组中单击"数据验证"按钮。

在"数据验证"对话框中设置验证条件为允许"序列"，来源为"$B$3:$B$10"，如图 2-19 所示。使得在 F4 单元格中可以通过下拉列表选择员工号。

用同样的方法设置 G10 单元格的数据验证条件为允许"序列"，来源为"$C$3:$C$10"。使得在 G10 单元格中可以通过下拉列表选择员工姓名。

图 2-19 "数据验证"对话框

2. 按员工号查询

在 G4 单元格输入以下公式。

$$=VLOOKUP(F4,B3:D10,2,0)$$

在 H4 单元格输入以下公式。

$$=VLOOKUP(F4,B3:D10,3,0)$$

就可以实现按员工号查姓名和部门的目的了。

这里的关键是使用了 VLOOKUP 函数。VLOOKUP 函数在单元格区域的首列查找指定的数据，返回当前行指定列的数据。语法格式如下：

```
VLOOKUP(v,t,c,r)
```

其中，第 1 个参数 v 为需要查找的数据，可以是数值、字符串或引用。第 2 个参数 t 为单元格区域。第 3 个参数 c 为单元格区域中待返回的匹配值的列号。第 4 个参数 r 为一逻辑值。如果 r 为 True 或省略，则匹配小于或等于 v 的最大值，要求 t 的第 1 列必须按升序排列；如果 r 为 False 或 0，则精确匹配，t 不必排序；如果找不到，则返回错误值#N/A。

在 G4 单元格的 VLOOKUP 函数中，F4 单元格的内容是要查找的数据，区域为 B3:D10，返回匹配值的列号是 2，第 4 个参数为 0，表示精确匹配，区域内容不需要排序。

H4 单元格与 G4 单元格中 VLOOKUP 函数的不同之处是返回匹配值的列号为 3。

3. 按员工姓名查询

在 F10 单元格输入以下公式。

$$=INDEX(B3:B10,MATCH(G10,C3:C10,0))$$

在 H10 单元格输入以下公式。

$$=VLOOKUP(G10,C3:D10,2,0)$$

就可以实现按姓名查员工号和部门的目的了。

在 H10 单元格的 VLOOKUP 函数中，G10 单元格的内容是要查找的数据，区域为 C3:D10，返回匹配值的列号是 2。

在 F10 单元格的公式中用到了 MATCH 和 INDEX 函数，因为无法直接用 VLOOKUP 函数实现逆向查询。

MATCH 函数返回与指定数据匹配的单元格或数组中元素的位置。语法格式如下：

```
MATCH(v,a,t)
```

其中，第 1 个参数 v 为需要查找的数据，可以为数字、文本、逻辑值或单元格引用。第 2 个参数 a 是单元格区域或数组。第 3 个参数 t 若为 1，则查找小于或等于 v 的最大值，a 必须按升序排列；t 若为 0，则查找等于 v 的第 1 个数据，a 可以按任何顺序排列；t 若为 -1，则查找大于或等于 v 的最小数值，a 必须按降序排列。若省略 t，则默认为 1。

这里，MATCH(G10,C3:C10,0)的作用是在 C3:C10 区域中查找 G10 单元格的内容，返回相应的位置值（序号），区域中的内容可以按任何顺序排列。

INDEX 函数返回指定的行与列交叉处的单元格引用。语法格式如下：

```
INDEX(e,r,c,a)
```

其中，第 1 个参数 c 为单元格区域，如果区域只包含一行或一列，则参数 r 或 c 可以省略。第 2 个参数 r 为区域中的行序号。第 3 个参数 c 为区域中的列序号。第 4 个参数 a 为区域序号，如果省略，默认为区域 1。

这里，INDEX(B3:B10,MATCH(G10,C3:C10,0))的作用是返回单列区域 B3:B10 中第 MATCH(G10,C3:C10,0)行的单元格引用。结果就是与 G10 单元格中姓名匹配的员工号。

2.8　银行转账记录的筛选与分类汇总

高等学校每个学期都需要进行奖学金或助学金的发放，这一操作是通过银行转账进行的。由于学生提供的个人银行卡号错误或与姓名不符等原因，经常会导致转账失败。转账是否成功等信息可以从银行的转账记录中获得。通常，高校的财务人员要从银行的转账记录中找出转账失败的账号，算出失败账户的总金额，再进行核对和补发。由于银行转账记录为 TXT 格式的文件，因此在人数较多的情况下，核对及统计都不太方便。如果将银行转账记录导入 Excel 工作表，再利用 Excel 的筛选和分类汇总功能，就可以很好地解决问题。下面介绍具体实现方法。

1. 将文本文件内容导入 Excel 工作表

某银行转账记录的文本文件为"银行转账记录.txt"，其内容及格式如图 2-20 所示。

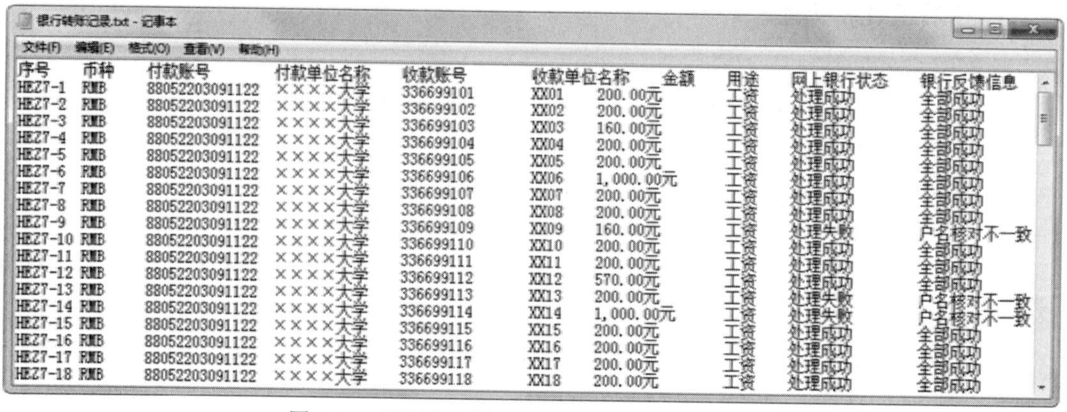

图 2-20　"银行转账记录"文本文件内容及格式

将"银行转账记录.txt"文件内容导入 Excel 工作表的步骤如下：

（1）创建一个 Excel 工作簿，保存为"银行转账记录.xlsx"。

（2）选中任意工作表的 A1 单元格，在"数据"选项卡的"获取外部数据"选项组中单击"自文本"按钮。在"导入文本文件"对话框中选择需要导入的"银行转账记录.txt"文件，单击"导入"按钮。

（3）在"文本导入向导"对话框中选择"分隔符号"单选按钮，单击"下一步"按钮。

（4）根据文本文件格式，在"分隔符号"选项组中选择"Tab 键"复选框，单击"下一步"按钮。

（5）设置"付款账号"列的数据格式为"文本"，其余列使用默认的"常规"数据格式，如图 2-21 所示。

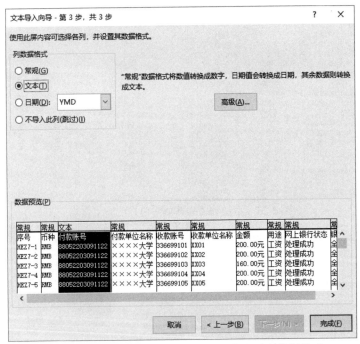

图 2-21 在"文本导入向导"对话框中设置列数据格式

（6）单击"完成"按钮。在"导入数据"对话框中选择"现有工作表"单选按钮，单击"确定"按钮，文本文件的内容导入 Excel 当前工作表，结果如图 2-22 所示。

	A	B	C	D	E	F	G	H	I	J
1	序号	币种	付款账号	付款单位名称	收款账号	收款单位名称	金额	用途	网上银行状态	银行反馈信息
2	HEZ7-1	RMB	88052203091122	××××大学	336699101	XX01	200.00元	工资	处理成功	全部成功
3	HEZ7-2	RMB	88052203091122	××××大学	336699102	XX02	200.00元	工资	处理成功	全部成功
4	HEZ7-3	RMB	88052203091122	××××大学	336699103	XX03	160.00元	工资	处理成功	全部成功
5	HEZ7-4	RMB	88052203091122	××××大学	336699104	XX04	200.00元	工资	处理成功	全部成功
6	HEZ7-5	RMB	88052203091122	××××大学	336699105	XX05	200.00元	工资	处理成功	全部成功
7	HEZ7-6	RMB	88052203091122	××××大学	336699106	XX06	1,000.00元	工资	处理成功	全部成功
8	HEZ7-7	RMB	88052203091122	××××大学	336699107	XX07	200.00元	工资	处理成功	全部成功
9	HEZ7-8	RMB	88052203091122	××××大学	336699108	XX08	200.00元	工资	处理成功	全部成功
10	HEZ7-9	RMB	88052203091122	××××大学	336699109	XX09	160.00元	工资	处理失败	户名核对不一致
11	HEZ7-10	RMB	88052203091122	××××大学	336699110	XX10	200.00元	工资	处理成功	全部成功
12	HEZ7-11	RMB	88052203091122	××××大学	336699111	XX11	200.00元	工资	处理成功	全部成功
13	HEZ7-12	RMB	88052203091122	××××大学	336699112	XX12	570.00元	工资	处理成功	全部成功
14	HEZ7-13	RMB	88052203091122	××××大学	336699113	XX13	200.00元	工资	处理失败	户名核对不一致
15	HEZ7-14	RMB	88052203091122	××××大学	336699114	XX14	1,000.00元	工资	处理失败	户名核对不一致
16	HEZ7-15	RMB	88052203091122	××××大学	336699115	XX15	200.00元	工资	处理成功	全部成功
17	HEZ7-16	RMB	88052203091122	××××大学	336699116	XX16	200.00元	工资	处理成功	全部成功
18	HEZ7-17	RMB	88052203091122	××××大学	336699117	XX17	200.00元	工资	处理成功	全部成功

图 2-22 导入 Excel 工作表后的银行转账记录

2. 银行转账记录的筛选与分类汇总

从图 2-22 可以看出，G 列的金额数据每一项在末尾都带有一个"元"字，这样不便于汇总。为此，在 K 列创建一个辅助列，将标题设为"数值型金额"，在 K2 单元格输入公式"=VALUE(LEFT(G2,LEN(G2)−1))"，然后将公式向下填充到有效数据的最后一行，得到图 2-23 所示的结果。

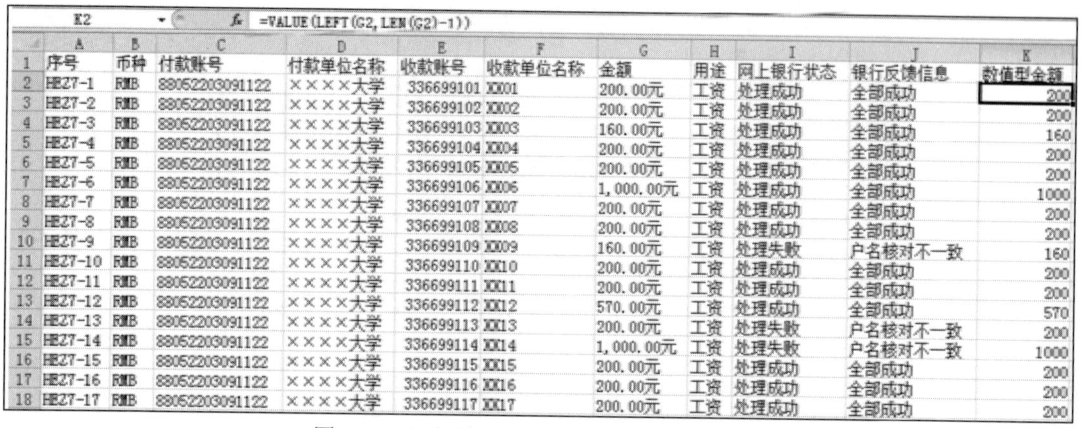

图 2-23 添加辅助列并填充公式后的工作表

在"数据"选项卡的"排序和筛选"选项组中单击"筛选"按钮，设置自动筛选功能。之后就可以灵活地对记录进行筛选了。例如，在 I 列"网上银行状态"下拉列表中选择"处理失败"项，将得到图 2-24 所示的筛选结果，即筛选出交易不成功的记录。

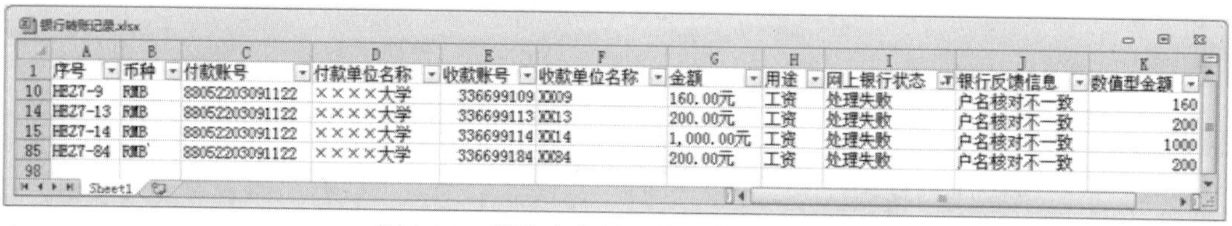

图 2-24 筛选出来的"处理失败"记录

将光标定位到 K98 单元格，在"开始"选项卡的"编辑"选项组中输入分类汇总公式"=SUBTOTAL(9,K2:K97)"，按 Enter 键后得到分类求和结果，如图 2-25 所示。

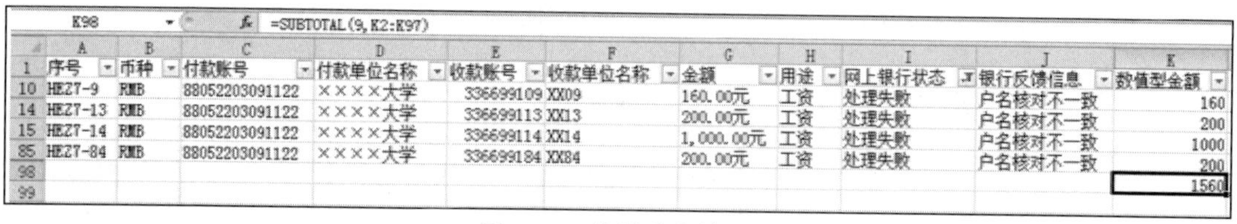

图 2-25 分类求和结果

其中，SUBTOTAL(9,K2:K97) 对 K 列数据进行分类汇总，汇总只对筛选出来的数据进行，而不包括被筛选掉的数据。这样就可以得到"处理失败"记录的总金额。

如果在 I 列"网上银行状态"下拉列表中选择"处理成功"项，K98 单元格将得到"处理成功"记录的总金额。

上机练习

1. 新建一个 Excel 工作簿，在工作表中设计图 2-26 所示的表格，输入基本数据。然后，用工作簿函数计算并填写每个学生各门课程的平均分和总分。再用工作簿函数，根据每个学生的总分，求出并填写名次。

	A	B	C	D	E	F	G
1	学号	数学	语文	外语	平均分	总分	名次
2	1	96	92	85			
3	2	78	87	97			
4	3	80	78	80			
5	4	69	84	93			
6	5	88	99	66			

图 2-26　工作表中的表格和基本数据

2. 在 Excel 工作表中，创建一个图 2-27 所示的表格，输入若干个学生 4 门课的成绩。然后用工作簿函数求出每个学生大于 80 分的课程数，并对大于 80 的分数进行标识，得到图 2-28 所示的结果。

	A	B	C	D	E	F
1	学号	课程1	课程2	课程3	课程4	大于80分的课程数
2	1	90	89	60	77	
3	2	70	80	68	89	
4	3	56	70	89	77	
5	4	79	89	90	86	
6	5	98	77	60	68	
7	6	70	69	89	99	

图 2-27　工作表中的表格和数据

	A	B	C	D	E	F
1	学号	课程1	课程2	课程3	课程4	大于80分的课程数
2	1	90	89	60	77	2
3	2	70	80	68	89	1
4	3	56	70	89	77	1
5	4	79	89	90	86	3
6	5	98	77	60	68	1
7	6	70	69	89	99	2

图 2-28　最终结果

3. 在 Excel 工作表中，创建一个图 2-29 所示的表格，输入若干个选手的 5 项得分。然后用工作簿函数求出每个选手 3 项最高得分之和，得到图 2-30 所示的结果。

	A	B	C	D	E	F	G
1	选手编号	项目1	项目2	项目3	项目4	项目5	三项最高得分之和
2	1	67	78	98	98	89	
3	2	80	90	76	87	80	
4	3	88	99	90	87	87	
5	4	80	99	88	90	98	
6	5	67	79	90	89	70	
7	6	80	70	79	90	89	

图 2-29　工作表中的表格和数据

	A	B	C	D	E	F	G
1	选手编号	项目1	项目2	项目3	项目4	项目5	三项最高得分之和
2	1	67	78	98	98	89	285
3	2	80	90	76	87	80	257
4	3	88	99	90	87	87	277
5	4	80	99	88	90	98	287
6	5	67	79	90	89	70	258
7	6	80	70	79	90	89	259

图 2-30　最终结果

4. 在 Excel 工作表的第 1 行有一些人名，要求在第 2 行对应的单元格按顺序标出每个人名出现的次数，如图 2-31 所示。请用尽可能简单的方法实现。

	A	B	C	D	E	F	G	H	I
1	田七	张三	张三	李四	李四	李四	赵六	赵六	赵六
2	1	1	2	1	2	3	1	2	3

图 2-31　工作表中的人名和出现次数

第3章

图表与图形

在 Excel 中，能够方便地制作多种形式的统计图表，使表达的数据更加直观。本章通过若干案例介绍 Excel 图表与图形的应用技术。

主要包括以下内容：

（1）图表的创建和编辑，图表属性的设置，函数图像的绘制。

（2）迷你图、工程进度图的创建和编辑。

（3）名称的使用，数据的筛选、分列。

（4）图片的使用，数据透视表和数据透视图的制作。

（5）工作簿函数 OFFSET、MATCH 的应用。

3.1 两城市日照时间对比图表

本节制作一个图表，用来对比"四平"和"大连"两个城市的日照时间。

首先创建一个工作簿，保存为"两城市日照时间对比图表.xlsx"。

1. 制作表格

在 Sheet1 工作表中，设计一个表格，在网上搜集相关数据，把两城市 24 个节气的日出时间和日落时间输入到表格中，得到图 3-1 所示的结果。

在 D2 单元格输入公式"=C2-B2"并向下填充到 D25，在 G2 单元格输入公式"=F2-E2"并向下填充到 G25，求出两城市 24 节气的日照时长，得到图 3-2 所示的内容完整的表格。

2. 创建图表

选择 A1:G25 单元格区域，在"插入"选项卡的"图表"选项组中单击"插入折线图或面积图"按钮，找到并选择"带数据标记的折线图"，在当前工作表中创建一个图表。

用鼠标将图表拖动到适当位置，拖动图表外边框上的尺寸控点适当改变大小，得到图 3-3 所示的图表。

3. 编辑图表

选定图表，在"图表工具>格式"选项卡的"当前所选内容"选项组的下拉列表中选择"垂直（值）轴"，再单击"设置所选内容格式"按钮。在"设置坐标轴格式"任务窗格的"坐标轴选项"中的"边界"内，设置"最小值"为"0.15"、"最大值"为"0.85"（去除图中空白部分）。

	四平日出	四平日落	四平日照	大连日出	大连日落	大连日照
小寒	7:14	16:21		7:13	16:45	
大寒	7:08	16:39		7:09	17:00	
立春	6:55	16:57		6:57	17:17	
雨水	6:35	17:17		6:41	17:34	
惊蛰	6:11	17:36		6:20	17:50	
春分	5:45	17:54		5:57	18:05	
清明	5:16	18:14		5:33	18:20	
谷雨	4:51	18:31		5:10	18:35	
立夏	4:30	18:48		4:51	18:49	
小满	4:13	19:04		4:36	19:04	
芒种	4:03	19:18		4:28	19:15	
夏至	4:02	19:25		4:28	19:23	
小暑	4:10	19:24		4:35	19:22	
大暑	4:22	19:15		4:46	19:14	
立秋	4:39	18:57		5:00	18:58	
处暑	4:56	18:33		5:13	18:38	
白露	5:13	18:07		5:28	18:15	
秋分	5:31	17:39		5:42	17:50	
寒露	5:48	17:12		5:56	17:26	
霜降	6:06	16:47		6:11	17:05	
立冬	6:25	16:27		6:27	16:47	
小雪	6:44	16:13		6:44	16:35	
大雪	7:00	16:07		6:58	16:31	
冬至	7:11	16:10		7:09	16:35	

图 3-1　两城市 24 个节气日出、日落时间表

	四平日出	四平日落	四平日照	大连日出	大连日落	大连日照
小寒	7:14	16:21	9:07	7:13	16:45	9:32
大寒	7:08	16:39	9:31	7:09	17:00	9:51
立春	6:55	16:57	10:02	6:57	17:17	10:20
雨水	6:35	17:17	10:42	6:41	17:34	10:53
惊蛰	6:11	17:36	11:25	6:20	17:50	11:30
春分	5:45	17:54	12:09	5:57	18:05	12:08
清明	5:16	18:14	12:58	5:33	18:20	12:47
谷雨	4:51	18:31	13:40	5:10	18:35	13:25
立夏	4:30	18:48	14:18	4:51	18:49	13:58
小满	4:13	19:04	14:51	4:36	19:04	14:28
芒种	4:03	19:18	15:15	4:28	19:15	14:47
夏至	4:02	19:25	15:23	4:28	19:23	14:55
小暑	4:10	19:24	15:14	4:35	19:22	14:47
大暑	4:22	19:15	14:53	4:46	19:14	14:28
立秋	4:39	18:57	14:18	5:00	18:58	13:58
处暑	4:56	18:33	13:37	5:13	18:38	13:25
白露	5:13	18:07	12:54	5:28	18:15	12:47
秋分	5:31	17:39	12:08	5:42	17:50	12:08
寒露	5:48	17:12	11:24	5:56	17:26	11:30
霜降	6:06	16:47	10:41	6:11	17:05	10:54
立冬	6:25	16:27	10:02	6:27	16:47	10:20
小雪	6:44	16:13	9:29	6:44	16:35	9:51
大雪	7:00	16:07	9:07	6:58	16:31	9:33
冬至	7:11	16:10	8:59	7:09	16:35	9:26

图 3-2　两城市 24 个节气日出、日落、日照时间表

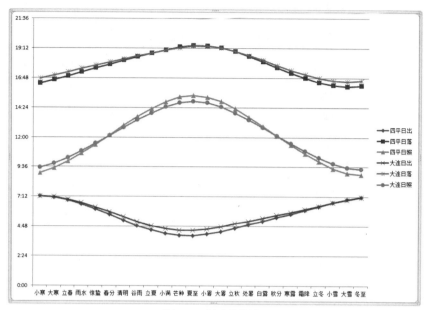

图 3-3　新建的图表

在"图表工具>设计"选项卡的"图表布局"选项组中单击"添加图表元素"按钮，选择"网格线>主轴主要垂直网格线"命令，分别单击图表中"主轴主要网格线（H）"和"主轴主要垂直网格线（V）"，设置网格线颜色为"黑色"。

单击"垂直（值）轴"，在"设置坐标轴格式"对话框中将"坐标轴选项>刻度线"设为"外部"；单击"水平（类别）轴"，在"设置坐标轴格式"对话框中将"坐标轴选项>刻度线"设为"外部"。

在"图表工具>设计"选项卡的"图表布局"选项组中单击"添加图表元素"按钮，选择"图表标题>图表上方"命令，设置图表标题。

最后得到图 3-4 所示的图表。

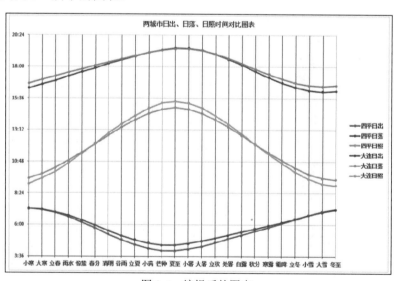

图 3-4　编辑后的图表

从图表中可以看出，两个城市在"冬至"时节的日出时间大致相同（只差 2 分钟），而大连的日落时间晚于四平 25 分钟，大连的日照时间比四平长 27 分钟；两个城市在"夏至"时节的日落时间大致相同（也只差 2 分钟），而大连的日出时间晚于四平 26 分钟，大连的日照时间比四平短 28 分钟；两个城市在"春分"和"秋分"时节的日照时间大致相同，但大连的日出、日落时间均晚于四平。

3.2　迷你图与工程进度图

本节先介绍迷你图的创建和编辑方法，然后给出一种制作工程进度图的方法。

1. 创建和编辑迷你图

迷你图是一种可以插入到单元格中的微型图表，可显示一系列数值的趋势（例如，季节性增加或减少、经济周期），还可以突出显示最大值和最小值。

在图 3-5 所示的工作表中创建一个表格并输入相关数据，得到一个模拟的公司历年利润表（单位：万元）。

图 3-5　公司历年利润表

在"插入"选项卡的"迷你图"选项组中单击"折线图"按钮。

在"创建迷你图"对话框中，指定"数据范围"为 A3:E3、"位置范围"为 F3，单击"确定"按钮，得到图 3-6 所示的迷你图效果。

图 3-6　迷你图效果

当在工作表中选择某个已创建的迷你图时，功能区中将会出现"迷你图工具>设计"选项卡。通过该选项卡，可以对迷你图进行编辑数据、更改类型和样式、显示或隐藏数据点等操作。

2. 制作工程进度图

下面通过一个实例来介绍用堆积条形图实现工程进度图的方法。

（1）在 Excel 工作表中创建一个图 3-7 所示的工程进度表，填入工程每个阶段的起始日期和所用天数。结束日期可以用公式填写，在 D2 单元格输入公式"=B2+C2"，并向下填充到 D9 单元格。

	A	B	C	D
1		开始日	天数	结束日
2	工程设计	2015/5/10	5	2015/5/15
3	方案选择	2015/5/15	2	2015/5/17
4	水电施工	2015/5/18	7	2015/5/25
5	泥水施工	2015/5/21	15	2015/6/5
6	木工施工	2015/6/1	30	2015/7/1
7	油漆施工	2015/7/1	15	2015/7/16
8	家具电器安装	2015/7/15	15	2015/7/30
9	工程验收	2015/7/30	2	2015/8/1
10				

图 3-7 工程进度表

（2）选择 A1:C9 单元格区域，在"插入"选项卡的"图表"选项组中单击"插入柱形图或条形图"按钮，再选择"二维条形图>堆积条形图"命令，在当前工作表中插入一个图表。

（3）选择图表中的"开始日"数据系列，在"图表工具>格式"选项卡的"当前所选内容"选项组中单击"设置所选内容格式"按钮，打开"设置数据系列格式"任务窗格。在任务窗格的"系列选项"选项组中设置"分类间距"为 0%，在"填充"选项中设置"无填充"。

（4）选择"水平（值）轴"，在"图表工具>格式"选项卡的"当前所选内容"选项组中单击"设置所选内容格式"按钮，打开"设置坐标轴格式"任务窗格。在任务窗格的"坐标轴选项"选项组中设置"最小值"为"2015/5/10"、"最大值"为"2015/8/1"，在"数字"选项组中设置"日期"的"类型"为"3/14"。

（5）选择"垂直（类别）轴"，在"图表工具>格式"选项卡的"当前所选内容"选项组中单击"设置所选内容格式"按钮，打开"设置坐标轴格式"任务窗格。在任务窗格的"坐标轴选项"选项组中，选中"逆序类别"复选框，使垂直轴的分类标签与表格的顺序一致。

（6）选择"图表区"，在"图表工具>设计"选项卡的"图表布局"选项组中单击"添加图表元素"按钮，选择"图表标题>图表上方"命令，设置图表标题为"工程进度图"。

（7）删除图例，适当调整图表格式，得到图 3-8 所示的工程进度图。

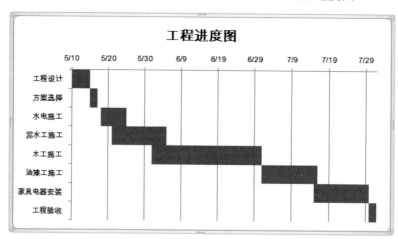

图 3-8 工程进度图

3.3　绘制函数图像

下面以绘制 y=sin(x)的曲线为例，介绍一种函数图像制作的具体方法。

创建一个 Excel 工作簿，保存为"绘制函数图像.xlsx"。在 Sheet1 工作表的 A1 单元格输入标题"x"，用来表示自变量。用序列数据自动填充的方法，在 A2:A10 单元格中从小到大输入 0～360º、间隔 45°的角度值。在 B1 单元格输入标题"y=sin(x)"，用来表示函数值。在 B2 单元格输入"=SIN(3.14*A2/180)"，按 Enter 键后得到计算结果 0。将 B2 单元格的公式向下拖动，一直复制到 B10 单元格，得到各自变量值所对应的函数值。结果如图 3-9 所示。

选中 A1:B10 区域，在"插入"选项卡的"图表"选项组中单击"插入散点图(X、Y)或气泡图"按钮，选择"带平滑线的散点图"，得到图 3-10 所示的图表。

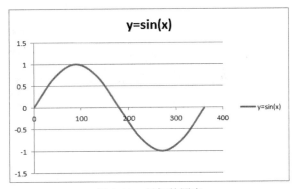

图 3-9　工作表中的自变量值与对应的函数值　　　　图 3-10　最初的图表

选中图表区右侧的"图例"，按 Delete 键将其删除。右击"垂直（值）轴　主要网格线"，在弹出的快捷菜单中选择"设置网格线格式"命令。在"设置主要网格线格式"任务窗格中设置短画线类型为"方点"。右击"水平（值）轴"，在弹出的快捷菜单中选择"设置坐标轴格式"命令。在"设置坐标轴格式"任务窗格中设置坐标轴选项"边界"的"最小值"为 0、"最大值"为 360、"单位"的"主要"为 45。最后得到图 3-11 所示的图表。

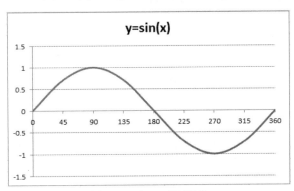

图 3-11　加工后的图表

用类似的方法，可以绘制其他三角函数、对数函数、指数函数等图像。

3.4　制作动态图表

　　创建一个 Excel 工作簿，保存为"制作动态图表.xlsx"。在 Sheet1 工作表设计一个数据表格，输入一些用于测试的数据，如图 3-12 所示。

　　选中 A 列，在"数据"选项卡的"排序和筛选"选项组中单击"筛选"按钮，在 A 列启用筛选。

　　选中 A1:D7 单元格区域，在"插入"选项卡的"图表"选项组中单击"插入柱形图或条形图"按钮，选择"二维柱形图>簇状柱形图"，得到图 3-13 所示的图表。

	A	B	C	D
1	年度 ▾	食品	服装	电器
2	2017年	5565	7667	8766
3	2018年	5557	6832	8766
4	2019年	5766	6566	9011
5	2020年	6900	7676	8766
6	2021年	5688	5559	6677
7	2022年	6650	6575	7678

图 3-12　工作表中的数据

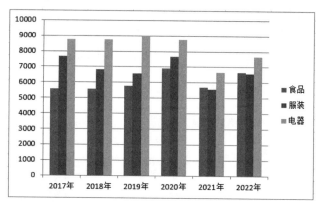

图 3-13　与数据区对应的图表

　　此时，在 A 列筛选不同的年份，图表将随之发生变化。

　　若要对商品类别进行筛选，也就是对数据列进行筛选，可以采用如下方法：

　　（1）选中 F1 单元格，在"数据"选项卡的"数据工具"选项组中单击"数据验证"按钮。在"数据验证"对话框中选择"设置"选项卡，在"允许"下拉列表中选择"序列"，在来源编辑框中输入"=$B$1:$D$1"，如图 3-14 所示。然后单击"确定"按钮。

图 3-14　"数据验证"对话框

（2）在 F2 单元格输入以下公式。

$$=OFFSET(A2,0,MATCH(\$F\$1,\$B\$1:\$D\$1,0))$$

并将公式向下填充到 F7 单元格。这时，只要在 F1 单元格中选择一个商品类别名，该类商品的数据就会自动复制到 F2:F7 区域。

（3）同时选中 A1:A7 和 F1:F7 区域，在"插入"选项卡的"图表"选项组中单击"插入柱形图或条形图"按钮，选择"二维柱形图>簇状柱形图"命令，创建一个图表。删除图例，得到图 3-15 所示的结果。

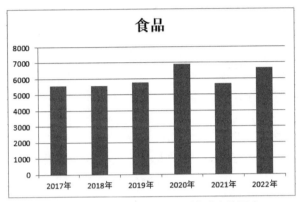

图 3-15　与 A1:A7、F1:F7 区域对应的图表

当在 F1 单元格选择不同的商品类别名时，图表将随之发生变化。

3.5　图表背景分割

下面制作一个具有背景分割效果的图表，用来直观地显示不同区间的数据。

在图 3-16 所示的工作表中，B2:C11 区域是数据源，表示某商店前三季度各个月份的销售额（单位：万元）。E2:E11、F2:F11、G2:G11是 3 个辅助数据区，分别表示销售业绩较差、一般、良好的区段，即，销售额在 60 以内的为较差，销售额在 60～80 区间的为一般，销售额在 80～100 区间的为良好。

制作带有分割背景的图表步骤如下：

（1）选中 B2:C11 区域，在"插入"选项卡的"图表"选项组中单击"插入柱形图或条形图"按钮，选择"二维柱形图>堆积柱形图"命令，在当前工作表中生成一个图表，如图 3-17所示。

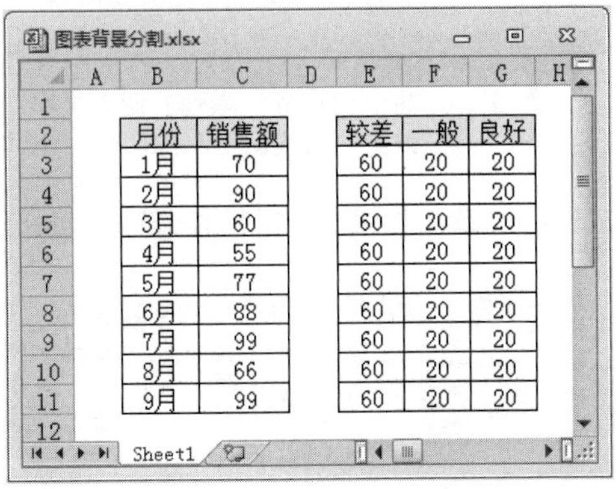

图 3-16　工作表中的数据源和辅助数据区

（2）选中 E2:G11 单元格区域，按 Ctrl+C 快捷键复制，再选中图表，按 Ctrl+V 快捷键粘贴，将辅助区域的 3 个系列添加到图表中，得到图 3-18 所示的图表。

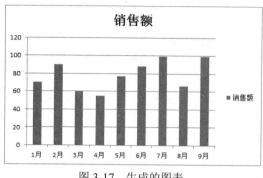

图 3-17　生成的图表

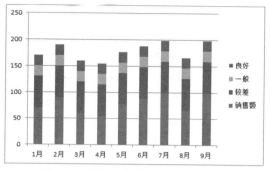

图 3-18　添加 3 个辅助系列后的图表

（3）选择"销售额"系列，右击，在弹出的快捷菜单中选择"更改系列图表类型"命令，进入"更改图表类型"对话框中的"所有图表"选项卡，其中左侧已选择"组合图"，将右侧"销售额"系列的图表类型设置为"折线图"，单击"确定"按钮，得到图 3-19 所示的结果。

（4）选中"一般"系列，右击，在弹出的快捷菜单中选择"设置数据系列格式"命令。在"设置数据系列格式"任务窗格的"系列选项"选项组中设置"分类间距"为"0%"，"填充"格式为"无填充"。用同样方法设置另外两个系列"较差"和"良好"的填充颜色分别为"浅绿"和"浅蓝"，得到图 3-20 所示的结果。

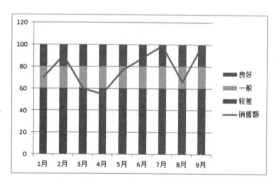

图 3-19　将"销售额"系列的图表类型
改为"折线图"后的图表

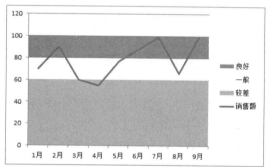

图 3-20　设置 3 个辅助系列颜色后的图表

（5）选中图表区的图例，按 Delete 键将其删除。选中"垂直（值）轴"，右击，在弹出

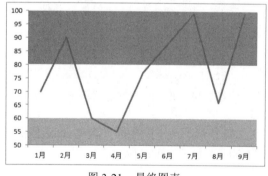

图 3-21　最终图表

的快捷菜单中选择"设置坐标轴格式"命令，在"设置坐标轴格式"任务窗格的"坐标轴选项"选项组中设置"最大值"为 100、"最小值"为 50。选中图表，在"图表工具>格式"选项卡的"当前所选内容"选项组的下拉列表中选择"垂直（值）轴 主要网格线"，单击"设置所选内容格式"按钮，在"设置主要网格线格式"任务窗格中设置"线条颜色"为"无线条"。最终得到如图 3-21 所示的图表。

3.6　人民币对欧元汇率动态图表

本节将按以下要求制作一个人民币对欧元汇率动态图表。

（1）将银行网站近几年人民币对欧元的汇率数据复制到 Excel 工作表。保留每日一条记录。数据项包括"年""月""日期"和"中间价"。

（2）能够按年、月对数据进行筛选。

（3）根据筛选结果生成对应的图表。

例如，对 2018 年 8 月的数据进行筛选，得到图 3-22 所示的结果。对应的图表如图 3-23 所示。

	A 年	B 月	C 日期	D 中间价
92	2018	8	2018/8/1	8.0457
93	2018	8	2018/8/2	8.0536
94	2018	8	2018/8/3	8.0536
95	2018	8	2018/8/6	8.0536
96	2018	8	2018/8/7	8.0424
97	2018	8	2018/8/8	8.0691
98	2018	8	2018/8/9	8.0152
99	2018	8	2018/8/10	8.0315
100	2018	8	2018/8/13	7.9706
101	2018	8	2018/8/14	7.9706
102	2018	8	2018/8/15	7.9706
103	2018	8	2018/8/16	7.9271
104	2018	8	2018/8/17	7.9308
105	2018	8	2018/8/20	7.8751
106	2018	8	2018/8/21	8.0704
107	2018	8	2018/8/22	8.0727
108	2018	8	2018/8/23	8.0727
109	2018	8	2018/8/24	8.0727
110	2018	8	2018/8/27	8.0529
111	2018	8	2018/8/28	8.0594
112	2018	8	2018/8/29	8.102
113	2018	8	2018/8/30	8.0974
114	2018	8	2018/8/31	8.0835

图 3-22　2018 年 8 月外汇牌价

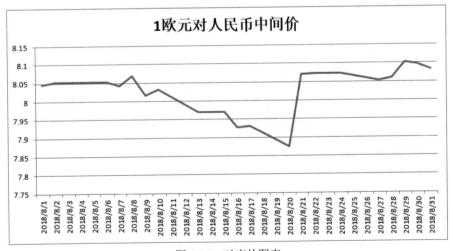

图 3-23　对应的图表

具体实现方法如下。

1．工作表设计与数据导入

创建一个 Excel 工作簿，保存为"人民币对欧元汇率动态图表.xlsx"。

在 Sheet1 工作表中，选中所有单元格，将背景颜色填充为"白色"，将字体设置为"宋体"及 10 号字。选中 A~D 列，设置虚线边框。选中 C 列，将单元格的数字设置为日期格式，水平右对齐。选中 D 列，将单元格的数字设置为"常规"格式，水平右对齐。将 A1:D1 区域的背景颜色填充为"浅青绿"（R:204, G:255, B:255），设置水平居中对齐方式。输入标题文字"年""月""日期"和"中间价"。

登录银行网站，打开往日外汇牌价网页，搜索指定日期范围的欧元汇率信息。将"日期"数据复制到当前工作表 C 列，对应的"中间价"数据复制到当前工作表 D 列。

在 A2 单元格输入公式"=YEAR(C2)"，并将公式向下填充，填写每个日期当中的年份。在 B2 单元格输入公式"=MONTH(C2)"，并将公式向下填充，填写每个日期当中的月份。以便按年、月进行筛选。

选中 A1 单元格，在"数据"选项卡的"排序和筛选"选项组中单击"筛选"按钮，对数据区启用筛选。

这时，在"年"下拉列表中选择 2018，在"月"下拉列表中选择 8，就会得到图 3-22 所示的筛选结果。

2．图表设计与动态刷新

打开"人民币对欧元汇率动态图表"工作簿，在"公式"选项卡的"定义的名称"选项组中单击"定义名称"按钮，打开"新建名称"对话框。

在"新建名称"对话框中，定义名称 n 的引用位置为"=COUNTA(Sheet1!$C:$C)"。相当于用变量 n 表示 C 列非空单元格的个数，即有效数据的行数。定义名称 v 的引用位置为"=OFFSET(Sheet1!$D$1,1,0,n−1)"。相当于用变量 v 表示 D 列从第 2 行到有效数据最后一行所对应的区域。定义名称 x 的引用位置为"=OFFSET(Sheet1!$C$1,1,0,n−1)"。相当于用变量 x 表示 C 列从第 2 行到有效数据最后一行所对应的区域。

将名称 v 和 x 用于数据系列"值"和"水平（分类）轴标签"，图表会随数据区的变化自动调整，达到动态刷新目的。

在 Sheet1 工作表中，选中 C、D 列，在"插入"选项卡的"图表"选项组中单击"插入折线图或面积图"按钮，选择二维"折线图"命令，得到图 3-24 所示的图表。

选中图表区右侧的"图例"，按 Delete 键将其删除。

右击图表区，在弹出的快捷菜单中选择"设置图表区域格式"命令。在"设置图表区域格式"任务窗格的"属性"选项组中选择"大小和位置均固定"单选按钮。

选中图表标题，在编辑区内将标题改为"1 欧元对人民币中间价"。

选中系列"中间价"，在 Excel 编辑栏中输入以下公式。

=SERIES(Sheet1!$D$1,人民币对欧元汇率动态图表.xlsx!x,人民币对欧元汇率动态图表.xlsx!v,1)

该公式的作用是设置数据系列的"值"为"=人民币对欧元汇率动态图表.xlsx!v"，设置"水平（分类）轴标签"为"=人民币对欧元汇率动态图表.xlsx!x"。此处引用了名称 v 和 x。

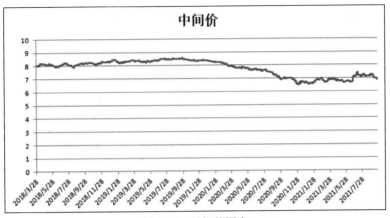

图 3-24　最初的图表

公式中用到了 SERIES 函数，该函数的第 1 个参数是显示在图例中的名称，第 2 个参数是显示在水平（分类）轴上的标签，第 3 个参数是数据系列的值，第 4 个参数是系列的顺序。由于此图表只有一个系列，因此顺序参数为 1。

最后得到图 3-25 所示的图表。

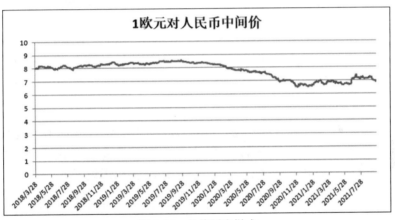

图 3-25　最终图表样式

此后，在工作表的数据区中，不论是添加、删除数据，还是对数据进行筛选，图表都会自动刷新。

3.7　图片自动更新

在 Excel 中，使用动态名称与 ActiveX 控件，能够实现工作表中的图片自动更新。下面以制作职员的资料表为例，说明如何让照片随姓名的改变而改变。

1．设计工作表

创建一个 Excel 工作簿，保存为"图片自动更新.xlsx"。

在工作簿中设计两张工作表，"资料表"工作表用于显示职员的资料，"图片库"工作表用于存放每个职员的照片。两张工作表的结构和内容如图 3-26 所示。

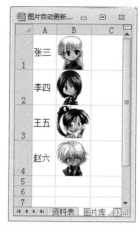

图 3-26 "资料表"和"图片库"工作表

在"图片库"工作表中添加照片的方法如下：

（1）选中 B1 单元格，在"插入"选项卡的"插图"选项组中单击"图片"按钮。在"插入图片"对话框中选择相应的照片文件，单击"插入"按钮。

（2）单击照片，然后把光标移动到右下角的圆圈上，当光标变成一个斜向双箭头时，拖动鼠标，调整大小，直至单元格能容纳整张照片。

（3）右击照片，在弹出的快捷菜单中选择"设置图片格式"命令。在"设置图片格式"对话框的"属性"选项组中选择"大小固定，位置随单元格而变"单选按钮。

用同样方法插入其他职员的照片。

2. 定义名称

（1）在"资料表"工作表中选中 B1 单元格，在"公式"选项卡的"定义的名称"选项组中单击"定义名称"按钮，打开"新建名称"对话框，将当前单元格的名称定义为 name。

（2）再次打开"新建名称"对话框，定义名称 pic 的引用位置为

```
=OFFSET(图片库!$B$1,MATCH(name,图片库!$A$1:图片库!$A$4,0)-1,0)
```

名称 pic 的值是一个单元格，该单元格在"图片库"工作表中，以 B1 为基准，行偏移量为表达式"MATCH(name,图片库!$A$1:图片库!$A$4)-1"的值，列偏移量为 0。

在 MATCH 函数中，参数 name 为要查找的姓名，参数"图片库!$A$1:图片库!$A$4"为查找区域，参数 0 表示查找等于 name 的第一个值，区域内容可以按任何顺序排列。函数的返回值是与指定姓名匹配的单元格行号。

3. 在"资料表"中显示图片

选中"资料表"工作表的 B3 单元格，插入任意一张图片，调整图片的大小，使之与单元格匹配。在 Excel 编辑栏中输入公式"=pic"。这时，在 B1 单元格内输入不同职员的姓名，B3 中就能够自动显示其照片，达到图片自动更新的目的。结果如图 3-27 所示。

将 B1 单元格的数据验证条件设置为允许"序列"，来源设为"图片库"工作表的 A1:A4 区域，可以在下拉列表中选择职员姓名。

图 3-27　"资料表"中的照片

3.8　数据透视表和数据透视图

数据透视表是一种交叉式表格，可以实现对数据的快速汇总、筛选、排序，可以按行与列进行组合。

1．创建数据透视表

创建一个 Excel 工作簿，保存为"数据透视表与透视图.xlsx"。在其中的一个工作表中输入图 3-28 所示的数据。

选中 E3 单元格，在"插入"选项卡的"表格"选项组中单击"数据透视表"按钮，打开"创建数据透视表"对话框。在对话框中选择 A2:C14 区域，将"选择放置数据透视表的位置"设为"现有工作表"的 E3 单元格，单击"确定"按钮。

在"数据透视表字段"任务窗格中，将"年份"作为列标签、"月份"作为行标签、"电话费"作为数值求和项拖动到特定的位置，得到图 3-29 所示的数据透视表。

	A	B	C
1	电话费清单		
2	年份	月份	电话费
3	2019	1	88.42
4	2019	2	142.48
5	2019	3	99.50
6	2019	4	76.06
7	2019	5	76.76
8	2019	6	60.54
9	2020	1	81.70
10	2020	2	90.97
11	2020	3	78.77
12	2020	4	65.50
13	2020	5	59.80
14	2020	6	78.58

图 3-28　工作表中的数据

	A	B	C	D	E	F	G	H	I
1	电话费清单								
2	年份	月份	电话费						
3	2019	1	88.42		求和项:电话费	列标签			
4	2019	2	142.48		行标签	2019	2020	总计	
5	2019	3	99.50		1	88.42	81.7	170.12	
6	2019	4	76.06		2	142.48	90.97	233.45	
7	2019	5	76.76		3	99.5	78.77	178.27	
8	2019	6	60.54		4	76.06	65.5	141.56	
9	2020	1	81.70		5	76.76	59.8	136.56	
10	2020	2	90.97		6	60.54	78.58	139.12	
11	2020	3	78.77		总计	543.76	455.32	999.08	
12	2020	4	65.50						
13	2020	5	59.80						
14	2020	6	78.58						
15									

图 3-29　数据透视表

2. 数据透视表图表化

选中数据透视表区域的任意单元格。在"数据透视表工具>分析"选项卡的"工具"选项组中单击"数据透视图"按钮，打开"插入图表"对话框。在对话框中选择"柱形图"中的"簇状柱形图"，单击"确定"按钮，在当前工作表中插入一个图 3-30 所示的图表。

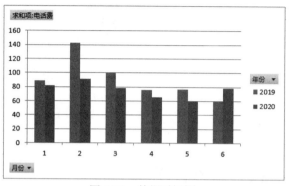

图 3-30　数据透视图

右击图表的"绘图区"，在弹出的快捷菜单中选择"设置绘图区格式"命令，打开"设置绘图区格式"任务窗格。可以根据需要设置区域颜色、边框等属性。

右击"垂直（值）轴 主要网格线"，在弹出的快捷菜单中选择"设置网格线格式"命令，打开"设置主要网格线格式"任务窗格。可以设置线条颜色、线型等属性。

通过图表区中的字段筛选器，可更改图表中显示的数据。

选中数据透视图，Excel 功能区会出现"数据透视图工具"中的"分析""设计""格式" 3 个选项卡。通过这 3 个选项卡，可以对透视图进行修饰和设置。

上机练习

1. 在 Excel 工作表中，创建图 3-31 所示的表格并输入数据。选定"消费类别"和"消费金额"两列数据，创建一个三维饼图，标题为"居民年均消费情况"，图例放在底部，显示两位小数百分比。结果如图 3-32 所示。

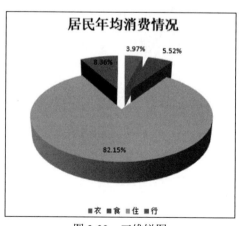

	A	B
1	居民年均消费情况	
2	消费类别	消费金额
3	衣	2800
4	食	3900
5	住	58000
6	行	5900

图 3-31　工作表中的表格和数据

图 3-32　三维饼图

2. 在 Excel 工作表中，创建图 3-33 所示的表格。然后，根据三门课成绩和学生姓名创建图表，放在当前工作表中。图表标题为"成绩统计图"，图表类型为"三维簇状柱形图"，三维视图格式的 X、Y 转角均为 30 度。结果如图 3-34 所示。

	A	B	C	D
1	姓名	数学	语文	外语
2	白晓敏	98	69	99
3	黄丽新	80	78	88
4	薛晶	79	87	78
5	张生超	68	90	90
6	余尚武	99	85	80
7	刘春雨	88	68	86
8	衣鹏	78	79	77

图 3-33　工作表中的表格和数据

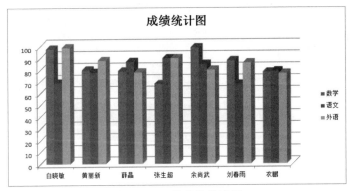

图 3-34　三维簇状柱形图

第4章　公式应用技巧

本章给出几个用 Excel 函数和公式解决具体问题的案例。包括随机数、众数、日期型数据的应用，以及统计、排名等技术。

4.1　生成随机数

创建一个Excel工作簿，在其中一个工作表中，创建图4-1所示用于测试随机数的表格。

	A	B	C	D	E
1	10～25之间的随机整数	随机大写字母	随机大小写字母	不重复随机整数	辅助列
2					
3					
4					
5					
6					
7					
8					
9					
10					

图 4-1　用于测试随机数的表格

1．生成指定范围内的随机整数

在 A2 单元格输入以下公式。

=RANDBETWEEN(15,25)

并向下填充到 A10 单元格，将会在 A2:A10 区域的每个单元格中生成一个 10～25 之间的随机整数。

函数 RANDBETWEEN 的语法为：RANDBETWEEN（bottom,top），其功能是返回大于等于 bottom、小于等于 top 的一个随机整数。

2．生成随机大写字母

在 B2 单元格输入以下公式。

=CHAR(RANDBETWEEN(65,90))

并向下填充到 B10 单元格，将会在 B2:B10 区域的每个单元格中随机生成一个大写字母。

大写英文字母 A～Z 的 ASCII 码分别是 65～90，RANDBETWEEN 函数用于生成 65～90 之间的一个随机整数，CHAR 函数将 ASCII 码转换为对应的字母。

3．生成随机大小写字母

在 C2 单元格输入以下公式。

=CHAR(CHOOSE(RANDBETWEEN(1,2),RANDBETWEEN(65,90),RANDBETWEEN (97,122)))

并向下填充到 C10 单元格，将会在 C2:C10 区域的每个单元格中随机生成一个大写字母或小写字母。

公式中包含 3 个随机数。其中 RANDBETWEEN(65,90)随机生成一个大写字母 ASCII 码，RANDBETWEEN(97,122)随机生成一个小写字母 ASCII 码，RANDBETWEEN(1,2)随机生成 1 或 2。

函数 CHOOSE 的语法为：CHOOSE(index, value1, [value2],…)，其功能是根据 index 的值返回相应的结果。如果 index 的值为 1，返回 value1；如果 index 的值为 2，返回 value2，以此类推。因此，公式中的 CHOOSE 函数返回值是一个大写字母或小写字母的 ASCII 码，CHAR 函数将 ASCII 码转换为对应的字母。

4．批量生成不重复随机整数

在 E2 单元格输入公式"=RAND()"，并向下填充到 E10 单元格，将会在 E2:E10 区域的每个单元格中产生一个大于 0、小于 1 的随机数。然后，在 D2 单元格输入公式"=RANK(E2,$E$2:$E$10)"，并向下填充到 D10 单元格，将会在 D2:D10 区域中产生 9 个互不相同的随机整数。

E 列作为辅助列，由于用 RAND 生成的随机小数精确到 15 位有效数字，出现相同数值的概率非常小，因此 D 列用 RANK 函数得到每个随机小数在 E2:E10 区域中的排位就是互不相同的 9 个整数。

经过以上操作，得到图 4-2 所示的表格内容。

	A	B	C	D	E
1	10~25之间的随机整数	随机大写字母	随机大小写字母	不重复随机整数	辅助列
2	16	E	a	4	0.857847011
3	17	G	X	6	0.747780616
4	21	L	s	5	0.758461809
5	15	Z	s	7	0.675500624
6	24	B	y	2	0.90091484
7	24	T	U	1	0.933491853
8	23	Q	z	8	0.430204442
9	23	T	k	9	0.424157506
10	17	D	T	3	0.879545805

图 4-2　生成随机数后的表格

4.2　制作闰年表

本节在 Excel 中制作一个闰年表，把 2015～2215 之间的闰年筛选出来，并标出间隔年份。涉及的主要技术包括：闰年的判断，在筛选状态下输入公式、提取数据、统计结果等。

1．标识闰年

创建一个 Excel 工作簿，在其中一张工作表中设计图 4-3 所示的表格。表格的第 1 行为表头，从 A2 单元格开始向下填充 2015～2215 之间的年份数，到 A202 单元格。

	A	B	C
1	年份	闰年	间隔
2	2015		
3	2016		
4	2017		
5	2018		
6	2019		
7	2020		
8	2021		
9	2022		
198	2211		
199	2212		
200	2213		
201	2214		
202	2215		

图 4-3　闰年表初始状态

在 B2 单元格输入以下公式。

$$=IF(DAY(DATE(A2,2,29))=29,"√","")$$

并向下填充到 B202 单元格。这样，如果 A 列单元格的年份是闰年，则会在 B 列对应的单元格中填写"√"，否则为空白。

公式中的 DATE 函数将 A2 单元格的年份数与 2 月 29 日合成一个日期型数据。如果这一年存在 2 月 29 日这个日期，则返回正常的日期，否则会自动转换为这一年的 3 月 1 日。DAY 函数取出一个日期数据中的"日"。IF 函数根据日期数据中的"日"是否为 29，返回不同的值。是 29 返回"√"，否则返回空串，达到标识闰年的效果。由于公式中 A2 为相对地址，它随公式的位置而改变，因此会标识每个闰年。

2．求闰年间隔

选定 A～C 列数据区的任意一个单元格，在"数据"选项卡的"排序和筛选"选项组中单击"筛选"按钮，对数据区启用筛选。

对 B 列筛选出带有"√"的记录。在 E1 单元格输入公式"=ROW()"，向下填充到最后一个数据行。选中 E 列，用 Ctrl+C 快捷键复制，用选择性粘贴方式把"值"粘贴到 F 列。

在 B 列筛选器中"全选"，显示全部记录。在 G3 单元格输入公式"=F3−F2−1"，向下填充到最后一个数据行，求出每两个相邻闰年间隔的年数。

再次对 B 列筛选出带有"√"的记录。在 C7 单元格输入以下公式。

$$=SUMIF(F:F,E7,G:G)$$

公式使用 SUMIF 函数在 F 列查找与 E7 内容相同的单元格，再把 G 列对应的值相加作为返回值。由于 F 列只有一个与 E7 内容相同的单元格，因此函数的返回值就是 G 列对应的一个单元格内容，也就是第 7 行这个闰年与上一个闰年间隔的年数。由于公式中 E7 为相对地址，它随公式的位置而改变，因此会求出每个相邻闰年间隔的年数。

在 B 列筛选器中"全选"，显示全部记录。选中 C 列，用复制和选择性粘贴方式把"值"粘贴到 H 列。再选中 H 列，用复制和选择性粘贴方式把"值"粘贴回 C 列。这样，C 列的值与其他列脱离了关系，就可以删除不再需要的 E～H 列了。

3．统计筛选记录

在 F2 单元格输入以下公式。

$$=SUBTOTAL(103,A:A)−1$$

之后，将显示筛选后的记录个数。

SUBTOTAL 函数可以返回数据区中的分类汇总值，包括求和、平均值、最大值、最小值、计数等多种统计方式。其中第 1 个参数为功能代码，用来指定包含隐藏值和忽略隐藏值两种类型的统计功能。表 4-1 列出了每个功能代码的具体含义。

这里，在 SUBTOTAL 函数中使用的功能代码为 103，相当于 COUNTA 函数，统计非空单元格的个数，但是忽略隐藏值。也就是在筛选状态下，只统计可见的非空单元格个数，因此可以显示筛选后的记录个数。

对 B 列筛选出带有"√"的记录，就得到了一个 2015～2215 之间的闰年表，记录数为 48。对 C 列筛选出值为 7 的记录，可以看出闰年表中有 2 个年份（2104 和 2204）与上

表 4-1　SUBTOTAL 函数功能代码的含义

包含隐藏值	忽略隐藏值	对应的函数	包含隐藏值	忽略隐藏值	对应的函数
1	101	AVERAGE	7	107	STDEV
2	102	COUNT	8	108	STDEVP
3	103	COUNTA	9	109	SUM
4	104	MAX	10	110	VAR
5	105	MIN	11	111	VARP
6	106	PRODUCT			

一个闰年间隔为 7 年（其余均为 3 年），结果如图 4-4 所示。

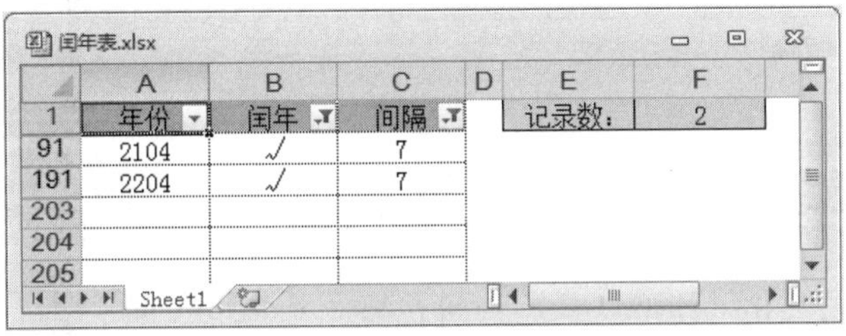

图 4-4　筛选后的闰年表

4.3　学生信息统计

某 Excel 工作表中已录入某高校计算机与信息科学系 2019 级各专业学生基本信息内容，如图 4-5 所示。

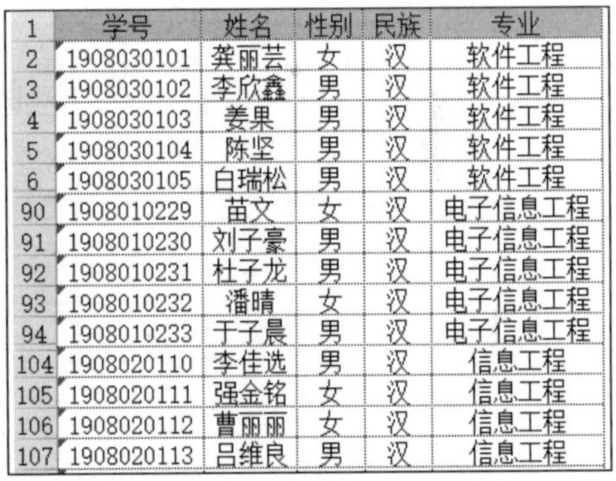

1	学号	姓名	性别	民族	专业
2	1908030101	龚丽芸	女	汉	软件工程
3	1908030102	李欣鑫	男	汉	软件工程
4	1908030103	姜果	男	汉	软件工程
5	1908030104	陈坚	男	汉	软件工程
6	1908030105	白瑞松	男	汉	软件工程
90	1908010229	苗文	女	汉	电子信息工程
91	1908010230	刘子豪	男	汉	电子信息工程
92	1908010231	杜子龙	男	汉	电子信息工程
93	1908010232	潘晴	女	汉	电子信息工程
94	1908010233	于子晨	男	汉	电子信息工程
104	1908020110	李佳选	男	汉	信息工程
105	1908020111	强金铭	女	汉	信息工程
106	1908020112	曹丽丽	女	汉	信息工程
107	1908020113	吕维良	男	汉	信息工程

图 4-5　学生基本信息工作表

现需要统计各民族、各专业以及男女生人数。可用以下简单方法实现。

1．提取不重复的民族、专业和性别数据项

选中工作表的 D 列，用 Ctrl+C 快捷键复制。再选中 G 列，用 Ctrl+V 快捷键粘贴。将 D 列数据复制到 G 列。用同样方法将 E 列数据复制到 J 列，C 列数据复制到 M 列。

选中 G 列，在“数据”选项卡的“数据工具”选项组中单击“删除重复项”按钮，在“删除重复项”对话框中直接单击“确定”按钮，得到删除重复项之后的结果。用同样方式删除 J 列和 M 列的重复项。得到图 4-6 所示的结果。

2．统计人数

在 H1、K1 和 N1 单元格输入“人数”作为标题。

在 H2 单元格输入公式“=COUNTIF(D:D,G2)”，向下填充到 H5 单元格，求出各民族学生人数。在 K2 单元格输入公式“=COUNTIF(E:E,J2)”，向下填充到 K4 单元格，求出各专业学生人数。在 N2 单元格输入公式“=COUNTIF(C:C,M2)”，向下填充到 N3 单元格，

求出男女生人数。

选中 H6 单元格，在"开始"选项卡的"编辑"选项组中单击"自动求和"按钮，得到求和公式"=SUM(H2:H5)"。将求和公式向右填充到 N6 单元格，得到另外两项的人数求和公式。这样可以求出各民族、各专业和男女生的总人数。

在 G6、J6 和 M6 单元格输入"合计"，删除 I6、L6 单元格的公式。设置背景颜色、边框，适当调整列宽、行高、对齐方式，最后得到图 4-7 所示的结果。

图 4-6　删除重复项的结果

图 4-7　统计结果

4.4　调查问卷统计

为了便于信息采集和统计，许多调查问卷都采用选择题的形式，设计若干个题目，每个题目有 3～4 个备选答案，受访者针对每个问题选择一个答案。众多调查问卷回收后，再进行统计分析。

假设有 10 份调查问卷，每套问卷 8 道题，每道题有 A、B、C、D 共 4 个备选答案，调查问卷原始数据已经输入到 Excel 工作表中，如图 4-8 所示，要求统计出全部问卷每一道题选择 A、B、C、D 的数量和百分比。

	A	B	C	D	E	F	G	H	I
1		第1题	第2题	第3题	第4题	第5题	第6题	第7题	第8题
2	问卷1	A	B	A	D	C	D	C	D
3	问卷2	B		C	D	B	A	C	D
4	问卷3	B	X	B	A	D	A	A	C
5	问卷4	C		A	C	A	C	B	B
6	问卷5	B	B	A	B	C	C	A	C
7	问卷6		A		C	B	B	C	A
8	问卷7	C	A	3	A	C	B	D	A
9	问卷8	A	A	D	D	A	D	A	C
10	问卷9	B	D	C	A	C	C	A	B
11	问卷10	C	C	D	A	D	A	C	C

图 4-8　调查问卷原始数据

具体实现方法如下：

在 B12 单元格输入公式"=COUNTIF(B2:B11,"A")"，向右填充到 I12 单元格，求出全部问卷每道题选择"A"的数量。

在 B13 单元格输入公式"=COUNTIF(B2:B11,"B")"，向右填充到 I13 单元格，求出全部问卷每道题选择"B"的数量。

在 B14 单元格输入公式"=COUNTIF(B2:B11,"C")"，向右填充到 I14 单元格，求出全部问卷每道题选择"C"的数量。

在 B15 单元格输入公式"=COUNTIF(B2:B11,"D")"，向右填充到 I15 单元格，求出全部问卷每道题选择"D"的数量。

在 B16 单元格输入公式"=SUM(B12:B15)"，向右填充到 I16 单元格，求出全部问卷每道题的有效选项数量。

选中 B17:I20 单元格区域，在 Excel 编辑栏中输入公式 "=B12/B\$16"，按 Ctrl+Enter 键，将公式填充到选定区域。公式中分母的行号为绝对地址，其余为相对地址。求出全部问卷每道题选择 A、B、C、D 的比例。按 Ctrl+1 快捷键打开"设置单元格格式"对话框，设置数字为 1 位小数百分比形式。

最后，在 A12:A20 区域输入标题，设置背景颜色、边框，适当调整列宽、行高，得到图 4-9 所示的统计结果。

	A	B	C	D	E	F	G	H	I
1		第1题	第2题	第3题	第4题	第5题	第6题	第7题	第8题
2	问卷1	A	B	A	D	C	D	C	D
3	问卷2	B		C	D	D	A	C	D
4	问卷3	B	X	B	A	D	A	A	C
5	问卷4	C			B	A	C	C	B
6	问卷5	B	A	B	B	C	C	A	B
7	问卷6		A		C	B	B	C	A
8	问卷7	C	A	3	D	C	D	C	B
9	问卷8		A	D	C	C	C	A	B
10	问卷9		C	C	D	D	C	A	B
11	问卷10	C	C	D	A	D	A	C	C
12	选A数量	2	3	2	4	2	4	4	2
13	选B数量	4	2	1	2	1	1	0	4
14	选C数量	3	1	3	2	3	4	6	2
15	选D数量	0	1	1	3	3	1	0	2
16	有效选项数	9	7	7	10	10	10	10	10
17	选A比例	22.2%	42.9%	28.6%	40.0%	20.0%	40.0%	40.0%	20.0%
18	选B比例	44.4%	28.6%	14.3%	10.0%	10.0%	10.0%	0.0%	40.0%
19	选C比例	33.3%	14.3%	42.9%	20.0%	30.0%	40.0%	60.0%	20.0%
20	选D比例	0.0%	14.3%	14.3%	30.0%	30.0%	10.0%	0.0%	20.0%

图 4-9　调查问卷统计结果

4.5　学生考查课成绩模板

高等学校的课程考核方式主要有两种：考试和考查。考查课的成绩由任课教师根据学生的平时表现、出勤、作业等环节综合评定，一般采用"优秀""良好""中等""及格"和"不及格"五级分制。通常要求整个教学班级学生的成绩呈正态分布，"优秀""良好""中等"和"及格"人数所占比例大约为 20%、30%、30% 和 20%，"不及格"属个别情况，特殊对待。

为了使学生成绩分布合理，除了平时对学生严格考核，掌握充足的第一手材料，增加区分度以外，在技术上对量化数据进行有效利用也很有必要。

本节制作一个学生考查课成绩模板，可以帮助教师提高工作效率和成绩评定质量。

1. 工作表设计

创建一个 Excel 工作簿，保存为"学生考查课成绩模板.xlsx"。

在工作表中设计一个图 4-10 所示的表格，根据需要设计单元格格式、背景颜色、字体、字号、边框，输入学生的学号、姓名以及量化的出勤、作业、课堂表现等分数。

2. 评定成绩

选中 F3 单元格，在"开始"选项卡的"编辑"选项组中单击"自动求和"按钮，输入公式 "=SUM(C3:E3)"。将公式向下填充到 F30 单元格，求出每个学生的量化总分。

	A	B	C	D	E	F	G
2	学号	姓名	出勤	作业	课程表现	总分	期末总评
3	1908020101	学生1	25	22	4	51	
4	1908020102	学生2	25	22	1	48	
5	1908020103	学生3	24	21	-1	44	
6	1908020104	学生4	22	20		42	
7	1908020105	学生5	22	19	-1	40	
8	1908020106	学生6	25	21		46	
9	1908020107	学生7	25	21	1	47	
10	1908020108	学生8	25	21		46	
11	1908020109	学生9	25	18	3	46	
12	1908020110	学生10	25	19	-1	43	
13	1908020111	学生11	25	21	3	49	
14	1908020112	学生12	25	19	1	45	
15	1908020113	学生13	20	19	1	40	
16	1908020114	学生14	25	23	2	50	
17	1908020115	学生15	25	19	2	46	
18	1908020116	学生16	25	20	-2	43	
19	1908020117	学生17	24	18	1	43	
20	1908020118	学生18	25	19	2	46	
21	1908020119	学生19	22	22		44	
22	1908020120	学生20	25	20	1	46	
23	1908020121	学生21	25	20	1	46	
24	1908020122	学生22	25	15	1	41	
25	1908020123	学生23	25	16		41	
26	1908020124	学生24	25	18		43	
27	1908020125	学生25	25	20		45	
28	1908020126	学生26	24	22	2	48	
29	1908020127	学生27	20	17	2	39	
30	1908020128	学生28	25	19	-1	43	

图 4-10　工作表结构和基础数据

在 G3 单元格输入以下公式。

=LOOKUP(PERCENTRANK(F:F,F3),{0,0.2,0.5,0.8},{"及格","中等","良好","优秀"})

并向下填充到 G30 单元格，得到每个学生的考查课成绩。

在公式中，PERCENTRANK 函数求出 F3 单元格的值在整个 F 列数据区中的百分比排位。PERCENTRANK 的返回值最高为 1（100%），最低为 0。假设某个数排在数据区的前 80%，则该函数的返回值为 0.8，排在前 20%，则返回 0.2。

LOOKUP 函数的一般格式如下：

```
LOOKUP(lookup_value,lookup_vector,result_vector)
```

其中，第 1 个参数 lookup_value 是要查找的数值。第 2 个参数 lookup_vector 是待查找数组，数组中的数值必须按升序排序。第 3 个参数 result_vector 是返回值数组。

该函数的功能是在 lookup_vector 中查找数值 lookup_value，然后返回 result_vector 中相同位置的数据。如果找不到 lookup_value，则查找 lookup_vector 中小于或等于 lookup_value 的最大数值。

假如某个分数在 F 列数据区的百分比排位为 0.85，LOOKUP 函数在数组{0,0.2,0.5,0.8}中找不到 0.85，则查找小于或等于 0.85 的最大数值 0.8，返回对应的"优秀"。某个分数在 F 列数据区的百分比排位为 0.35，LOOKUP 函数在数组{0,0.2,0.5,0.8}中找不到 0.35，则查找小于或等于 0.35 的最大数值 0.2，返回对应的"中等"。

3. 设置条件格式

选中 G 列，在"开始"选项卡的"样式"选项组中单击"条件格式"按钮，选择"突出显示单元格规则>等于"命令。在"等于"对话框的编辑区中输入"优秀"，设置"浅红填充色深红色文本"格式。用同样方式设置"良好"为"黄填充色深黄色文本"格式，"中等"为"绿填充色深绿色文本"格式。

这样，G 列不同等级的成绩具有不同的格式，便于区分。结果如图 4-11 所示。

	A	B	C	D	E	F	G
2	学号	姓名	出勤	作业	课程表现	总分	期末总评
3	1908020101	学生1	25	22	4	51	优秀
4	1908020102	学生2	25	22	1	48	优秀
5	1908020103	学生3	24	21	-1	44	中等
6	1908020104	学生4	22	20		42	及格
7	1908020105	学生5	22	19	-1	40	及格
8	1908020106	学生6	25	21		46	良好
9	1908020107	学生7	25	21	1	47	优秀
10	1908020108	学生8	25	21		46	良好
11	1908020109	学生9	25	18	3	46	良好
12	1908020110	学生10	25	19	-1	43	中等
13	1908020111	学生11	25	21	3	49	优秀
14	1908020112	学生12	25	19	1	45	中等
15	1908020113	学生13	20	19	1	40	及格
16	1908020114	学生14	25	23	2	50	优秀
17	1908020115	学生15	25	19	2	46	良好
18	1908020116	学生16	25	20	-2	43	中等
19	1908020117	学生17	24	18	1	43	中等
20	1908020118	学生18	25	19	2	46	良好
21	1908020119	学生19	22	22		44	中等
22	1908020120	学生20	25	20	1	46	良好
23	1908020121	学生21	25	20	1	46	良好
24	1908020122	学生22	25	15	1	41	及格
25	1908020123	学生23	25	16		41	及格
26	1908020124	学生24	25	18		43	中等
27	1908020125	学生25	25	20		45	中等
28	1908020126	学生26	24	22	2	48	优秀
29	1908020127	学生27	20	17	2	39	及格
30	1908020128	学生28	25	19	-1	43	中等

图 4-11　填入总评成绩的工作表

4. 数据统计与对比

为了统计各段成绩的人数、百分比，并与预期数据进行对比，可以在当前工作表的适当区域创建一个图 4-12 所示的表格。

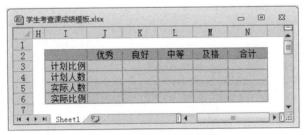

图 4-12　统计对比数据区

选中 J3:N3 单元格区域，按 Ctrl+1 快捷键，将数字设置为百分比格式。选中 J6:N6 单元格区域，将数字设置为 2 位小数百分比格式。

在 J3:M3 单元格区域输入计划比例 20%、30%、30%、20%。

在 J4 单元格输入以下公式。

$$=ROUND((COUNTA(\$A:\$A)-2)*J3,0)$$

并向右填充到 M4 单元格，求出各成绩段计划人数。

在 J5 单元格输入以下公式。

$$=COUNTIF(\$G:\$G,J2)$$

并向右填充到 M5 单元格，求出各成绩段实际人数。

分别在 N3、N4、N5、N6 单元格输入求和公式，对该行左边的 4 个数据求和。

在 J6 单元格输入以下公式。

$$=J5/\$N\$5$$

并向右填充到 M6 单元格，求出各成绩段实际比例。

最后，设置背景颜色、边框，适当调整列宽、行高，得到图 4-13 所示的统计对比结果。

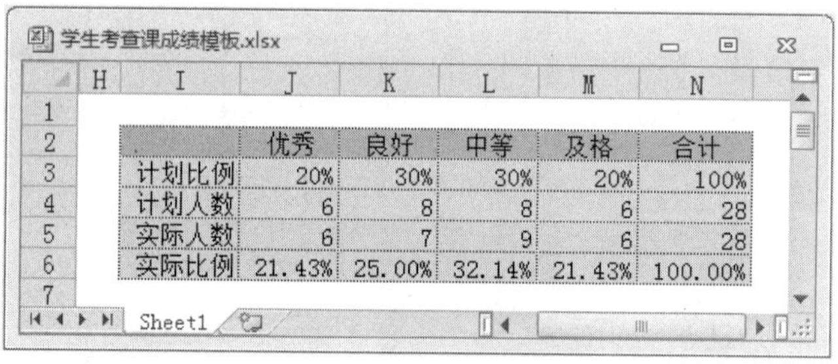

图 4-13　统计对比结果

在成绩表中可以随意增减考核项目，当修改基础数据时，总分、期末总评以及统计数据随之变化。

4.6　员工档案及工资表

创建一个带 3 张工作表的工作簿，保存为"员工档案及工资表.xlsx"。将 3 张工作表分别命名为"员工档案表""工资表"和"汇总数据"。

1．"员工档案表"工作表设计

在"员工档案表"工作表中输入基础数据并设置格式，得到图 4-14 所示的表格。

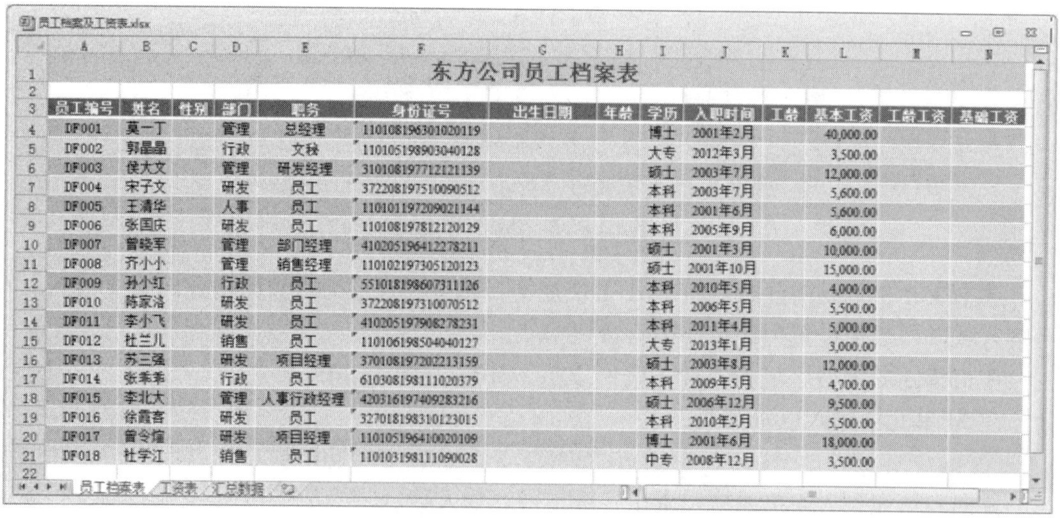

图 4-14　员工档案表及基础数据

选中 A3:N21 单元格区域，在编辑栏的"名称框"中输入名称"全体员工资料"，按 Enter 键，将数据列表区域 A3:N21 的名称定义为"全体员工资料"。

选中 L3:M21 单元格区域，在"公式"选项卡的"定义的名称"选项组中单击"从所选内容创建"按钮，在打开的对话框中选中"首行"复选框，将"基本工资"和"工龄工资"两列的首行转换为相应列数据的名称。

在"公式"选项卡的"定义的名称"选项组中单击"定义名称"按钮，在图 4-15 所示的"新建名称"对话框中，输入名称为"工龄工资_每年"，指定"范围"为"工作簿"，填写备注信息，在"引用位置"编辑框中输入"=50"，将工龄工资常量"50"元定义为名称"工龄工资_每年"。

图 4-15 "新建名称"对话框

在"员工档案表"工作表中，可以用公式和函数分别提取员工的性别、出生日期等信息，计算出员工的年龄、工龄、工龄工资以及基础工资。

（1）根据身份证号提取性别信息

选中 C4 单元格，输入以下公式。

$$=IF(MOD(RIGHT(LEFT(F4,17)),2),"男","女")$$

并将公式向下填充到 C21 单元格，得到每个员工的性别信息。

根据身份证号的编码规则，18 位身份证号的倒数第 2 位是性别标志位，15 位身份证号的最后一位是性别标志位。性别标志位的数值为奇数表示"男"性，偶数表示"女"性。

在 C4 单元格的公式中，RIGHT(LEFT(F4,17))可取出 F4 单元格内容（身份证号）第 17 个字符。对于 18 位身份证号来说，取出的是倒数第 2 位。对于 15 位身份证号来说，由于长度不足 17，因此取出的是左边 15 个字符的最后一位。也就是说，不论 18 位还是 15 位身份证号，取出的都是性别标志位。

MOD 函数求出"性别标志"除以 2 的余数。如果余数为 1，则用 IF 函数返回"男"，否则返回"女"。

如果身份证号全部为 18 位，公式可以改为

$$=IF(MOD(MID(F4,17,1),2),"男","女")$$

公式直接用 MID(F4,17,1)取出身份证号第 17 位的 1 个字符，然后根据奇偶性判断是"男"还是"女"。

（2）根据身份证号提取出生日期

选中 G4 单元格，输入以下公式。

$$=CONCATENATE(MID(F4,7,4),"年",MID(F4,11,2),"月",MID(F4,13,2),"日")$$

并将公式向下填充到 G21 单元格，得到每个员工的出生日期。

其中，函数 MID(F4,7,4)、MID(F4,11,2)和 MID(F4,13,2)，分别从身份证号中提取出生日期的 4 位年、2 位月、2 位日数据，函数 CONCATENATE 将多个文本字符串合并成一个字符串。

公式也可改为

=MID(F4,7,4) & "年" & MID(F4,11,2) & "月" & MID(F4,13,2) & "日"

公式直接用字符串连接运算符将多个文本字符串连接成一个字符串。

（3）计算员工年龄

选中 H4 单元格，输入以下公式。

=INT((TODAY()−G4)/365)

并将公式向下填充到 H21 单元格，得到每个员工的当前年龄。

（4）计算员工的工龄

选中 K4 单元格，输入以下公式。

=INT((TODAY()−J4)/365)

并将公式向下填充到 K21 单元格，得到每个员工的工龄。

（5）计算工龄工资

每满一年工龄工资增加 50 元，用工龄乘以 50 即可计算工龄工资，常量“50”已事先被命名为“工龄工资_每年”。

选中 M4 单元格，输入以下公式。

=K4*工龄工资_每年

并将公式向下填充到 M21 单元格，得到每个员工的工龄工资。

（6）计算基础工资

选中 N4 单元格，输入以下公式。

=SUM(L4:M4)

并将公式向下填充到 N21 单元格，得到每个员工的基础工资。

最终，得到图 4-16 所示的内容完整的员工档案表。

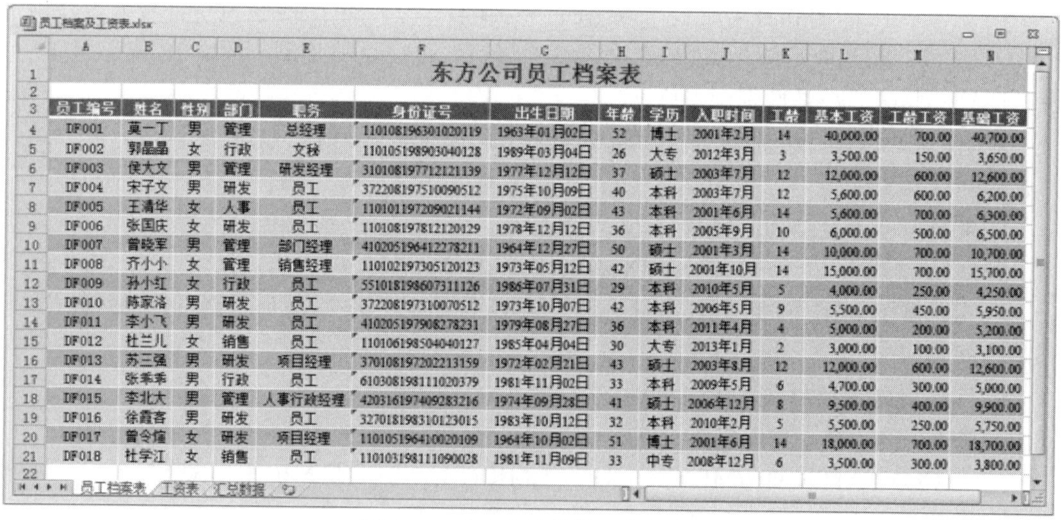
员工档案及工资表.xlsx

东方公司员工档案表

员工编号	姓名	性别	部门	职务	身份证号	出生日期	年龄	学历	入职时间	工龄	基本工资	工龄工资	基础工资
DF001	莫一丁	男	管理	总经理	110108196301020119	1963年01月02日	52	博士	2001年2月	14	40,000.00	700.00	40,700.00
DF002	郭晶晶	女	行政	文秘	110105198903040128	1989年03月04日	26	大专	2012年3月	3	3,500.00	150.00	3,650.00
DF003	侯大文	男	管理	研发经理	310108197712121139	1977年12月12日	37	硕士	2003年7月	12	12,000.00	600.00	12,600.00
DF004	宋子文	男	研发	员工	372208197510090512	1975年10月09日	40	本科	2003年7月	12	5,600.00	600.00	6,200.00
DF005	王清华	女	人事	员工	110101197209021144	1972年09月02日	43	本科	2001年6月	14	5,600.00	700.00	6,300.00
DF006	张国庆	女	研发	员工	110108197812120129	1978年12月12日	36	本科	2005年9月	10	6,000.00	500.00	6,500.00
DF007	曾晓军	男	管理	部门经理	410205196412278211	1964年12月27日	50	硕士	2001年3月	14	10,000.00	700.00	10,700.00
DF008	齐小小	女	管理	销售经理	110102197305120123	1973年05月12日	42	硕士	2001年10月	14	15,000.00	700.00	15,700.00
DF009	孙小红	女	行政	员工	551018198607311126	1986年07月31日	29	本科	2010年5月	5	4,000.00	250.00	4,250.00
DF010	陈家洛	男	研发	员工	372208197310070512	1973年10月07日	42	本科	2006年5月	9	5,500.00	450.00	5,950.00
DF011	李小飞	男	研发	员工	410205197908278231	1979年08月27日	36	本科	2011年4月	4	5,000.00	200.00	5,200.00
DF012	杜兰儿	女	销售	员工	110106198504040127	1985年04月04日	30	大专	2013年1月	2	3,000.00	100.00	3,100.00
DF013	苏三强	男	研发	项目经理	370108197202213159	1972年02月21日	43	硕士	2003年8月	12	12,000.00	600.00	12,600.00
DF014	张乖乖	男	行政	员工	610308198111020379	1981年11月02日	33	本科	2009年5月	6	4,700.00	300.00	5,000.00
DF015	李北大	男	管理	人事行政经理	420316197409283216	1974年09月28日	41	硕士	2006年12月	8	9,500.00	400.00	9,900.00
DF016	徐霞客	男	研发	员工	327018198310123015	1983年10月12日	32	本科	2010年2月	5	5,500.00	250.00	5,750.00
DF017	曾令煊	女	研发	项目经理	110105196410020109	1964年10月02日	51	博士	2001年6月	14	18,000.00	700.00	18,700.00
DF018	杜学江	女	销售	员工	110103198111090028	1981年11月09日	33	中专	2008年12月	6	3,500.00	300.00	3,800.00

员工档案表 工资表 汇总数据

图 4-16　内容完整的员工档案表

2. “工资表”工作表设计

在“工资表”工作表中输入基础数据并设置格式，得到图 4-17 所示的表格。

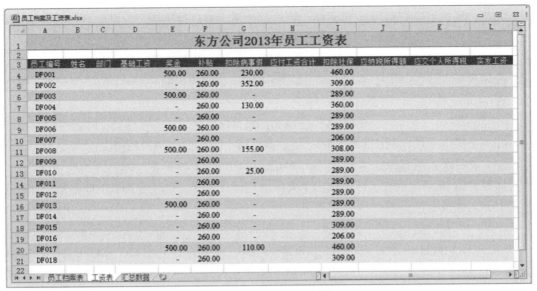

图 4-17　工资表及基础数据

其中，对数据区 A3:L21 套用一个预置表格样式。

选中 D4:L21 单元格区域，按 Ctrl+1 快捷键，在打开的"设置单元格格式"对话框的"数字"选项卡中选中"会计专用"项，将货币符号设为"无"，单击"确定"按钮。

在"工资表"中，可以利用函数和公式获取员工的姓名、部门、基础工资，计算应付工资、应交个人所得税、实发工资等项目。

（1）获取员工姓名、部门和基础工资

利用 VLOOKUP 函数可以从员工档案表中直接获取相应的数据。选中 B4 单元格，输入以下公式。

=VLOOKUP(A4,全体员工资料,2,FALSE)

并将公式向下填充到 B21 单元格，获取每个员工的姓名。

VLOOKUP 函数的作用是，在名称"全体员工资料"所对应的区域（也就是"员工档案表"工作表的 A3:N21 单元格区域)的第 1 列中，搜索 A4 单元格的值(员工编号"DF001")，然后返回该区域同一行中第 2 列的值（员工姓名"莫一丁"）。参数 FALSE 表示精确匹配。

用同样方法，在 C4 单元格输入以下公式。

=VLOOKUP(A4,全体员工资料,4,FALSE)

并将公式向下填充到 C21 单元格，获取每个员工的部门。

在 D4 单元格输入以下公式。

=VLOOKUP(A4,全体员工资料,14,FALSE)

并将公式向下填充到 D21 单元格，获取每个员工的基础工资。

（2）计算应付工资

应付工资合计＝基础工资+奖金+补贴－扣除病事假。

在 H4 单元格输入以下公式。

=D4+E4+F4－G4

并将公式向下填充到 H21 单元格，计算每个员工的应付工资。

（3）计算应纳税所得额

应纳税所得额＝应付工资合计－社保费用－个人所得税费用减除标准。

应纳税所得额必须大于或等于零，需要用 IF 函数进行判断。

在 J4 单元格输入以下公式。

$$=IF((H4-I4-3500)>0,H4-I4-3500,0)$$

并将公式向下填充到 J21 单元格，可以得到每个员工的应纳税所得额。

（4）计算个人所得税

通过多级 IF 函数嵌套，可构建出个人所得税计算公式，并通过 ROUND 函数对计算结果四舍五入保留 2 位小数。

在 K4 单元格输入以下公式。

=ROUND(IF(J4<=1500, J4*0.03, IF(J4<=4500, J4*0.1-105, IF(J4<=9000, J4*0.2-555, IF(J4<=35000, J4*0.25-1005, IF(J4<=55000, J4*0.3-2755, IF(J4<=80000, J4*0.35-5505, J4* 0.45-13505)))))),2)

并将公式向下填充到 K21 单元格，计算每个员工的个人所得税。

个人所得税税率见表 4-2。

表 4-2   个人所得税税率表

级数	全月应纳税所得额	税率%	速算扣除数
1	不超过 1500 元的	3%	0
2	超过 1500 元至 4500 元的部分	10%	105
3	超过 4500 元至 9000 元的部分	20%	555
4	超过 9000 元至 35000 元的部分	25%	1005
5	超过 35000 元至 55000 元的部分	30%	2755
6	超过 55000 元至 80000 元的部分	35%	5505
7	超过 80000 元的部分	45%	13505

（5）计算实发工资

实发工资＝应付工资合计-扣除社保-应交个人所得税。

在 L4 单元格输入以下公式。

$$=H4-I4-K4$$

并将公式向下填充到 L21 单元格，计算每个员工的实发工资。

最终得到图 4-18 所示的内容完整的工资表。

3. "汇总数据"工作表设计

为了汇总员工的人数和工资数据，可在"汇总数据"工作表中创建图 4-19 所示的表格。

（1）统计员工总人数

在"汇总数据"工作表的"员工总人数"对应单元格 B3 中输入以下公式。

$$=COUNTA(员工档案表!A4:A21)$$

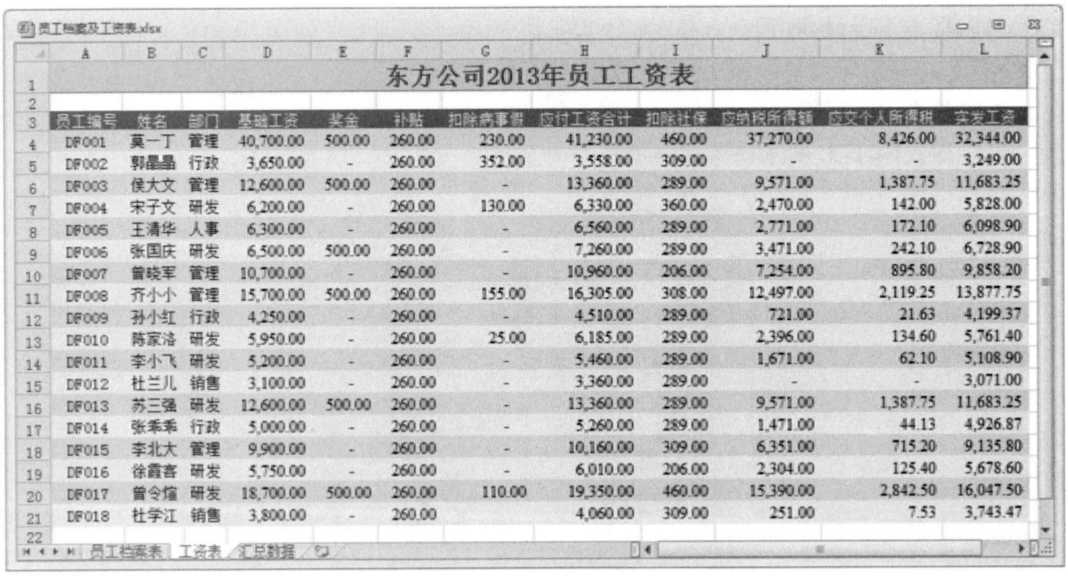

东方公司2013年员工工资表

员工编号	姓名	部门	基础工资	奖金	补贴	扣除病事假	应付工资合计	扣除社保	应纳税所得额	应交个人所得税	实发工资
DF001	莫一丁	管理	40,700.00	500.00	260.00	230.00	41,230.00	460.00	37,270.00	8,426.00	32,344.00
DF002	郭晶晶	行政	3,650.00	-	260.00	352.00	3,558.00	309.00	-	-	3,249.00
DF003	侯大文	管理	12,600.00	500.00	260.00	-	13,360.00	289.00	9,571.00	1,387.75	11,683.25
DF004	宋子文	研发	6,200.00	-	260.00	130.00	6,330.00	360.00	2,470.00	142.00	5,828.00
DF005	王清华	人事	6,300.00	-	260.00	-	6,560.00	289.00	2,771.00	172.10	6,098.90
DF006	张国庆	研发	6,500.00	500.00	260.00	-	7,260.00	289.00	3,471.00	242.10	6,728.90
DF007	曾晓军	管理	10,700.00	-	260.00	-	10,960.00	206.00	7,254.00	895.80	9,858.20
DF008	齐小小	管理	15,700.00	500.00	260.00	155.00	16,305.00	308.00	12,497.00	2,119.25	13,877.75
DF009	孙小红	行政	4,250.00	-	260.00	-	4,510.00	289.00	721.00	21.63	4,199.37
DF010	陈家洛	研发	5,950.00	-	260.00	25.00	6,185.00	289.00	2,396.00	134.60	5,761.40
DF011	李小飞	研发	5,200.00	-	260.00	-	5,460.00	289.00	1,671.00	62.10	5,108.90
DF012	杜兰儿	销售	3,100.00	-	260.00	-	3,360.00	289.00	-	-	3,071.00
DF013	苏三强	研发	12,600.00	500.00	260.00	-	13,360.00	289.00	9,571.00	1,387.75	11,683.25
DF014	张乖乖	行政	5,000.00	-	260.00	-	5,260.00	289.00	1,471.00	44.13	4,926.87
DF015	李北大	管理	9,900.00	-	260.00	-	10,160.00	309.00	6,351.00	715.20	9,135.80
DF016	徐霞客	研发	5,750.00	-	260.00	-	6,010.00	206.00	2,304.00	125.40	5,678.60
DF017	曾令煊	研发	18,700.00	500.00	260.00	110.00	19,350.00	460.00	15,390.00	2,842.50	16,047.50
DF018	杜学江	销售	3,800.00	-	260.00	-	4,060.00	309.00	251.00	7.53	3,743.47

图 4-18　内容完整的工资表

求出“员工档案表”工作表 A4:A21 区域中非空单元格的个数，即员工总人数。

（2）统计男、女员工的人数

在“汇总数据”工作表的“女性员工”对应单元格 B4 单元格中输入以下公式。

=COUNTIF(员工档案表!C4:C21,"女")

求出“员工档案表”工作表 C4:C21 区域中内容为“女”的单元格个数，即女员工的人数。

在“男性员工”对应单元格 B5 单元格中输入以下公式。

=B3−B4

即为男员工的人数。

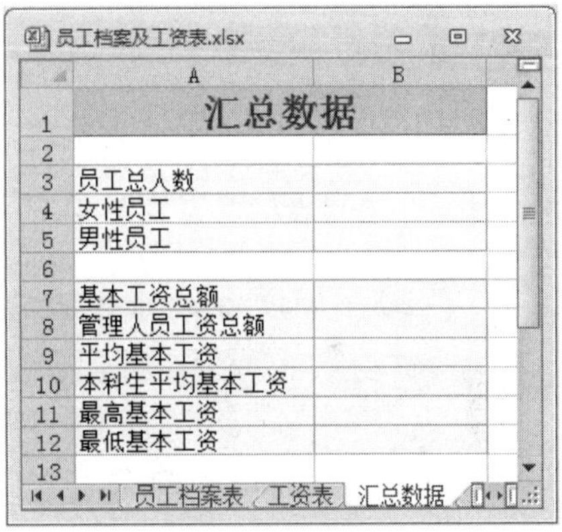

	A	B
1	汇总数据	
2		
3	员工总人数	
4	女性员工	
5	男性员工	
6		
7	基本工资总额	
8	管理人员工资总额	
9	平均基本工资	
10	本科生平均基本工资	
11	最高基本工资	
12	最低基本工资	
13		

图 4-19　“汇总数据”工作表

（3）统计工资数据

在“汇总数据”工作表中的相应单元格中依次输入下列函数以计算相关数据：

=SUM(基本工资)

计算基本工资总额。基本工资列已被定义名称，因此可直接被求和函数引用。

=SUMIF(员工档案表!D4:D21,"管理",基本工资)

用条件求和函数计算“部门”为“管理”的所有人员的基本工资总和。

=AVERAGE(基本工资)

计算基本工资平均值。

=AVERAGEIF(员工档案表!I4:I21,"本科",基本工资)

用条件求平均值函数计算“学历”为“本科”的所有人员的基本工资平均值。

=MAX(基本工资)

求出基本工资最高值。

=MIN(基本工资)

求出基本工资最低值。

最终得到图 4-20 所示内容完整的汇总数据表。

员工档案及工资表.xlsx

	A	B
1	汇总数据	
2		
3	员工总人数	18
4	女性员工	8
5	男性员工	10
6		
7	基本工资总额	168,400.00
8	管理人员工资总额	86,500.00
9	平均基本工资	9,355.56
10	本科生平均基本工资	5,237.50
11	最高基本工资	40,000.00
12	最低基本工资	3,000.00
13		

员工档案表 工资表 汇总数据

图 4-20　内容完整的“汇总数据”表

上机练习

1. 在 Excel 工作表中有图 4-21 所示的员工信息表，请用公式求出每位员工的工龄（精确到月）并填写表格，得到图 4-22 所示的结果。

	A	B	C
1	姓名	参加工作时间	工龄
2	员工1	1982/8/7	
3	员工2	1978/10/15	
4	员工3	1975/3/16	
5	员工4	1985/8/1	
6	员工5	1978/12/30	
7	员工6	2012/7/1	

图 4-21　员工信息表

	A	B	C
1	姓名	参加工作时间	工龄
2	员工1	1982/8/7	33年7个月
3	员工2	1978/10/15	37年4个月
4	员工3	1975/3/16	40年11个月
5	员工4	1985/8/1	30年7个月
6	员工5	1978/12/30	37年2个月
7	员工6	2012/7/1	3年8个月

图 4-22　填入工龄的表格

2. 在 Excel 工作表的 A3 单元格中有一段文本，请用公式分别求出文本中子字符串“e”“in”和“查找”出现的次数，得到图 4-23 所示的结果。

	A	B	C	D
1	源字符串	子字符串出现次数		
2		e	in	查找
3	Selection.find对象的ClearFormatting方法作用是清除任何为进行查找或替换操作所指定的格式，相当于“编辑”菜单“查找和替换”对话框中的“不限定格式”按钮。	3	2	2

图 4-23　字符串出现次数统计结果

3. 在 Excel 工作表中给出了图 4-24 所示的表格和基本数据，请用公式求出每位选手频率最高的分数。

	A	B	C	D	E	F	G	H	I	J
1	参赛选手	美国	俄罗斯	日本	中国	法国	英国	加拿大	澳大利亚	频率最高分
2	选手A	7	7.5	7	7	8	8	7	7.5	7
3	选手B	6.5	6.5	7.5	7	6.5	7	7.5	6.5	6.5
4	选手C	9.5	9.5	8	8.5	9.5	8.5	8.5	8.5	8.5
5	选手D	8	9.5	8.5	9	8	9	9	7	9
6	选手E	6.5	9.5	7.5	8.5	9	8	8.5	8	8.5
7	选手F	7	7	8	9.5	8	8.5	8	9	8

图 4-24 最高频分数统计结果

第5章

VBA 应用基础

VBA（Visual Basic for Applications）是 Microsoft Office 集成办公软件的内置编程语言，是新一代标准宏语言。它基于 VB（Visual Basic）发展起来，与 VB 有很好的兼容性。VBA 寄生于 Office 应用程序，是 Office 的重要组件，利用它可以将烦琐、机械的日常工作自动化，从而极大提高用户的办公效率。

VBA 与 VB 主要有以下区别：

（1）VB 用于创建标准的应用程序，VBA 是使已有的应用程序（Office）自动化。

（2）VB 具有自己的开发环境，VBA 寄生于已有的应用程序（Office）。

（3）VB 开发出的应用程序可以是可执行文件（EXE 文件），VBA 开发的程序必须依赖于它的父应用程序（Office）。

尽管存在这些不同，VBA 和 VB 在结构上仍然十分相似。如果已经掌握 VB，就会发现学习 VBA 非常容易。反过来，学完 VBA 也会给学习 VB 打下很好的基础。

用 VBA 可以实现如下功能：

（1）使重复的任务自动化。

（2）对数据进行复杂的操作和分析。

（3）将 Office 作为开发平台，进行应用软件开发。

用 Office 作为开发平台有以下优点：

（1）VBA 程序只起辅助作用。许多功能 Office 已经提供，可以直接使用，简化了程序设计。例如，打印、文件处理、格式控制和文本编辑等功能不必另行设计。

（2）通过宏录制，可以部分地实现程序设计的自动化，大大提高软件开发效率。

（3）便于发布。只要发布含有 VBA 代码的文件即可，不需要考虑运行环境，因为 Office 是普遍配备的应用软件。不需要安装和卸载，不影响系统配置，属于绿色软件。

（4）Office 界面对于广大计算机应用人员来说比较熟悉，符合一般操作人员的使用习惯，便于软件推广应用。

（5）用 VBA 编程比较简单，即使非计算机专业人员，也可以很快编出自己的软件。而且 Office 应用软件及其 VBA 内置了大量函数、语句、方法等，功能非常丰富。

在 Office 2016 各个应用程序（如 Word、Excel、PowerPoint 等）中使用 VBA 的方式相同，语言的操作对象也大同小异。因此，只要学会在一种应用程序（如 Excel）中使用 VBA，就能在其他应用程序中使用 VBA。

本章只介绍在 Excel 环境下 VBA 的应用，包括宏的录制、编辑与使用，VBA 语法基础，过程以及面向对象程序设计的有关知识。

5.1　用录制宏的方法编写 VBA 程序

宏（Macro）是一组 VBA 语句。可以理解为一个程序段，或一个子程序。在 Office 2016 中，宏可以直接编写，也可以通过录制形成。录制宏，实际上就是将一系列操作过程记录下来并由系统自动转换为 VBA 语句。这是目前最简单的编程方法，也是 VBA 最具特色的地方。用录制宏的办法编制程序，不仅能简化编程过程，还可以提示用户使用什么语句和函数，帮助用户学习程序设计。当然，实际应用的程序不能完全靠录制宏，还需要对宏进一步加工和优化。

5.1.1　准备工作

1. 在功能区中显示"开发工具"选项卡

在 Excel 2016 中，为了使用 VBA，需要在功能区中显示"开发工具"选项卡，因为在默认情况下，不会显示这个选项卡。用以下方法可以将"开发工具"选项卡添加到功能区中：

（1）在"文件"选项卡中选择"选项"命令，在"Excel 选项"对话框选择"自定义功能区"项；或者右击功能区，在弹出的快捷菜单中选择"自定义功能区"命令。

（2）在对话框"自定义功能区"选项组的"主选项卡"列表框中选中"开发工具"复选框。

2. 设置宏安全性

有一种计算机病毒叫作"宏病毒"，它是利用"宏"来传播和感染的病毒。为了防御这种计算机病毒，Office 软件提供了一种安全保护机制，即设置"宏"的安全性。

在"开发工具"选项卡的"代码"选项组中单击"宏安全性"按钮，即可在弹出的对话框中设置不同的安全级别。安全级别越高，对宏的限制越严。

由于宏就是 VBA 程序，因此限制使用宏，实际上就是限制 VBA 代码的执行。这从安全角度考虑是应该的，但是如果这种限制妨碍了软件功能的发挥就值得考虑了。

其实，宏病毒只是众多计算机病毒的一种，可以同其他计算机病毒同样对待，用统一的防护方式和杀毒软件进行防治，而不必太在意 Office 本身"宏"的"安全性"。尤其是需要频繁使用带有 VBA 代码的应用软件时，完全可以把"宏设置"的安全性设置为"启用所有宏"；在"开发人员宏设置"选项组中选中"信任对 VBA 工程对象模型的访问"复选框。

5.1.2　宏的录制与保存

首先在 D 盘根目录下创建一个"照片"文件夹，将 8 个图片文件 0433101.jpg、0433102.jpg、…、0433108.jpg 复制到该文件夹。然后录制一个简单的宏，它的功能是在 Excel 工作表中选定单元格，设置单元格的行高和列宽，在单元格中插入图片并调整大小。步骤如下：

（1）启动 Excel，在"开发工具"选项卡的"代码"选项组中单击"录制宏"按钮。

（2）在"录制宏"对话框中输入宏名"插入图片"，单击"确定"按钮。此时，功能区上的"录制宏"按钮切换为"停止录制"按钮。

（3）选定任意一个单元格（如 G1 单元格），在"开始"选项卡的"单元格"选项组中单击"格式"按钮。设置行高为 100、列宽为 12。

（4）在"插入"选项卡的"插图"选项组中单击"图片"按钮。在"插入图片"对话框中选择指定文件夹中的图片文件"0433101.jpg"并插入。

（5）右击图片，在弹出的快捷菜单中选择"大小和属性"命令。在"设置图片格式"对话框中取消"锁定纵横比"复选框的选择，设置高度为 3.5 厘米、宽度为 2.7 厘米，单击"关闭"按钮。

（6）单击"开发工具"选项卡"代码"选项组的"停止录制"按钮，结束录制宏过程。

注意： 在录制宏之前，要计划好操作步骤和命令。如果在录制宏的过程中进行了错误操作，则错误的操作也会被录制。

要执行刚才录制的宏，可以在"开发工具"选项卡的"代码"选项组中单击"宏"按钮。在"宏"对话框中选择"插入图片"项，单击"执行"按钮。

在"录制宏"对话框中，可以指定将宏保存在当前工作簿、新工作簿或个人宏工作簿。

将宏保存在当前工作簿或新工作簿，则只有该工作簿被打开时，相应的宏才可以使用。

个人宏工作簿是为宏而设计的一种特殊的具有自动隐藏特性的工作簿。如果需要让某个宏在多个工作簿都能使用，就应当将宏保存到个人宏工作簿中。要将宏保存到个人宏工作簿，在"录制宏"对话框的"保存在"下拉列表中选择"个人宏工作簿"即可。

5.1.3　宏代码的分析与编辑

对已经存在的宏，可以查看代码，也可以进行编辑。

在"开发工具"选项卡的"代码"选项组中单击"宏"按钮。在"宏"对话框中选择"插入图片"，单击"编辑"按钮，进入 VB 编辑环境，显示出如下代码：

```
Sub 插入图片()
'
' 插入图片 宏
'

'
    Range("G1").Select
    Selection.RowHeight = 100
    Selection.ColumnWidth = 12
    ActiveSheet.Pictures.Insert("D:\照片\0433101.jpg").Select
    Selection.ShapeRange.LockAspectRatio = msoFalse
    Selection.ShapeRange.Height = 99.2125984252
    Selection.ShapeRange.Width = 76.5354330709
End Sub
```

上述代码包括以下几部分：

（1）宏（子程序）开始语句。

每个宏都以 Sub 开始，Sub 后面紧接着是宏的名称和一对括号。

（2）注释语句。

从单引号开始直到行末尾是注释内容。注释的内容是给人看的，与程序执行无关。

给程序加注释是应该养成的良好习惯，这对日后的维护大有好处。假如没有注释，即使是自己编写的程序，过一段时间以后，要读懂它也并非一件容易的事。

（3）实现具体功能的语句。

对照先前的操作，不难分析出各语句的功能：

Range("G1").Select 用来选定"G1"单元格。

Selection.RowHeight = 100 和 Selection.ColumnWidth = 12 用来设置选中单元格的行高和列宽。

ActiveSheet.Pictures.Insert("D:\照片\0433101.jpg").Select 的功能是在当前单元格中插入一个指定的图片。

Selection.ShapeRange.LockAspectRatio = msoFalse 取消图片的"锁定纵横比"复选框的选择。

Selection.ShapeRange.Height = 99.2125984252 和 Selection.ShapeRange.Width = 76.5354330709 用来设置图片的高度和宽度（以磅为单位）。

（4）宏结束语句。

End Sub 是宏的结束语句。

了解了代码中各语句的作用后，便可以在 VBA 的编辑器窗口修改宏。将前面的几行注释语句删除，再加入循环语句，将宏改为：

```
Sub 插入图片()
  For r = 1 To 8
    Range("G" & r).Select
    Selection.RowHeight = 100
    Selection.ColumnWidth = 12
    ActiveSheet.Pictures.Insert("D:\照片\043310" & r & ".jpg").Select
    Selection.ShapeRange.LockAspectRatio = msoFalse
    Selection.ShapeRange.Height = 99.2125984252
    Selection.ShapeRange.Width = 76.5354330709
  Next
End Sub
```

这里，在原来基础上做了 3 点改动：

（1）加入 For 循环语句，将原来的程序段作为循环体，使之能够被执行 8 次；

（2）将字符串常量"G1"改成由字符串连接运算符"&"、字符串常量"G"以及变量 r 所构成的字符串表达式"G" & r，使得每次循环选定的单元格不同；

（3）用变量 r 的值作为图片文件名的最后一个字符。

再次运行"插入图片"宏，可以看到当前工作表的 G 列从 1 行到 8 行自动依次插入了 8 张图片，每个图片的大小都相同。

循环控制语句 For…Next 的语法形式如下：

```
For 循环变量 = 初值 To 终值 [Step 步长]
   [<语句组>]
   [Exit For]
   [<语句组>]
Next [循环变量]
```

循环语句执行时，首先为循环变量置初值。如果循环变量的值没有超过终值，则执行循环体，运行到 Next 时把步长加到循环变量上。若该值仍没有超过终值，则继续循环，直至循环变量的值超过终值时，才结束循环。

步长可以是正数、可以是负数，为 1 时可以省略。

遇到 Exit For 时，退出循环。

可以将一个 For…Next 循环放置在另一个 For…Next 循环中，组成嵌套循环。每个循环中要使用不同的循环变量名。下面的循环结构是正确的：

```
For I = 1 To 10
   For J = 1 To 10
      For K = 1 To 10
         ...
      Next K
   Next J
Next I
```

许多过程都可以用录制宏来完成。但录制的宏不具备判断或循环功能，人机交互能力差。因此，需要对录制的宏进行加工。

在"开发工具"选项卡的"代码"选项组中单击"Visual Basic"按钮，或用 Alt+F11 快捷键，可以直接打开 Visual Basic 编辑器。Visual Basic 编辑器也叫 VBE，实际上是 VBA 的编辑环境。

在 VBE 中可以编辑、调试和运行宏，也可以定义模块、用户窗体和过程。

如果要删除宏，可在"开发工具"选项卡的"代码"选项组中单击"宏"按钮，然后在"宏名"列表框中选定要删除的宏，再单击"删除"按钮。

5.1.4　用其他方式执行宏

除了用"开发工具"选项卡"代码"选项组的"宏"和在 Visual Basic 编辑环境中运行宏外，还可以用以下几种方式运行宏。

1. 用快捷键运行宏

在 Excel 中，可以在创建宏时指定快捷键，也可以在创建后再指定。录制宏时，在"录制宏"对话框中可以直接指定快捷键。录制宏后指定快捷键也很简单：单击"开发工具"选项卡"代码"选项组中的"宏"按钮，在"宏"对话框中选择要指定快捷键的宏，再单击"选项"按钮，通过"宏选项"对话框进行设置。

为宏指定了快捷键后，就可以用快捷键来运行宏。

注意：打开包含宏的工作簿时，为宏指定的快捷键会覆盖原有的快捷键功能。例如，把 Ctrl+C 快捷键指定给某个宏后，Ctrl+C 快捷键就不再执行复制命令了。因此，在定义新的快捷键时，应尽量避开系统已定义的常用快捷键。

2. 用按钮运行宏

通过快捷键可以快速执行某个宏，但是宏的数量多了，快捷键就不那么方便记忆了。而且，如果宏是由其他人来使用，快捷键就更不合适了。

作为 VBA 应用软件开发者，应该为使用者提供一个易于操作的界面。"按钮"是最常见的界面元素之一。

例如，在 Excel 中录制一个名为"填充颜色"的宏，用来向当前选定的单元格填充某种颜色。然后在当前工作表中添加一个按钮，并将"填充颜色"这个宏指定给该按钮，步骤如下：

（1）在 Excel 中录制一个名为"填充颜色"的宏，向当前选定的单元格填充绿色。

（2）在 Excel 功能区的"开发工具"选项卡中单击"控件"选项组的"插入"按钮，再选择"表单控件>按钮（窗体控件）"命令，此时光标变成十字形状。

（3）在当前工作表的适当位置按住鼠标左键并拖动画出一个矩形，这个矩形的大小即为按钮的大小。得到满意的大小后松开鼠标，这样一个命令按钮就被添加到了工作表中，同时 Excel 会自动打开"指定宏"对话框。

（4）在"指定宏"对话框中选择"填充颜色"，单击"确定"按钮，就把该宏指定给按钮了。

（5）右击按钮，在弹出的快捷菜单中选择"编辑文字"命令，将按钮的标题改为"填充颜色"。

（6）单击按钮外的任意位置，结束按钮设计。

此后，单击按钮就可以运行该宏。

3. 用图片运行宏

将宏指定给图片十分简单：在"插入"选项卡的"插图"选项组中单击"图片""形状"等按钮，在当前工作表置入插图后，右击插图，在弹出的快捷菜单中选择"指定宏"命令，并为图片指定宏。

5.2　变量和运算符

前面用录制宏的方法编写了一个简单的 VBA 程序。通过对程序的分析，了解了一些基本知识和几个语句的功能。为进一步开发 Excel 的功能，编写各种需求的程序，还应掌握 VBA 的语法、变量、数据类型、运算符等知识。

5.2.1　变量与数据类型

1. 变量

变量用于临时保存数据。程序运行时，变量的值可以改变。在 VBA 代码中可以用变量来存储数据或对象。例如：

```
MyName="北京"            '为变量赋值
MyName="上海"            '修改变量的值
```

5.1 节已经在宏的代码中使用了变量，下面再举一个简单的例子说明变量的应用。

【例 5-1】 在宏代码中使用变量。

在 Excel 功能区的"开发工具"选项卡"代码"选项组中单"宏"按钮，在"宏"对话框中输入宏名"Hello"，然后单击"创建"按钮，进入 Visual Basic 编辑器环境。输入如下代码：

```
Sub Hello()
  s_name = InputBox("请输入您的名字:")
  MsgBox "Hello," & s_name & "! "
End Sub
```

其中，Sub、End Sub 两行代码由系统自动生成，不需要手动输入。

在上述代码中，InputBox 函数显示一个信息输入对话框，输入的信息作为函数值返回，赋值给变量 s_name。MsgBox 显示一个对话框，用来输出信息，其中包含变量 s_name 的值。关于函数的详细内容请查看系统帮助信息。

在 Visual Basic 编辑器中，按 F5 键，或者单击工具栏中的 ▶ 按钮，运行这个程序，显示一个图 5-1 所示的信息输入对话框。输入"LST"并单击"确定"按钮，显示图 5-2 所示的输出信息对话框。

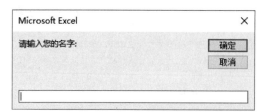

图 5-1 输入信息对话框图

图 5-2 输出信息对话框

2. 变量的数据类型

变量的数据类型决定变量允许保存何种类型的数据。表 5-1 列出了 VBA 支持的数据类型，同时列出了各种类型的变量所需要的存储空间和能够存储的数据范围。

表 5-1 数据类型

数据类型	存储空间	数值范围
Byte（字节）	1 字节	0～255
Boolean（布尔）	2 字节	True 或 False
Integer（整型）	2 字节	−32768～32767
Long（长整型）	4 字节	−2147483648～2147483647
Single（单精度）	4 字节	负值范围：−3.402823E38～−1.401298E−45 正值范围：1.401298E−45～3.402823E38
Double（双精度）	8 字节	负值范围：−1.79769313486232E308～−4.94065645841247E−324 正值范围：4.94065645841247E−324～1.79769313486232E308

续表

数据类型	存储空间	数值范围
Currency（货币）	8 字节	−922337203685477.5808～922337203685477.5807
Decimal（小数）	12 字节	不包括小数时：±79228162514264337593543950335 包括小数时：±7.9228162514264337593543950335
Date（日期时间）	8 字节	日期：100 年 1 月 1 日～9999 年 12 月 31 日 时间：00:00:00～23:59:59
Object（对象）	4 字节	任何引用对象
String（字符串）	字符串的长度	变长字符串：0～20 亿个字符 定长字符串：1～64K 个字符
Variant（数字）	16 字节	Double 范围内的任何数值
Variant（文本）	字符串的长度	数据范围和变长字符串相同

3．声明变量

变量在使用之前，最好进行声明，即定义变量的数据类型，这样可以提高程序的可读性和节省存储空间。当然这也不是绝对的，在不关心存储空间，而注重简化代码、突出重点的情况下，可以不声明直接使用变量。变量不经声明直接使用，系统会自动将变量定义为 Variant 类型。

通常使用 Dim 语句来声明变量。声明语句放到过程中，则该变量在过程内有效。声明语句放到模块顶部，则变量在模块中有效（过程、模块和工程等知识将在 5.4 节介绍）。

下面语句创建了变量 strName 并且将其指定为 String 数据类型。

```
Dim strName As String
```

为了使变量可被工程中所有的过程使用，要用如下形式的 Public 语句声明公共变量：

```
Public strName As String
```

变量的数据类型可以是表 5-1 中的任何一种。如果未指定数据类型，则默认为 Variant 类型。

变量名必须以字母开始，并且只能包含字母、数字和某些特定的字符，最大长度为 255 个字符。

可以在一个语句中声明几个变量。如在下面的语句中，变量 intX、intY、intZ 被声明为 Integer 类型。

```
Dim intX As Integer, intY As Integer, intZ As Integer
```

在下面的语句中，变量 intX 与 intY 被声明为 Variant 型，intZ 被声明为 Integer 型。

```
Dim intX, intY, intZ As Integer
```

可以使用 Dim 和 Public 语句来声明变量的对象类型。下面的语句为工作表的新建实例声明了一个变量。

```
Dim X As New Worksheet
```

如果定义对象变量时没有使用 New 关键字，则在使用该变量之前，必须使用 Set 语句将该引用对象的变量赋值为一个已有对象。

4. 声明数组

数组是具有相同数据类型并共用一个名字的一组变量的集合。数组中的不同元素通过下标加以区分。

若数组的大小固定不变，则它是静态数组。若数组的大小在程序运行时可变，则它是动态数组。

数组的下标从 0 还是从 1 开始，可用 Option Base 语句进行设置。如果 Option Base 没有指定为 1，则数组下标默认从 0 开始。

数组要先声明后使用。下面这行代码声明了一个固定大小的数组，它是个 11 行乘以 11 列的 Integer 型二维数组：

```
Dim MyArray(10,10) As Integer
```

其中，第 1 个参数表示第 1 个下标的上界，第 2 个参数表示第 2 个下标的上界，默认的下标下界为 0，数组共有 11×11 个元素。

在声明数组时，不指定下标的上界，即括号内为空，则该数组为动态数组。动态数组可以在执行代码时改变大小。下面语句声明的就是一个动态数组：

```
Dim sngArray() As Single
```

动态数组声明后，可以用 ReDim 语句重新定义数组的维数以及每个维的上界。重新声明数组时，数组中存在的值一般会丢失。若要保存数组中原先的值，可以使用 ReDim Preserve 语句来扩充数组。例如，下面的语句将 varArray 数组扩充了 10 个元素，而数组中原来值并不丢失。

```
ReDim Preserve varArray(UBound(varArray) + 10)
```

其中，UBound(varArray)函数返回数组 varArray 原来的下标上界。

5. 为变量赋值

为变量或数组元素赋值，通常使用赋值语句。

【例 5-2】 变量和数组的赋值。

以下程序首先声明了变量 rs、zf、k 和动态数组 cj。然后用 InputBox 函数输入学生人数并赋值给变量 rs，按人数重新定义数组 cj 的下标上界，用循环程序输入每个学生的成绩并赋值给 cj 数组下标变量。最后，用循环程序对 cj 数组下标变量的值求和，输出平均分。

```
Sub pjf()
    Dim cj() As Integer
    Dim rs As Integer
    Dim zf As Integer
    Dim k As Integer
    rs = InputBox("输入学生的人数：")
```

```
ReDim cj(rs)
For k = 1 To rs
    cj(k) = InputBox("输入考试成绩" & k)
Next
zf = 0
For k = 1 To rs
    zf = zf + cj(k)
Next
MsgBox rs & "位学生的平均分是: " & zf / rs
End Sub
```

在 Excel 中创建一个宏，将代码输入，程序运行后，如果输入人数为 5，成绩分别为：80、90、85、88、75，最后得到的结果如图 5-3 所示。

在编写程序时，一般每个语句占一行，但有时候可能需要在一行中写几个语句。这时需要用“：”来分开不同的语句。例如 a=1:b=2。

有时一个语句太长，看上去不整齐，可以用空格加下画线“_”作为断行标记，将其分开写成几行。

图 5-3　程序的输出结果

5.2.2　运算符

VBA 中的运算符有 4 种：算术运算符、比较运算符、逻辑运算符和连接运算符，可用来组成不同类型的表达式。

1．算术运算符

算术运算符用于构建数值表达式或返回数值运算结果，各运算符的作用和示例见表 5-2。

表 5-2　算术运算符

符号	作　用	示　例	符号	作　用	示　例
+	加法	3+5=8	\	整除	19\6=3
−	减法、一元减	11-6=5、-6*3=-18	mod	取模	19 mod 6=1
*	乘法	6*3=18	^	指数	3^2=9
/	除法	10/4=2.5			

2．比较运算符

比较运算符用于构建关系表达式，返回逻辑值 True、False 或 Null（空）。常用的比较运算符名称和用法见表 5-3。

表 5-3　常用的比较运算符

符　号	名　称	用　法	符　号	名　称	用　法
<	小于	〈表达式 1〉 < 〈表达式 2〉	>=	大于或等于	〈表达式 1〉 >= 〈表达式 2〉
<=	小于或等于	〈表达式 1〉 <= 〈表达式 2〉	=	等于	〈表达式 1〉 = 〈表达式 2〉
>	大于	〈表达式 1〉 > 〈表达式 2〉	<>	不等于	〈表达式 1〉 <> 〈表达式 2〉

在由比较运算符组成的关系表达式中，当符合相应的关系时，结果为 True，否则为 False。如果参与比较的表达式有一个为 Null，则结果为 Null。

例如：

当变量 A 的值为 3、B 的值为 5 时，关系表达式 A>B 的值为 False，A<B 的值为 True。

3. 逻辑运算符

逻辑运算符用于构建逻辑表达式，返回逻辑值 True、False 或 Null(空)。常用的逻辑运算符名称和语法见表 5-4。

表 5-4　常用的逻辑运算符

符　号	名　称	语　　法
And	与	〈表达式 1〉And〈表达式 2〉
Or	或	〈表达式 1〉Or〈表达式 2〉
Not	非	Not〈表达式〉

例如：

```
A = 10: B = 8: C = 6: D = Null          '设置变量初值

MyCheck = A > B And B > C               '返回 True
MyCheck = B > A And B > C               '返回 False
MyCheck = A > B And B > D               '返回 Null

MyCheck = A > B Or B > C                '返回 True
MyCheck = B > D Or B > A                '返回 Null

MyCheck = Not(A > B)                    '返回 False
MyCheck = Not(B > A)                    '返回 True
MyCheck = Not(C > D)                    '返回 Null
```

4. 连接运算符

字符串连接运算符有 2 个："&" 和 "+"。

其中 "+" 运算符既可用来计算数值的和，也可以用来做字符串的串接操作。不过，最好还是使用 "&" 运算符来做字符串的连接操作。如果 "+" 运算符两边的表达式中混有字符串及数值的话，其结果会是数值的求和。如果都是字符串 "相加"，则返回结果才与 "&" 相同。

例如：

```
MyStr = "Hello" & " World"             '返回 "Hello World"
MyStr = "Check" & 123                  '返回 "Check 123"
MyNumber = "34" + 6                     '返回 40
MyNumber = "34" + "6"                   '返回 "346"（字符串被串接起来）
```

5．运算符的优先级

按优先级由高到低的次序排列的运算符如下：

括号→指数→一元减→乘法和除法→整除→取模→加法和减法→连接→比较→逻辑（Not、And、Or）。

【例 5-3】 百钱买百鸡问题。

假设公鸡每只 5 元，母鸡每只 3 元，小鸡 3 只 1 元。要求用 100 元钱买 100 只鸡，问公鸡、母鸡、小鸡可各买多少只？请编一个 VBA 程序求解。

分析：设公鸡、母鸡、小鸡数分别为 x、y、z，则可列出方程组。

$$\begin{cases} x+y+z=100 \\ 5x+3y+z/3=100 \end{cases}$$

这里有 3 个未知数、2 个方程式，说明有多个解。可以用穷举法求解。

编程：进入 Excel 2010，在"开发工具"选项卡的"代码"选项组中单击"宏"按钮，在打开的"宏"对话框中输入宏名"百钱百鸡"，指定宏的位置为"当前工作簿"，单击"创建"按钮，进入 VB 编辑环境。

然后，输入如下代码。

```
Sub 百钱百鸡()
  For x = 0 To 19
    For y = 0 To 33
      z = 100 - x - y
      If 5 * x + 3 * y + z / 3 = 100 Then
        g = g & "公鸡" & x & ",母鸡" & y & ",小鸡" & z & Chr(10)
      End If
    Next
  Next
  MsgBox g
End Sub
```

因为公鸡和母鸡的最大数量分别为 19 和 33，所以采用双重循环结构，让 x 从 0 到 19、y 从 0 到 33 进行循环。每次循环求出一个 z 值，使得 x+y+z=100。如果满足条件 5x+3y+z/3=100，则 x、y 和 z 就是一组有效解，把这个解保存到字符串变量 g 中。循环结束后，用 MsgBox 函数输出全部有效解。

程序运行后的结果如图 5-4 所示。

在上面这段程序中，使用了 Chr 函数，把 ASCII 码 10 转换为对应的回车符。

程序中还用到了 If 语句。If 是最常用的一种分支语句。它符合人们通常的语言和思维习惯。例如，if（如果）绿灯亮，then(那么)可以通行，else(否则)停止通行。

图 5-4 程序输出结果

If 语句有 3 种语法形式：

（1）if <条件> then <语句1> [else <语句2>]

```
（2）if <条件> then
        <语句组 1>
    [else
        <语句组 2>]
    end if
（3）if <条件 1> then
        <语句组 1>
    [elseif <条件 2> then
        <语句组 2> ...
    else
        <语句组 n>]
    end if
```

<条件>是一个关系表达式或逻辑表达式。若值为 True，则执行紧接在关键字 then 后面的语句组。若<条件>的值为 False，则检测下一个 elseif<条件>或执行 else 关键字后面的语句组，然后继续执行下一个语句。

例如，根据一个字符串是否以字母 A 到 F、G 到 N 或 O 到 Z 开头来设置整数值。程序段如下：

```
Dim strMyString As String, strFirst As String, intVal As Integer
strFirst = Mid(strMyString, 1, 1)
If strFirst >= "A" And strFirst <= "F" Then
   intVal = 1
ElseIf strFirst >= "G" And strFirst <= "N" Then
   intVal = 2
ElseIf strFirst >= "O" And strFirst <= "Z" Then
   intVal = 3
Else
   intVal = 0
End If
```

其中，用 Mid 函数返回 strMyString 字符串变量从第 1 个字符开始的一个字符。假如 strMyString="VBA"，则该函数返回"V"。

5.3　面向对象程序设计

VBA 是面向对象的编程语言和开发工具。在编写程序时，经常要用到对象、属性、事件、方法等知识。下面介绍这些概念、它们之间的关系以及在程序中的用法。

1. 对象

客观世界中的任何实体都可以被看成对象。对象可以是具体的物，也可以指某些概念。从软件开发的角度来看，对象是一种将数据和操作过程结合在一起的数据结构，或者是一种具有属性和方法的集合体。每个对象都具有描述它特征的属性和附属于它的方法。属性用来表示对象的状态，方法是描述对象行为的过程。

在 Windows 软件中，窗口、菜单、文本框、按钮、下拉列表等都是对象。有的对象可容纳其他对象，被称为容器对象，有的对象要放在别的对象当中，被称为控件。

VBA 中绝大多数对象具有可视性（Visual），即，有能看得见的直观属性，如大小、颜色、位置等。在软件设计时就能看见运行后的样子，即"所见即所得"。

对象是 VBA 程序的基础，几乎所有操作都与对象有关。Excel 的工作簿、工作表、单元格、图表都是对象。

VBA 将 Office 中的每个应用程序都看成一个对象。每个应用程序都由各自的 Application 对象代表。

2．属性

属性就是对象的性质，如大小、位置、颜色、标题、字体等。为了实现软件的功能，也为了软件运行时界面美观、实用，必须设置对象的有关属性。

每个对象都有若干个属性，每个属性都有一个预先设置的默认值，多数不需要改动，只有部分属性需要修改。同一种对象在不同地方应用，需要设置或修改的属性也不同。

某些属性可以用鼠标拖动设置，如大小、位置等，也可以在属性窗口中设置。另一些则必须在属性窗口或程序中设置，如字体、颜色、标题等。

若要用程序设置属性的值，可在对象的后面紧接小数点、属性名称、赋值号及新的属性值。

下面语句的作用是为 Sheet1 工作表的 F8 单元格内部填充蓝色。

```
Sheets("Sheet1").Range("F8").Interior.ColorIndex = 5
```

其中，Sheet1 是当前工作簿中的一个工作表对象，F8 是工作表中的单元格对象，Interior 是单元格的内部（也是对象），ColorIndex 是 Interior 的一个属性，"="是赋值号，5 是要设置的属性值。

读取对象的属性值，可以获取有关该对象的信息。

例如，下面的语句返回活动单元格的地址。

```
addr = ActiveCell.Address
```

3．事件

所谓事件，就是可能发生在对象上的事情，是由系统预先定义并由用户或系统发起的动作。事件作用于对象，对象识别事件并做出相应的反应。事件可以由系统引发，例如生成对象时，系统引发一个 Initialize 事件。事件也可以由用户引发，例如单击按钮，拖动对象、改变大小，都会引发相应的事件。

在软件运行过程中，若对象发生某个事件，则需要做出相应的反应。例如单击"退出"按钮，则软件结束运行。

为了使对象在某一事件发生时能够做出预定的反应，必须针对这一事件编写相应的代码。这样，在软件运行时，只要事件发生，就执行对应的代码，完成相应的动作。事件不发生，则不执行。

【例 5-4】　自动填写单元格列标和行号。

在 Excel 中编写一个程序，实现以下功能：当选定当前工作表的任意一个单元格时，该单元格将自动填入其列标和行号。

首先，创建一个 Excel 工作簿，保存为"自动填写单元格列标和行号.xlsm"。

然后，进入 VB 编辑环境，双击 Microsoft Excel 对象中的 Sheet1 工作表对象。在代码编辑器窗口上方的"对象"下拉列表中选择 Worksheet、"过程"下拉列表中选择 SelectionChange，对工作表的 SelectionChange 事件编写如下代码：

```
Private Sub Worksheet_SelectionChange(ByVal Target As Range)
  a = Target.Address(True, False)        '绝对行、相对列地址
  cn = Left(a, InStr(a, "$") - 1)        '取出列标
  rn = Target.Row                        '取出行号
  Target.Value = cn & "列" & rn & "行"   '填写到当前单元格
End Sub
```

这是一个子程序过程，过程名为"Worksheet_SelectionChange"，其中 Worksheet 表示工作表对象，SelectionChange 是一个事件名，该事件在工作表单元格焦点改变时发生。当用鼠标或键盘改变单元格焦点时，系统会执行上面过程中的代码。

过程的参数 Target 表示当前单元格对象。

用 Target.Address(True, False)可以求出单元格地址，送给变量 a。其中第 1 个参数 True 表示绝对行，第 2 个参数 False 表示相对列。即地址字符串的行号前带有"$"符、列标前不带"$"符。例如，"E$8""F$20""AK$136"等。

函数 InStr(a, "$")求出字符串 a 中"$"的位置，Left(a, InStr(a, "$") −1)从字符串 a 中取出"$"左边的子串，也就是列标。

行号可以用 mid 函数从字符串 a 中提取，但直接用 Target.Row 提取更简单些。

分解出当前单元格的列标和行号后，重新组合成一个提示字符串填写到当前单元格。

打开"自动填写单元格列标和行号"工作簿，选中 Sheet1 工作表，用鼠标或键盘选中任意一个单元格，该单元格将自动填入其列标和行号，如图 5-5 所示。

图 5-5　自动填写的列标和行号信息

4. 方法

方法是对象可以执行的动作。例如，Worksheet 对象的 PrintOut 方法用于打印工作表的内容。

方法通常带有参数，以限定执行动作的方式。

例如，下面的语句可将活动工作表的 1～2 页打印 1 份。

```
ActiveWindow.SelectedSheets.PrintOut 1, 2, 1
```

下面的语句通过使用 Save 方法保存当前工作簿。

```
ActiveWorkbook.Save
```

通常，方法是动作，属性是性质。使用方法将导致发生某些事件，使用属性则会返回对象的信息或改变对象的某个性质。

所谓面向对象程序设计，就是要设计一个个对象，再把这些对象用某种方式联系起来构成一个系统，即软件系统。

每个对象需要设计的不外乎属性，针对需要的事件编写程序代码，在编写代码时使用系统提供的语句、命令、函数、事件和方法。

【例 5-5】　在 Excel 中实现定时提醒。

Office 的 Application 对象中有个 OnTime 方法，用来触发一个程序在特定时刻运行。特定的时刻可以是某个日期的某个时间，也可以是相对某个时刻的时间值。通过这个方法可以在 Excel 中编写定时程序。

在 Excel "开发工具"选项卡的"代码"选项组中单击"宏"按钮，在"宏"对话框中输入宏名"ds"，然后单击"创建"按钮，进入 VB 编辑环境，输入如下宏代码：

```
Sub ds()
  Application.OnTime TimeValue("8:50:00"), "my_msg"
End Sub
```

用同样的方式，创建另一个宏：

```
Sub my_msg()
  MsgBox "现在是 8 点 50 分,9 点钟您有个约会!", vbInformation, "提醒"
  End Sub
```

宏 ds 设置定时器在 8:50:00 激活。激活后运行宏 my_msg，弹出一个对话框并显示提示信息。

运行宏 ds 后，当指定的时刻到来时，屏幕会显示图 5-6 所示的信息。

图 5-6　定时提醒对话框

5.4　过程

前面录制或手动编写的"宏"是"过程"的一种，叫子程序。还有一种常用的"过程"叫函数。它们可能放在对象当中，也可能放在独立的模块当中。放在对象当中的"过程"可能和某个事件相关联。对象、模块又属于"工程"的资源。

本节研究工程、模块、过程之间的关系，过程的创建，子程序和自定义函数的用法，代码的调试方法。

5.4.1　工程、模块与过程

每个 VBA 应用程序都存在于一个"工程"中。工程下面可分为若干个"对象""窗体""模块""类模块"。在录制宏时，如果原来不存在模块，Office 就自动创建一个。

在"开发工具"选项卡的"代码"选项组中单击"Visual Basic"按钮，或者按 Alt+F11 快捷键，进入 VB 编辑环境。

在"视图"菜单中选择"工程资源管理器"命令，或在"标准"工具栏中单击"工程资源管理器"按钮，都可以打开"工程"任务窗格。这时，在"标准"工具栏中单击"用户窗体""模块"或"类模块"按钮，或在"插入"菜单中选择相应的菜单命令，便可在"工程"中插入相应的项目。

双击任意一个项目，可在右边的窗格中查看或编写程序代码。VB 编辑器中的工程和代码界面如图 5-7 所示。

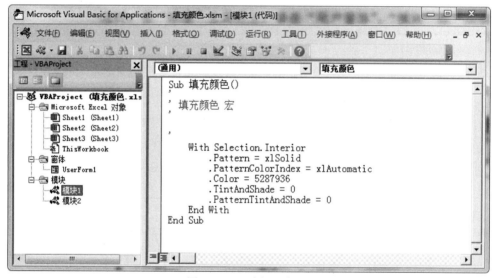

图 5-7　VB 编辑器窗口

模块中可以定义若干个"过程"。每个过程都有唯一的名字，过程中包含一系列语句。过程可以是函数、子程序或属性。

函数过程通常要返回一个值。这个值是计算的结果或是测试的结果，例如 False 或 True。可以在模块中创建和使用自定义函数。

但子程序过程只执行一个或多个操作，不返回数值。前面录制的宏，实际上就是子程序过程，宏名就是子程序名。用宏录制的方法可以得到子程序过程，但不能得到函数或属性过程。

属性过程由一系列语句组成，用来为窗体、标准模块以及类模块创建属性。

创建过程通常有以下两种方法。

【方法 1】　直接输入代码。

（1）打开要编写过程的模块。

（2）键入 Sub、Function 或 Property，分别创建 Sub、Function 或 Property 过程。系统会在后面自动加上一个 End Sub、End Function 或 End Property 语句。

（3）在其中键入过程的代码。

【方法 2】　用"添加过程"对话框。

（1）打开要编写过程的模块。

（2）在"插入"菜单中选择"过程"命令，显示图 5-8 所示的"添加过程"对话框。

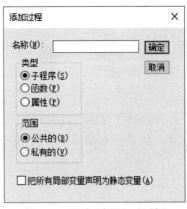

（3）在"添加过程"对话框的"名称"文本框键入过程的名称。选择要创建过程的类型，设置过程的范围。如果需要，还可以选中"把所有局部变量声明为静态变量"复选框。最后，单击"确定"按钮，进行代码编写。

图 5-8　"添加过程"对话框

进入 Excel 或打开一个工作簿，系统都会自动创建一个工程，工程中自动包含工作簿对象、工作表对象。过程可以在对象中创建，也可以在模块或类模块中创建。如果模块不存在，首先需要向工程添加一个模块。

【例 5-6】　创建一个显示消息框的过程。

（1）在 Excel 中，单击"开发工具"选项卡"代码"选项组中的"Visual Basic"按钮，打开 VB 编辑器窗口。

（2）在工具栏中单击"工程资源管理器"按钮，或按 Ctrl+R 快捷键，在 VB 编辑器的左侧打开"工程"窗格。

（3）在"工程"窗格的任意位置右击，在弹出的快捷菜单中选择"插入>模块"命令，或在"标准"工具栏中单击"模块"按钮，或选择"插入>模块"菜单命令，将一个模块添加到工程中。

（4）在"插入"菜单中选择"过程"命令，打开图 5-8 所示的"添加过程"对话框。在对话框中输入"显示消息框"作为过程名。在"类型"选项组中选择"子程序"单选按钮。单击"确定"按钮。这样一个新的过程就添加到模块中了。

（5）在过程中输入语句，得到下面的代码段：

```
Public Sub 显示消息框()
  Msgbox "这是一个测试用的过程"
End Sub
```

在输入 Msgbox 命令过程中，系统会自动提示有关参数信息。

要运行一个过程，可以使用"运行"菜单中的"运行子程序/用户窗体"命令，也可以使用工具栏按钮或按 F5 快捷键。

模块与过程随工作簿一起保存。在工作簿窗口可以通过"文件"选项卡保存工作簿，保存类型应为"Excel 启用宏的工作簿"。

5.4.2　子程序

每个子程序都以 Sub 开头，End Sub 结尾。

语法格式如下：

```
[Public|Private] Sub 子程序名([<参数>])
   [<语句组>]
   [Exit Sub]
   [<语句组>]
End Sub
```

Public 关键字可以使子程序在所有模块中有效。Private 关键字使子程序只在本模块中有效。如果没有指定，默认情况是 Public。

子程序可以带参数。

Exit Sub 语句的作用是退出子程序。

【例 5-7】 下面是一个求矩形面积的子程序。它带有两个参数 L 和 W，分别表示矩形的长和宽。

```
Sub mj(L, W)
  If L = 0 Or W = 0 Then Exit Sub
  MsgBox L * W
End Sub
```

上述子程序首先判断两个参数，如果任意一个参数值为零，则直接退出子程序，不做任何操作。否则，计算出矩形面积 L*W，并将面积显示出来。

调用子程序用 Call 语句。对上述子程序执行

```
Call mj(8,9)
```

其输出结果为 72。而执行

```
Call mj(8,0)
```

则不输出任何结果。

Call 语句用来调用一个 Sub 过程。语法形式如下：

```
[Call] <过程名> [<参数列表>]
```

其中，关键字 Call 可以省略。如果指定了这个关键字，则<参数列表>必须加上括号。如果省略 Call 关键字，也必须要省略<参数列表>外面的括号。

因此，Call mj(8,9)可以改为 mj 8,9

【例 5-8】 输出"玫瑰花数"。

所谓"玫瑰花数"，也叫"水仙花数"，指一个三位数，其各位数字立方和等于该数本身。

进入 Excel，在 VB 编辑环境中，插入一个模块，创建如下子程序过程：

```
Sub 玫瑰花数()
  c = 1
  For n = 100 To 999
    i = n \ 100
```

```
    j = n \ 10 - i * 10
    k = n Mod 10
    If (n = i * i * i + j * j * j + k * k * k) Then
      Cells(1, c) = n
      c = c + 1
    End If
  Next
End Sub
```

上述子程序首先用赋值语句设置列号变量 c 的初值为 1。

然后用循环语句对所有三位数，分别取出百、十、个位数字保存到变量 i、j、k 中，如果各位数字立方和等于该数本身，则将该数填写到当前工作表第 1 行 c 列单元格，并调整列号 c。

其中：

n\100，将 n 除以 100 取整，得到百位数；

n\10–i*10，得到十位数；

n Mod 10，将 n 除以 10 取余，得到个位数。

Cells(1，c)表示 1 行 c 列单元格对象。

赋值语句 Cells(1, c) = n 设置该单元格对象的 Value 属性值为 n。Value 是单元格对象的默认属性，可以省略不写。

在 Visual Basic 编辑器中，按 F5 键运行这个程序后，在当前工作表中得到图 5-9 所示的结果。

	A	B	C	D	E
1	153	370	371	407	

图 5-9　在工作表中输出的"玫瑰花数"

5.4.3　自定义函数

VBA 提供了大量的内置函数。例如字符串函数 Mid、统计函数 Max 等。在编程时可以直接引用，非常方便。但有时也需要按自己的要求编写函数，即自定义函数。

用 Function 语句可以定义函数，其语法形式如下：

```
[Public|Private] Function 函数名([<参数>]) [As 数据类型]
  [<语句组>]
  [函数名=<表达式>]
  [Exit Function]
  [<语句组>]
  [函数名=<表达式>]
End Function
```

定义函数时用 Public 关键字，则所有模块都可以调用它。用 Private 关键字，函数只可用于同一模块。如果没有指定，则默认为 Public。

函数名末尾可使用 As 子句来声明返回值的数据类型，参数也可指定数据类型。若省略数据类型说明，系统会自动根据赋值确定。

Exit Function 语句的作用是退出 Function 过程。

下面这个自定义函数可以求出半径为 R 的圆的面积：

```
Public Function area(R As Single) As Single
  area = 3.14 * R ^ 2
End Function
```

该函数也可简化为：

```
Function area(R)
  area = 3.14 * R ^ 2
End Function
```

如果要计算半径为 5 的圆的面积，可调用函数 area(5)。假设 A 是一个已赋值为 3 的变量，area(A+5)将求出半径为 8 的圆的面积。

【例 5-9】 求最大公约数。

下面编写一个 VBA 程序，对给定的任意两个正整数，求它们的最大公约数。

求最大公约数的方法有多种，这里使用一种被称为“辗转相除”的方法。用两个数中较大的数除以较小的数取余，如果余数为零，则除数即为最大公约数；若余数大于零，则将原来的除数作为被除数，余数作为除数，再进行相除、取余操作，直至余数为零。

可以在 Excel 中编写一个自定义函数，求两个数的最大公约数，并在工作表中测试这个函数。

（1）设计工作表

创建一个 Excel 工作簿，保存为“求最大公约数.xlsm”。

在 Sheet1 工作表的 A、B、C 列创建一个表格，设置表头、边框线，及最适合的列宽、行高，输入一些用于测试的数据。得到图 5-10 所示的界面。

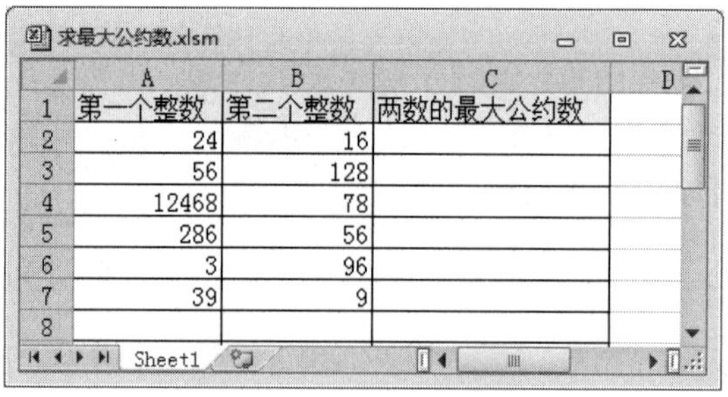

	A	B	C	D
1	第一个整数	第二个整数	两数的最大公约数	
2	24	16		
3	56	128		
4	12468	78		
5	286	56		
6	3	96		
7	39	9		
8				

图 5-10 工作表界面

（2）编写自定义函数

进入 VB 编辑环境，插入一个模块，编写一个自定义函数 hcf，代码如下：

```
Function hcf(m, n)
  If m < n Then
    t = m: m = n: n = t      '让大数在 m、小数在 n 中
  End If
```

```
  r = m Mod n                  '对 m 和 n 取模，结果放到 r 中
  Do While r > 0               '辗转相除
    m = n
    n = r
    r = m Mod n
  Loop
  hcf = n                      '返回最大公约数 n
End Function
```

上述自定义函数的两个形参 m 和 n，为要求最大公约数的两个正整数。

在函数体中，首先对两个形参进行判断，让大数在 m 中、小数在 n 中。其实，这个判断过程是可以省略的，因为即便 m 小于 n，第一轮循环后，m 也会自动与 n 互换位置。

然后，用 m 除以 n 得到余数 r。如果余数 r 大于零，则将原来的除数 n 作为被除数 m，余数 r 作为除数 n，再重复上述过程，直到余数 r=0 为止。此时，除数 n 就是最大公约数，作为函数值返回。

（3）测试自定义函数

函数 hcf 定义后，在当前工作表的 C2 单元格输入公式“=hcf(A2,B2)”，如图 5-11 所示。按 Enter 键后得到结果 8，即 24 和 16 的最大公约数为 8。

将 C2 单元格的公式向下填充到 C7 单元格，将会得到其余几组数值的最大公约数，如图 5-12 所示。

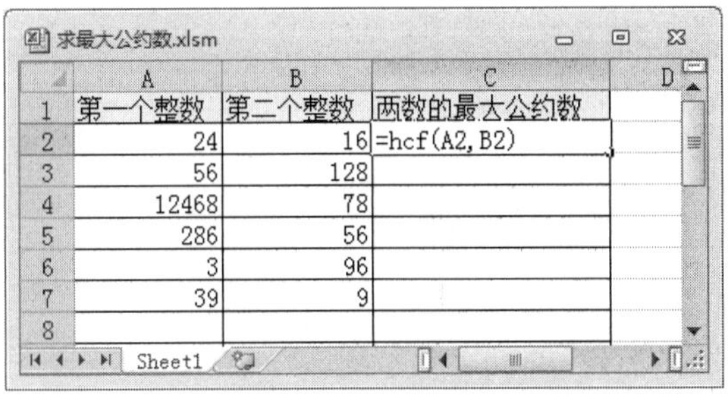

	A	B	C	D
1	第一个整数	第二个整数	两数的最大公约数	
2	24	16	=hcf(A2,B2)	
3	56	128		
4	12468	78		
5	286	56		
6	3	96		
7	39	9		
8				

图 5-11　在 C2 单元格输入公式

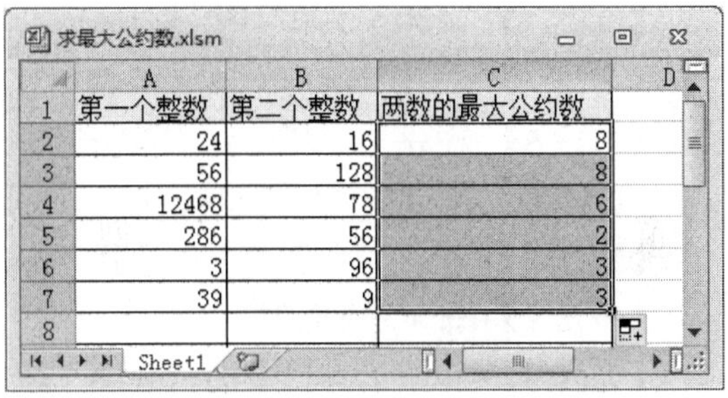

	A	B	C	D
1	第一个整数	第二个整数	两数的最大公约数	
2	24	16	8	
3	56	128	8	
4	12468	78	6	
5	286	56	2	
6	3	96	3	
7	39	9	3	
8				

图 5-12　将 C2 单元格公式填充到 C7

下面，对 Do…Loop 语句进一步说明。

Do…Loop 语句提供了一种结构化与适应性更强的方法来执行循环。

它有以下两种形式：

```
（1）Do[{While|Until}<条件>]
       [<过程语句>]
       [Exit Do]
       [<过程语句>]
     Loop
（2）Do
       [<过程语句>]
       [Exit Do]
       [<过程语句>]
     Loop [{While|Until}<条件>]
```

上述格式中，While 和 Until 的作用正好相反。使用 While，当<条件>为 True 时继续循环。使用 Until，当<条件>为 True 时，结束循环。

把 While 或 Until 放在 Do 子句中，则先判断后执行。把一个 While 或 Until 放在 Loop 子句中，则先执行后判断。

5.4.4　代码调试

1．代码的运行、中断和继续

在 VB 编辑环境中运行一个子程序过程或用户窗体，有以下几种方法：

【方法 1】　选择"运行"菜单中的"运行子过程/用户窗体"命令。

【方法 2】　单击工具栏中的"运行子过程/用户窗体"按钮。

【方法 3】　用 F5 快捷键。

在执行代码时，可能会由于以下原因而中断执行：

（1）发生运行时错误。

（2）遇到一个断点或 Stop 语句。

（3）人为中断执行。

如果要人为中断执行，可用以下几种方法：

【方法 1】　选择"运行"菜单中的"中断"命令。

【方法 2】　用 Ctrl+Break 快捷键。

【方法 3】　单击工具栏中的"中断"按钮。

【方法 4】　选择"运行"菜单中的"重新设置"命令。

【方法 5】　单击工具栏中的"重新设置"按钮。

要继续执行，可用以下几种方法：

【方法 1】　在"运行"菜单中选择"继续"命令。

【方法 2】　按 F5 快捷键。

【方法 3】　单击工具栏中的"继续"按钮。

2．跟踪代码的执行

为了分析代码，查找逻辑错误原因，需要跟踪代码的执行。跟踪的方式有以下几种：

（1）逐语句。跟踪代码的每一行，并逐语句跟踪过程。这样就可查看每个语句对变量的影响。

（2）逐过程。将每个过程当成单个语句。使用它代替"逐语句"以跳过整个过程调用，而不是进入调用的过程。

（3）运行到光标处。允许在代码中选定想要中断执行的语句。这样就允许"逐过程"执行代码区段，例如循环。

要跟踪执行代码，可以在"调试"菜单中选择"逐语句""逐过程""运行到光标处"命令，或使用相应的快捷键（F8、Shift+F8、Ctrl+F8）。

在跟踪过程中，只要将鼠标指针移到任意一个变量名上，就可以看到该变量当时的值，由此分析程序是否有错。也可以选择需要的变量，添加到监视窗口进行监视。

3. 设置与清除断点

若估计代码的某处可能存在问题，可在特定语句上设置一个断点以中断程序的执行，不需要中断时再清除断点。

将光标定位在需要设置断点的代码行，然后用以下方法可以设置或清除断点：

【方法1】　在"调试"菜单中选择"切换断点"命令。

【方法2】　按 F9 快捷键。

【方法3】　在对应代码行的左边界标识条上单击。

以上方法均会在代码行和左边界标识条上设置断点标记。清除断点则标记消失。

如果在一个包含多个语句的（用冒号分隔的）行上面设置一个断点，则中断会发生在程序行的第一个语句。

要清除应用程序中的所有断点，可在"调试"菜单中选择"清除所有断点"命令。

5.5　工作簿、工作表和单元格

在实际应用中，经常要对 Excel 工作簿、工作表、单元格区域进行操作。本节介绍用 VBA 代码对它们进行操作的方法，之后给出一个自动生成年历的应用案例。

5.5.1　工作簿和工作表操作

利用 VBA 代码新建工作簿，可使用 Add 方法。

【例 5-10】　下述过程创建一个新的工作簿，系统自动将该工作簿命名为"工作簿 N"，其中"N"是一个序号。新工作簿将成为活动工作簿。

```
Sub AddOne()
  Workbooks.Add
End Sub
```

新建工作簿时，最好将其分配给一个对象变量，以便控制新工作簿。

【例 5-11】　下述过程将 Add 方法返回的工作簿对象分配给对象变量 NewBook。然后，对 NewBook 进行操作。

```
Sub AddNew()
  Set NewBook = Workbooks.Add
  NewBook.SaveAs Filename:="Test.xlsx"
End Sub
```

其中，Set 语句用来为对象变量赋值。

用 Open 方法可以打开一个工作簿。

【例 5-12】　下述过程打开 D 盘根目录中的 Test.xlsx 工作簿。

```
Sub OpenUp()
  Workbooks.Open ("D:\Test.xlsx")
End Sub
```

工作簿中每个工作表都有一个编号，它是分配给工作表的连续数字，按工作表标签位置从左到右编排序号。利用编号可以实现对工作表的引用。

【例 5-13】 下述过程激活当前工作簿上的第 1 张工作表。

```
Sub FirstOne()
  Worksheets(1).Activate
End Sub
```

也可以使用 Sheets 引用工作表。

【例 5-14】 下述过程激活工作簿中的第 4 张工作表。

```
Sub FourthOne()
  Sheets(4).Activate
End Sub
```

注意： 如果移动、添加或删除工作表，则工作表编号顺序将会更改。

还可以通过名称来标识工作表。

下面这条语句激活工作簿中的 Sheet1 工作表。

```
Worksheets("Sheet1").Activate
```

5.5.2 单元格和区域的引用

在 Excel 中，经常要指定单元格或单元格区域，然后对其进行某些操作，如输入公式、更改格式等。

Range 对象既可表示单个单元格，也可表示单元格区域。下面是标识和处理 Range 对象的常用方法。

1. 用 A1 样式记号引用单元格和区域

Range 对象中有一个 Range 属性。使用 Range 属性可引用 A1 样式的单元格或单元格区域。

【例 5-15】 下面的程序将工作表"Sheet1"的单元格区域 A1:D5 的字体设置为加粗。

```
Sub test()
  Sheets("Sheet1").Range("A1:D5").Font.Bold = True
End Sub
```

表 5-5 给出了使用 Range 属性的 A1 样式引用示例。

表 5-5 使用 Range 属性的 A1 样式引用示例

引　　用	含　　义
Range("A1")	单元格 A1
Range("A1:B5")	从单元格 A1 到单元格 B5 的区域
Range("C5:D9,G9:H16")	多块选定区域
Range("A:A")	A 列
Range("1:1")	第 1 行

续表

引　用	含　义
Range("A:C")	从 A 列到 C 列的区域
Range("1:5")	从第 1 行到第 5 行的区域
Range("1:1,3:3,8:8")	第 1 行、第 3 行和第 8 行
Range("A:A,C:C,F:F")	A、C 和 F 列

可用方括号将 A1 引用样式或命名区域括起来，作为 Range 属性的快捷方式。这样就不必键入单词 Range 和引号了。

【例 5-16】 下面的程序可清除工作表"Sheet1"的单元格区域"A1:B5"的内容。

```
Sub ClearRange()
  Worksheets("Sheet1").[A1:B5].ClearContents
End Sub
```

如果将对象变量设置为 Range 对象，则可通过变量引用单元格区域。

【例 5-17】 下述过程创建了对象变量 myRange，并将活动工作簿中 Sheet1 的单元格区域 A1:D5 赋予该变量。随后的语句用该变量代替该区域对象，填充随机函数值并设置该区域的格式。

```
Sub Random()
  Dim myRange As Range
  Set myRange = Worksheets("Sheet1").Range("A1:D5")
  myRange.Formula = "=RAND()"
  myRange.Font.Bold = True
End Sub
```

2. 用行列编号引用单元格

Range 对象有一个 Cells 属性，该属性返回代表单元格的 Range 对象。可以使用 Cells 属性的行列编号来引用单元格。

【例 5-18】 在下面的程序中，Cells(6,1)返回 Sheet1 的 6 行 1 列单元格（即 A6 单元格），然后将 Value 属性设置为 10。

```
Sub test()
  Worksheets("Sheet1").Cells(6, 1).Value = 10
End Sub
```

【例 5-19】 下面的程序用变量替代编号，在单元格区域中循环处理。将 Sheet1 工作表第 3 列的 1～20 行单元格填入自然数 1～20。

```
Sub test()
  Dim Cnt As Integer
  For Cnt = 1 To 20
    Worksheets("Sheet1").Cells(Cnt, 3).Value = Cnt
  Next Cnt
```

```
End Sub
```

如果对工作表应用 Cells 属性时不指定编号，则该属性将返回代表工作表所有单元格的 Range 对象。

【**例 5-20**】下述过程将清除活动工作簿中 Sheet1 的所有单元格的内容。

```
Sub ClearSheet()
  Worksheets("Sheet1").Cells.ClearContents
End Sub
```

Range 对象也可以由 Cells 属性指定区域。例如，Range(Cells(1,1),Cells(6,6))表示当前工作表由 1 行 1 列到 6 行 6 列所构成的区域。

3. 引用行和列

用 Rows 或 Columns 属性可以引用整行或整列。这两个属性返回代表单元格区域的 Range 对象。

【**例 5-21**】下面的程序用 Rows(1)返回 Sheet1 的第 1 行，然后将单元格区域的 Font 对象的 Bold 属性设置为 True。

```
Sub test()
  Worksheets("Sheet1").Rows(1).Font.Bold = True
End Sub
```

表 5-6 列举了 Rows 和 Columns 属性的几种用法。

表 5-6　Rows 和 Columns 属性的应用示例

引　　用	含　　义	引　　用	含　　义
Rows(1)	第 1 行	Columns("A")	第 1 列
Rows	工作表上所有的行	Columns	工作表上所有的列
Columns(1)	第 1 列		

若要同时处理若干行或列，可创建一个对象变量并使用 Union 方法将 Rows 或 Columns 属性的多个调用组合起来。

【**例 5-22**】下面的程序将活动工作簿中 Sheet 1 的第 1 行、第 3 行和第 5 行的字体设置为加粗。

```
Sub SeveralRows()
  Dim myUn As Range
  Worksheets("Sheet1").Activate
  Set myUn = Union(Rows(1), Rows(3), Rows(5))
  myUn.Font.Bold = True
End Sub
```

4. 引用命名区域

为了通过名称来引用单元格区域，首先要对区域命名。方法是选定单元格区域后，单击编辑栏左端的名称框，键入名称后，按 Enter 键。

【例 5-23】　下面的程序将当前工作表中名为"AA"的单元格区域内容设置为 30。

```
Sub SetValue()
    [AA].Value = 30
End Sub
```

【例 5-24】下面的程序用 For Each…Next 循环语句在命名区域中的每个单元格上循环。如果该区域中的某个单元格的值超过 25，就将该单元格的颜色更改为黄色。

```
Sub ApplyColor()
  Const Limit As Integer = 25
  For Each c In Range("AA")
    If c.Value > 25 Then
        c.Interior.ColorIndex = 27
    End If
  Next c
End Sub
```

For Each…Next 语句针对一个数组或集合中的每个元素（可以把 Excel 工作表区域单元格作为集合的元素），重复执行一组语句。语法形式如下：

```
For Each <元素> In <集合或数组>
  [<语句组>]
  [Exit For]
  [<语句组>]
Next [<元素>]
```

其中，<元素>是用来遍历集合或数组中所有元素的变量。

如果集合或数组中至少有一个元素，就会进入 For…Each 的循环体执行。一旦进入循环，便针对集合或数组中每个元素执行循环体中的所有语句。当集合或数组中的所有元素都执行完了，便会退出循环，执行 Next 之后的语句。

可以在循环体中的任何位置放置 Exit For 语句，退出循环。

5. 相对引用与多区域引用

处理相对于某个单元格的其他单元格的常用方法是使用 Offset 属性。

【例 5-25】　下面的程序将位于活动工作表活动单元格下 1 行和右 3 列的单元格设置为双下画线格式。

```
Sub Underline()
  ActiveCell.Offset(1, 3).Font.Underline = xlDouble
End Sub
```

通过在两个或多个引用之间放置逗号，可使用 Range 属性引用多个单元格区域。

【例 5-26】　下面的过程清除当前工作表上 3 个区域的内容。

```
Sub ClearRanges()
  Range("C5:D9,G9:H16,B14:D18").ClearContents
```

```
End Sub
```

假如上述 3 个区域分别被命名为 MyRange、YourRange 和 HisRange，则也可用下面的语句清除当前工作表这 3 个区域的内容。

```
Range("MyRange,YourRange,HisRange").ClearContents
```

用 Union 方法可将多个单元格区域组合到一个 Range 对象中。

【例 5-27】 下面的过程创建了名为 myMR 的 Range 对象，并将其定义为单元格区域 A1:B2 和 C3:D4 的组合，然后将该组合区域的字体设置为加粗。

```
Sub MRange()
  Dim r1, r2, myMR As Range
  Set r1 = Sheets("Sheet1").Range("A1:B2")
  Set r2 = Sheets("Sheet1").Range("C3:D4")
  Set myMR = Union(r1, r2)
  myMR.Font.Bold = True
End Sub
```

5.5.3　对单元格和区域的操作

知道如何引用单元格和区域后，就可以对它们进行操作了。下面介绍选定和激活单元格、处理活动单元格、在单元格区域中循环等方法。

1.选定和激活单元格

使用 Excel 时，有时要选定单元格或区域，然后执行某一操作。例如设置单元格的格式或在单元格中输入数值等。

用 Select 方法可以选中工作表和工作表上的对象，而 Selection 属性则可返回代表活动工作表上的当前选定的区域对象。

宏录制器经常创建使用 Select 方法和 Selection 属性的宏。下述子程序过程是用宏录制器创建的，其作用是在工作表 Sheet1 的 A1 和 B1 单元格输入文字"姓名"和"地址"，并设置为粗体。

```
Sub 宏 1()
    Sheets("Sheet1").Select
    Range("A1").Select
    ActiveCell.FormulaR1C1 = "姓名"
    Range("B1").Select
    ActiveCell.FormulaR1C1 = "地址"
    Range("A1:B1").Select
    Selection.Font.Bold = True
End Sub
```

完成同样的任务，也可以使用下面过程：

```
Sub Labels()
  With Worksheets("Sheet1")
```

```
    .Range("A1") = "姓名"
    .Range("B1") = "地址"
    .Range("A1:B1").Font.Bold = True
  End With
End Sub
```

第二种方法没有选定工作表或单元格，因而效率更高。

在 VBA 程序中，使用单元格之前，既可以先选中它们，也可以不经选中而直接进行某些操作。

【例 5-28】　要用 VBA 程序在单元格 D8 中输入公式，不必先选定单元格 D8，而只需要将 Range 对象的 Formula 属性设置为需要的公式。代码如下：

```
Sub EnterFormula()
  Range("D8").Formula = "=SUM(D1:D7)"
End Sub
```

可用 Activate 方法激活工作表或单元格。

【例 5-29】　下述过程选定了一个单元格区域，然后激活该区域内的一个单元格，但并不改变选定区域。

```
Sub MakeActive()
  Worksheets("Sheet1").Activate
  Range("A1:D4").Select
  Range("B2").Activate
End Sub
```

2. 处理活动单元格

ActiveCell 属性返回代表活动单元格的 Range 对象。可对活动单元格应用 Range 对象的任何属性和方法。例如，语句 ActiveCell.Value = 35 将当前工作表活动单元格的内容设置为 35。

用 Activate 方法可以指定活动单元格。

【例 5-30】　下述过程激活 Sheet1 工作表，并使单元格 B5 成为活动单元格，然后将其字体设置为加粗。

```
Sub SetA()
  Worksheets("Sheet1").Activate
  Range("B5").Activate
  ActiveCell.Font.Bold = True
End Sub
```

注意：选定区域用 Select 方法，激活单元格用 Activate 方法。

【例 5-31】　下述过程在选定区域内的活动单元格中插入文本，然后通过 Offset 属性将活动单元格右移一列，但并不更改选定区域。

```
Sub MoveA()
```

```
    Worksheets("Sheet1").Activate
    Range("A1:D10").Select
    ActiveCell.Value = "姓名"
    ActiveCell.Offset(0, 1).Activate
End Sub
```

CurrentRegion 属性返回由空白行和空白列所包围的单元格区域。

【例 5-32】 下面的程序将选定区域扩充到与活动单元格相邻的包含数据的单元格中。其中，CurrentRegion 属性返回由空白行和空白列包围的单元格区域。

```
Sub Region()
    Worksheets("Sheet1").Activate
    ActiveCell.CurrentRegion.Select
End Sub
```

3. 在单元格区域中循环

在 VBA 程序中，经常需要对区域内的每个单元格进行同样的操作。为达到这一目的，可使用循环语句。

在单元格区域中循环的一种方法是将 For…Next 循环语句与 Cells 属性配合使用。使用 Cells 属性时，可用循环计数器或其他表达式来替代单元格的行、列编号。

【例 5-33】 下述过程在单元格区域 C1:C20 中循环，将所有绝对值小于 10 的数字都设置为红色。其中用变量 cnt 代替行号。

```
Sub test()
  For cnt = 1 To 20
    Set curc = Worksheets("sheet1").Cells(cnt, 3)        '设置对象变量
    curc.Font.ColorIndex = 0                             '先置成黑色
    If Abs(curc.Value) < 10 Then curc.Font.ColorIndex = 3 '若小于 10 则改成红色
  Next cnt
End Sub
```

很多时候，需要用 VBA 程序求出 Excel 数据区尾端的行号和列号。

求数据区尾端行号常用的方法有以下几种：

```
r = Range("A1").End(xlDown).Row            '求 A1 单元格数据区尾端行号
r = Cells(1, 1).End(xlDown).Row            '求 A1 单元格数据区尾端行号
r = Range("A1048576").End(xlUp).Row        '求 A 列数据区尾端行号
r = Cells(1048576, 1).End(xlUp).Row        '求 A 列数据区尾端行号
r = Columns(1).End(xlDown).Row             '求 A 列数据区尾端行号
```

求数据区尾端列号常用的方法有以下几种：

```
c = Range("A1").End(xlToRight).Column      '求 A1 单元格数据区尾端列号
c = Cells(1, 1).End(xlToRight).Column      '求 A1 单元格数据区尾端列号
c = Cells(1, 16384).End(xlToLeft).Column   '求第 1 行数据区尾端列号
c = Rows(1).End(xlToRight).Column          '求第 1 行数据区尾端列号
```

在单元格区域中循环的另一种简便方法是使用 For Each…Next 循环语句和由 Range 属性指定的单元格集合。

【例 5-34】 下述过程在单元格区域 A1:D10 中循环，将所有绝对值小于 10 的数字都设置为红色。

```
Sub test()
  For Each c In Worksheets("Sheet1").Range("A1:D10")
    If Abs(c.Value) < 10 Then c.Font.ColorIndex = 3
  Next
End Sub
```

如果不知道要循环的区域边界，可用 CurrentRegion 属性返回活动单元格周围的数据区域。

【例 5-35】下述过程在当前工作表上运行时，将在活动单元格周围的数据区域内循环，将所有绝对值小于 10 的数字都设置为红色。

```
Sub test()
  For Each c In ActiveCell.CurrentRegion
    If Abs(c.Value) < 10 Then c.Font.ColorIndex = 3
  Next
End Sub
```

5.5.4　自动生成年历

下面给出一个在 Excel 中生成年历的程序，它可为任意指定的年份生成完整的年历，结果如图 5-13 所示。

首先，创建一个 Excel 工作簿，在任意一个工作表中，按图 5-13 所示的样式设置单元格区域的字体、字号、字体颜色、填充颜色、边框、列宽、行高等格式。

然后，进入 VB 编辑环境，插入一个模块，在模块中编写一个"生成年历"子程序，代码如下：

```
Sub 生成年历()
  '指定年份
  y = InputBox("请指定一个年份：")
  '清除原有内容
  Range("1:1,4:11,14:21,24:31,34:41").ClearContents
  '设置标题
  Cells(1, 1) = y & "年历"
  '将每个月的天数存放到数组 dm（下标从 0 开始）
  Dim dm As Variant
  dm = Array(31, 28, 31, 30, 31, 30, 31, 31, 30, 31, 30, 31)
  '处理闰年，修正 2 月份天数
  If ((y Mod 400 = 0) Or (y Mod 4 = 0 And y Mod 100 <> 0)) Then
    dm(1) = 29
  End If
```

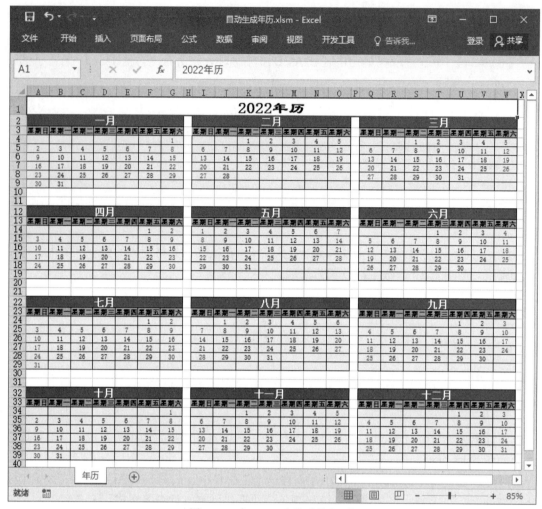

图 5-13   在 Excel 中生成的年历

```
For m = 0 To 11
  '计算每月第一天的星期数（1日、2一、3二、4三、5四、6五、7六）
  d = DateSerial(y, m + 1, 1)
  w = Weekday(d)
  '计算每月起始的行号和列号
  r = (m \ 3) * 10 + 4
  c = (m Mod 3) * 8
  '排出一个月的日期
  For d = 1 To dm(m)
    Cells(r, c + w) = d
    w = w + 1
    If w > 7 Then
      w = 1
      r = r + 1
    End If
  Next
```

```
    Next
  End Sub
```

上述程序首先用 InputBox 函数输入一个年份送给变量 y，清除表格中原有的内容，设置年历标题。然后将每个月的天数存放到数组 dm（下标从 0 开始），如果是闰年，则将 2 月份天数修正为 29。最后用循环语句将 12 个月的数据填充到相应的单元格。

在填充每个月的数据时，先用函数 DateSerial 生成该月第 1 天的日期型数据，用函数 Weekday 计算该日期是星期几，保存到变量 w 中。这里用 1 表示星期日、2 表示星期一、3 表示星期二、4 表示星期三、5 表示星期四、6 表示星期五、7 表示星期六。然后计算该月份数据在工作表中的起始行号和列号，并根据起始行、列号和变量 w 的值依次填写该月的日期。

5.6　工作表函数与图形

本节先介绍在 VBA 程序中使用 Excel 工作表函数和处理图形对象的方法，之后给出两个应用案例。

5.6.1　在 VBA 中使用 Excel 工作表函数

直接在 Excel 编辑栏中输入的函数叫工作簿函数，其在 VBA 中使用时则被称为工作表函数（Worksheet Function）。

在 VBA 程序中，可以使用大多数 Excel 工作簿函数。各函数功能、参数和用法等详细内容可参考帮助信息。

1. 在 VBA 中调用工作表函数

在 VBA 程序中，通过 WorksheetFunction 对象可使用 Excel 工作表函数。

【例 5-36】　以下 Sub 过程使用 Min 工作表函数求出某个区域中的最小值。

在这段程序中，先将变量 myR 声明为 Range 对象，然后将其设置为 Sheet1 的 A1:C10 单元格区域。指定另一个变量 answer 为对 myR 应用 Min 函数的结果。最后将 answer 的值显示在消息框中。

```
Sub UF()
  Dim myR As Range
  Set myR = Worksheets("Sheet1").Range("A1:C10")
  answer = Application.WorksheetFunction.Min(myR)
  MsgBox answer
End Sub
```

注意：VBA 函数和 Excel 工作表函数可能同名，但作用和引用方式是不同的。例如，工作表函数 Log 和 VBA 函数 Log 是两个不同的函数。

2. 在单元格中插入工作表函数

若要在单元格中插入工作表函数，需指定函数作为相应的 Range 对象的 Formula 属性值。

【例 5-37】 以下程序将 RAND 工作表函数（可生成随机数）赋给活动工作簿 Sheet1 上 A1:B3 区域的 Formula 属性。

```
Sub Fml()
  Worksheets("Sheet1").Range("A1:B3").Formula = "=RAND()"
End Sub
```

5.6.2　处理图形对象

图形对象包括 3 种类型：Shapes 集合、ShapeRange 集合和 Shape 对象。

通常，用 Shapes 集合可创建和管理图形，用 Shape 对象可修改单个图形或设置属性，用 ShapeRange 集合可同时管理多个图形。

若要设置图形的属性，必须先返回代表一组相关图形属性的对象，然后设置对象的属性。

【例 5-38】 下面的程序先使用 Fill 属性返回 FillFormat 对象，该对象包含指定图表或图形的填充格式属性。然后再使用 FillFormat 对象的 ForeColor 属性来设置指定图形的前景色。

```
Sub test()
  Worksheets(1).Shapes(1).Fill.ForeColor.RGB = RGB(255, 0, 0)
End Sub
```

通过选定图形，然后使用 ShapeRange 属性来返回包含选定图形的 ShapeRange 对象，可创建包含工作表上所有 Shape 对象的 ShapeRange 对象。

【例 5-39】 下面的程序创建选定图形的 ShapeRange 对象，然后填充绿色。

注意：要先选中一个或多个图形。

```
Sub test()
  Set sr = Selection.ShapeRange
  sr.Fill.ForeColor.SchemeColor = 17
End Sub
```

【例 5-40】 假设在 Excel 当前工作簿的第 1 张工作表上创建了 2 个图形，并分别命名为 "Spa" 和 "Spb"。下面的程序在工作表上构造包含图形 "Spa" 和 "Spb" 的图形区域，并对这 2 个图形应用渐变填充格式。

```
Sub test()
  Set myD = Worksheets(1)
  Set myR = myD.Shapes.Range(Array("Spa", "Spb"))
  myR.Fill.PresetGradient msoGradientHorizontal, 1, msoGradientBrass
End Sub
```

在 Shapes 集合或 ShapeRange 集合中循环，也可以对集合中的单个 Shape 对象进行处理。

【**例 5-41**】　下面的程序在当前工作簿的第 1 张工作表上对所有图形进行循环，更改每个自选图形的前景色。

```
Sub test()
  Set myD = Worksheets(1)
  For Each sh In myD.Shapes
    If sh.Type = msoAutoShape Then
        sh.Fill.ForeColor.RGB = RGB(255, 0, 0)
    End If
  Next
End Sub
```

【**例 5-42**】　下面的程序对当前活动窗口中所有选定的图形构造一个 ShapeRange 集合，并设置每个选定图形的填充色。

注意：事先要选中一个或多个图形。

```
Sub test()
  For Each sh In ActiveWindow.Selection.ShapeRange
    sh.Fill.Visible = msoTrue
    sh.Fill.Solid
    sh.Fill.ForeColor.SchemeColor = 57
  Next
End Sub
```

5.6.3　多元一次方程组求解

下面在 Excel 中设计一个小软件，它可对任意一个多元一次方程组求解。

1．界面初始化程序设计

可以把任意一个多元一次联立方程组分为 3 部分：系数矩阵 a、向量 b、解向量 x。例如，二元一次联立方程式

$$\begin{cases} X+Y=16 \\ 2X+4Y=40 \end{cases}$$

上述的系数矩阵 a、向量 b、解向量 x 如图 5-14 所示。

a			b		x
1	1		16		12
2	4		40		4

图 5-14　系数矩阵 a、向量 b、解向量 x

为了便于输入任意一个多元一次联立方程组的系数矩阵 a、向量 b，输出解向量 x，需要在 Excel 工作表中设置单元格区域、清除原有数据，并进行必要的属性设置。可用下面的初始化子程序实现：

```
Sub init()
  '指定阶数 n
  n = InputBox("请输入方程组的阶数：")
```

```
'清除工作表内容和背景颜色
Cells.ClearContents
Cells.Interior.ColorIndex = xlNone
'设置系数矩阵标题及背景颜色
Cells(1, 1) = "A1"
Cells(1, 2) = "A2"
rg = "A1:" & Chr(64 + n) & 1
Cells(1, 1).AutoFill Destination:=Range(rg)
Range(rg).Interior.ColorIndex = 33
'设置向量 B 标题及背景颜色
Cells(1, n + 1) = "B"
Cells(1, n + 1).Interior.ColorIndex = 46
'设置解向量 X 标题及背景颜色
Cells(1, n + 2) = "X"
Cells(1, n + 2).Interior.ColorIndex = 43
'设置系数矩阵区域背景颜色
rg_a = "A2:" & Chr(64 + n) & (n + 1)
Range(rg_a).Interior.ColorIndex = 35
'设置向量 B 区域背景颜色
rg_b = Chr(64 + n + 1) & "2:" & Chr(64 + n + 1) & (n + 1)
Range(rg_b).Interior.ColorIndex = 36
'设置解向量 X 区域背景颜色
rg_x = Chr(64 + n + 2) & "2:" & Chr(64 + n + 2) & (n + 1)
Range(rg_x).Interior.ColorIndex = 34
End Sub
```

上述子程序首先用 InputBox 函数将方程的阶数指定给变量 n，清除工作表所有内容和背景颜色。然后设置系数矩阵 a、向量 b、解向量 x 标题及背景颜色。最后设置系数矩阵 a 区域、向量 b 区域、解向量 x 区域的背景颜色。其中用到了 AutoFill 方法进行序列数据自动填充。例如，当指定方程的阶数为 4 时，得到的界面如图 5-15 所示。

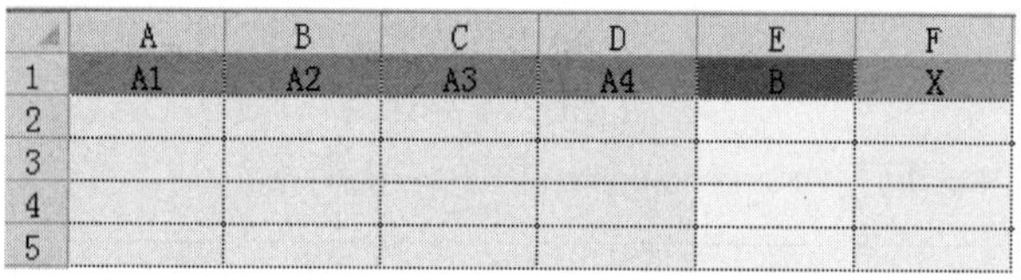

图 5-15   指定方程的阶数为 4 时的界面

2. 求解方程组程序设计

求解的原理很简单：先计算系数矩阵 a 的逆矩阵，再与向量 b 进行矩阵相乘就得到了向量 x。而矩阵求逆和相乘的功能可分别由工作表函数 MInverse 和 MMult 直接完成。

为了实现对任意一个多元一次方程组求解，还需要考虑方程组无解的情况，这可以通过检查系数矩阵的行列式值是否为零来判断。矩阵行列式求值可由工作表函数 MDeterm 来完成。

求解方程组子程序的具体代码如下：

```
Sub calc()
  n = Range("A1").End(xlDown).Row - 1              '方程的阶数
  rg_a = "A2:" & Chr(64 + n) & (n + 1)             '系数矩阵区域
  rg_b = Chr(64+n+1) & "2:" & Chr(64 + n + 1) & (n + 1)    '向量 B 区域
  rg_x = Chr(64+n+2) & "2:" & Chr(64 + n + 2) & (n + 1)    '解向量 X 区域
  a = WorksheetFunction.MDeterm(Range(rg_a))       '求矩阵行列式的值
  If a = 0 Then
    MsgBox "方程组无解！"
  Else
    b = WorksheetFunction.MInverse(Range(rg_a))    '求矩阵的逆矩阵
    c = WorksheetFunction.MMult(b, Range(rg_b))    '求两矩阵乘积
    Range(rg_x).Value = c
  End If
End Sub
```

上述程序首先根据当前工作表有效数据区的行号求出方程的阶数 n，确定系数矩阵 a、向量 b、解向量 x 对应的单元格区域 rg_a、rg_b 和 rg_x。然后分别用工作表函数 MDeterm、MInverse 和 MMult 求矩阵行列式的值、逆矩阵和两矩阵乘积。最后将结果填写到解向量 x 对应的区域。

程序运行后的结果如图 5-16 和图 5-17 所示。

	A	B	C	D	E	F
1	A1	A2	A3	A4	B	X
2	1	1	1	1	5	1
3	1	2	-1	4	-2	2
4	2	-3	-1	-5	-2	3
5	3	1	2	11	0	-1

图 5-16　程序运行结果之一

	A	B	C	D
1	A1	A2	B	X
2	1	1	16	12
3	2	4	40	4

图 5-17　程序运行结果之二

5.6.4　创建动态三维图表

创建一个 Excel 工作簿，在第 1 张工作表中输入图 5-18 所示的数据。

选中 A3:D9 区域，在"插入"选项卡"图表"选项组中单击"柱形图"按钮，选择"三维柱形图"，将图表插入到当前工作表，如图 5-19 所示。

	A	B	C	D
1				
2				
3	年度	食品	服装	电器
4	2016年	3454	5554	6677
5	2017年	3450	4575	5678
6	2018年	4565	7667	8766
7	2019年	4557	6832	8766
8	2020年	5766	6543	9011
9	2021年	6900	7676	8766

图 5-18　创建图表需要的数据区

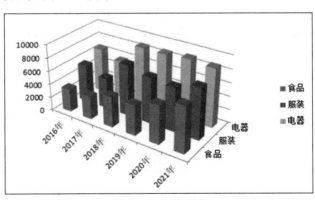

图 5-19　三维图表

进入 VB 编辑环境，编写如下子程序：

```
Sub 动态效果()
  Set Gbj = Sheets(1).ChartObjects(1).Chart
  RoSpeed = 0.3                        '设置步长
  For k = 0 To 35 Step RoSpeed         '正向旋转
    Gbj.Rotation = k: DoEvents
  Next
  For k = 0 To 45 Step RoSpeed         '正向仰角
    Gbj.Elevation = k: DoEvents
  Next
  For k = 35 To 0 Step RoSpeed * -1 '反向旋转
    Gbj.Rotation = k: DoEvents
  Next
  For k = 45 To 0 Step RoSpeed * -1 '反向仰角
    Gbj.Elevation = k: DoEvents
  Next
End Sub
```

上述程序首先将第 1 张工作表中第 1 个图表的图表区赋值给对象变量 Gbj，设置一个步长值并赋给变量 RoSpeed。然后分别用循环语句控制图表区进行正向旋转、正向仰角、反向旋转、反向仰角变换。其中，DoEvents 语句的作用是让出系统控制权，达到动态刷新图表的目的。

运行这个子程序将会看到图表的动态变化效果。

5.7　在工作表中使用控件

在 Excel 工作表中可以放置命令按钮、文本框、复选框、列表框等控件，也可以创建用户窗体，在用户窗体中放置需要的控件实现特定的功能。

本节介绍在 Excel 工作表中放置控件、设置控件属性以及用 VBA 程序对控件进行操作的方法。

在 Excel 2016 中，控件分为两种：表单控件和 ActiveX 控件。在"开发工具"选项卡"控件"选项组中单击"插入"按钮，可以看到图 5-20 所示的控件列表，其中上半部分为表单控件，下半部分为 ActiveX 控件。

图 5-20　控件列表

1. 表单控件

在 Excel 2016 中，表单控件有 12 个，其中 9 个是可以放到工作表上的控件，分别是：

Aa "标签"，表示静态文本。

"分组框"，用于组合其他控件。

"按钮"，用于运行宏命令。

"复选框"，是一个选择控件，通过单击可以选中和取消选中，可以多项选择。

"选项按钮"，通常几个组合在一起使用，在一组中只能选择一个选项按钮。

　　　"列表框"，用于显示多个选项供选择。

　　　"组合框"，用于显示多个选项供选择。可以选择其中的项目或者输入一个其他值。

　　　"滚动条"，是一种选择控制机制。包括水平滚动条和垂直滚动条。

　　　"数值调节钮"，是一种数值选择机制。通过单击控件的箭头来选择数值。

　　要将表单控件添加到工作表，可以单击需要的控件，待光标变成十字形状时，在当前工作表的适当位置按住鼠标左键并拖动，画出一个代表控件大小的矩形，大小满意后松开鼠标，这样一个控件就被添加到工作表上了。

　　右击控件，在弹出的快捷菜单中选择"设置控件格式"命令，可设置控件的格式。不同控件格式各不相同。

　　例如，滚动条控件的"设置控件格式"对话框中有一个"控制"选项卡，在"单元格链接"编辑框中输入或选中一个单元格地址，单击"确定"按钮后，再单击其他任意单元格，即可退出设计状态。接下来单击滚动条上的微调按钮，则指定单元格的数值会随之改变。

　　复选框控件的"设置控件格式"对话框中还有一个"控制"选项卡，在"单元格链接"编辑框中输入或选中一个单元格地址，单击"确定"按钮后，再单击其他单元格，即可退出设计状态。接下来单击复选框，对应的单元格出现 TRUE，表示该控件被选中，再次单击该控件，出现 FALSE，表示该控件未被选中。

　　创建控件时，Excel 会自动给它指定一个名字。为便于理解和记忆，可以给它重新起一个名字。要给控件改名，只需要右击选中控件，在弹出的快捷菜单中选择"编辑文字"命令，即可编辑控件名字。

　　右击控件，在弹出的快捷菜单中选择"指定宏"命令，可以为控件指定宏。这样在控件上单击就可以执行相应的 VBA 程序了。

2. ActiveX 控件

　　其中，"命令按钮"相当于表单控件的"按钮"，数值调节钮、复选框、选项按钮、列表框、组合框、滚动条、标签与表单控件作用相同。

　　　"文本框"用来输入或显示文本信息。

　　　"切换按钮"可以在"按下"和"抬起"两种状态中切换和锁定，不像普通"命令按钮"那样只能锁定一种状态，但作用与"命令按钮"相似。

　　　"图像"用来放置图片。

　　在"开发工具"选项卡的"控件"选项组中有一个"设计模式"按钮，它有两种状态：该按钮被按下时，工作表上的控件处于设计模式，可以对控件的属性、代码等进行设计；该按钮抬起时，工作表上的控件为运行模式，可执行代码，完成相应的动作。

　　在"开发工具"选项卡的"控件"选项组中单击"属性"按钮，可以打开"属性"窗口，设置或显示控件的属性。在设计模式下，右击某一控件，在弹出的快捷菜单中选择"属性"命令，也可以打开"属性"窗口，而且直接列出该控件的属性。

　　在"开发工具"选项卡的"控件"选项组中单击"查看代码"按钮，可以进入 VB 编辑环境，查看或编写控件的代码。在设计模式下，右击某一控件，在弹出的快捷菜单中选择"查看代码"命令，也可以直接查看或修改该控件的代码。

单击"其他控件"按钮 ▮▮，可以在列表框中选择更多的控件。

3. 在工作表上处理控件

Excel 中用 OLEObjects 集合的 OLEObject 对象代表 ActiveX 控件。若要用编程的方式向工作表添加 ActiveX 控件，可用 OLEObjects 集合的 Add 方法。

【例 5-43】 下面的程序向当前工作簿的第 1 张工作表添加命令按钮。

```
Sub acb()
  Worksheets(1).OLEObjects.Add "Forms.CommandButton.1", _
  Left:=200, Top:=200, Height:=20, Width:=100
End Sub
```

大多数情况下，VBA 代码可用名称引用 ActiveX 控件。例如，下面的语句可更改控件的标题。

```
Sheet1.CommandButton1.Caption = "运行"
```

下面的语句可设置控件的左侧定位。

```
Worksheets(1).OLEObjects("CommandButton1").Left = 10
```

下面的语句也可设置控件的标题。

```
Worksheets(1).OLEObjects("CommandButton1").Object.Caption = "run me"
```

工作表上的 ActiveX 控件具有两个名称。一个是可以在工作表"名称"框中看到的图形名称，另一个是可以在"属性"窗口中看到的代码名称。在控件的事件过程名称中使用的是控件代码名称，从工作表的 Shapes 或 OLEObjects 集合中返回控件时，使用的是图形名称。二者通常情况下保持一致。

例如，假定要向工作表中添加一个复选框，其默认的图形名称和代码名称都是 CheckBox1。如果在"属性"窗口中将控件名称改为 CB1，那么图形名称也会同时改为 CB1。此后，在事件过程名称中需用 CB1，也要用 CB1 从 Shapes 或 OLEObject 集合中返回控件，语句如下：

```
ActiveSheet.OLEObjects("CB1").Object.Value = 1
```

5.8   使用 Office 命令栏

在 Microsoft Office 中，工具栏、菜单栏和快捷菜单都可由同一种类型的对象进行编程控制，这类对象就是命令栏（CommandBar）。

通过 VBA 程序，可以为应用程序创建和修改自定义工具栏、菜单栏和快捷菜单栏，还可以为命令栏添加按钮、文字框、列表框和组合框等控件。

命令栏控件和 ActiveX 控件尽管具有相似的外观和功能，但两者并不相同。所以既不能在命令栏中添加 ActiveX 控件，也不能在文档或表格中添加命令栏控件。

5.8.1　自定义工具栏

利用 VBA 代码可以创建和修改工具栏。例如，改变按钮的状态、外观、功能，添加或修改组合框控件等。

每个按钮控件都有两种状态：按下状态（True）和未按下状态（False）。要改变按钮控件的状态，可为 State 属性赋予适当的值。也可以改变按钮的外观或功能。要改变按钮的外观而不改变其功能，可用 CopyFace 和 PasteFace 方法。CopyFace 方法将某个特殊按钮的图符复制到剪贴板，PasteFace 方法将按钮图符从剪贴板粘贴到指定的按钮上。要将按钮的动作改为自定义的功能，可为该按钮的 OnAction 属性指定一个自定义过程名。

表 5-7 列举了命令栏按钮常用的属性和方法。

表 5-7　命令栏按钮常用的属性和方法

属性或方法	说　　明
CopyFace	将指定按钮的图符复制到"剪贴板"上
PasteFace	将"剪贴板"上的图符粘贴到指定按钮上
Id	代表按钮内置函数的值
State	按钮的外观或状态
Style	按钮图符显示其图标还是显示其标题
OnAction	指定在单击按钮、显示菜单或更改组合框控件的内容时运行的过程
Visible	对象是否可见
Enabled	对象是否有效

1．改变按钮外观

【例 5-44】　创建包含一个命令按钮的命令栏，用代码改变命令栏按钮外观。

进入 Excel 的 VB 编辑环境，插入一个模块，在模块中输入如下 3 个过程：

```
Sub CreateCB()
  Set myBar = CommandBars.Add(Name:="cbt")
  myBar.Visible = True
  Set oldc = myBar.Controls.Add(Type:=msoControlButton, ID:=23)
  oldc.OnAction = "ChangeFaces"
End Sub
Sub ChangeFaces()
  Set newc = CommandBars.FindControl(Type:=msoControlButton, ID:=19)
  newc.CopyFace
  Set oldc = CommandBars("cbt").Controls(1)
  oldc.PasteFace
End Sub
Sub DelCB()
  CommandBars("cbt").Delete
End Sub
```

另创建两个窗体控件按钮，分别为"创建工具栏"——指定 CreateCB 过程；"删除工具栏"——指定 DelCB 过程，用来配合命令按钮的运行。

过程 CreateCB 首先用 Add 方法创建一个工具栏，命名为 cbt。然后让工具栏可见。接下来在工具栏中添加一个按钮，设置按钮的 ID 值为 23（对应于"打开"按钮）。最后通过命令栏按钮对象的 OnAction 属性，指定其执行的过程为 ChangeFace。

ChangeFace 过程首先找到 Excel 系统中 ID 为 19 的工具栏按钮，然后用 CopyFace 方法将该按钮的图符复制到"剪贴板"上，再用 PasteFace 方法将其粘贴到 cbt 工具栏的按钮上。这样就在运行时修改了命令栏按钮的外观。

过程 DelCB 用 Delete 方法删除工具栏 cbt。

运行 CreateCB 过程，Excel 功能区中会增加一个"加载项"选项卡，其中有一个"自定义工具栏"选项组，上面有一个按钮 📂。单击这个按钮，外观变为 📑。

运行 DelCB 过程，功能区上的"加载项"选项卡消失。

2. 使用图文按钮

【例 5-45】 创建一个自定义工具栏，添加两个图文型按钮。

创建一个 Excel 工作簿，进入 VB 编辑环境。在当前工程的 Microsoft Excel 对象中，双击 ThisWorkbook。在代码编辑窗口上方的"对象"下拉列表中，选择 Workbook，在"过程"下拉列表中选择 Open，对工作簿的 Open 事件编写如下代码：

```
Private Sub Workbook_Open()
  Set tbar = Application.CommandBars.Add(Temporary:=True)
  With tbar.Controls.Add(Type:=msoControlButton)
    .Caption = "统计"                    '按钮文字
    .FaceId = 16                         '按钮图符
    .Style = msoButtonIconAndCaption     '图文型按钮
    .OnAction = "tj"                     '执行的过程
  End With
  With tbar.Controls.Add(Type:=msoControlButton)
    .Caption = "增项"
    .FaceId = 12
    .Style = msoButtonIconAndCaption
    .OnAction = "zx"
  End With
  tbar.Visible = True
End Sub
```

当工作簿打开时，产生 Open 事件，执行上述代码。

这段代码首先创建一个自定义工具栏，设置临时属性（关闭当前工作簿后，工具栏自动删除）。然后在工具栏上添加两个图文型按钮，分别设置按钮的标题、图符和要执行的过程。

插入一个模块。在模块中编写以下两个过程：

```
Sub tj()
  MsgBox "统计功能！"
End Sub
```

```
Sub zx()
  MsgBox "增项功能！"
End Sub
```

这样，当打开该工作簿时，Excel 功能区中会自动出现一个"加载项"选项卡，其中有一个"自定义工具栏"选项组，上面有两个图文按钮 🅰️统计 和 ☰增项，单击按钮，可显示相应的提示信息。

3. 使用组合框

编辑框、列表框和组合框都是功能强大的控件，可以添加到 VBA 应用程序的工具栏中，这通常需要用 VBA 代码来完成。

要设计一个组合框，需要用到表 5-8 所示的属性和方法。

表 5-8　组合框常用的属性和方法

属性或方法	说　　明
Add	在命令栏中添加控件，可设置 Type 参数为：msoControlEdit、msoControlDropdown 或 msoControlComboBox
AddItem	在列表框或组合框中添加列表项
Caption	为组合框控件指定标签。Style 属性设置为 msoComboLabel，则该标签在控件旁显示
Style	确定指定控件的标题是否在该控件旁显示：msoComboLabel 显示；msoComboNormal 不显示
OnAction	指定当用户改变组合框控件的内容时要运行的过程

【例 5-46】　在自定义工具栏中添加一个组合框。

创建一个 Excel 工作簿，进入 VB 编辑环境，插入一个模块。在模块中，首先用下面的语句声明一个模块级对象变量 newCombo，用来表示自定义工具栏上的组合框。

```
Dim newCombo As Object
```

然后，编写如下过程：

```
Sub 创建工具栏()
  Set myBar = CommandBars.Add(Temporary:=True)
  myBar.Visible = True
  Set newCombo = myBar.Controls.Add(Type:=msoControlComboBox)
  With newCombo
    .AddItem "Q1"
    .AddItem "Q2"
    .AddItem "Q3"
    .AddItem "Q4"
    .Style = msoComboLabel
    .Caption = "请选择一个列表项："
    .OnAction = "stq"
  End With
End Sub
```

上述过程首先创建一个自定义工具栏，设置临时属性，使其可见。然后在工具栏中创建一个组合框，添加 4 个列表项，在旁边显示标题，指定当用户改变组合框控件的内容时要运行的过程 stq。

最后，编写 stq 过程如下：

```
Sub stq()
  k = newCombo.ListIndex
  MsgBox "选择了组合框的第" & k & "项！"
End Sub
```

上述子程序，通过模块级变量 newCombo 引用工具栏上的组合框，由组合框的 ListIndex 属性得到选项的序号，用 MsgBox 显示相应的信息。

运行"创建工具栏"过程，在 Excel 功能区中会自动出现一个"加载项"选项卡，其中有一个"自定义工具栏"选项组，上面有一个组合框，组合框的左边显示标题"请选择一个列表项："。在组合框中选择任意一个列表项，将会显示相应的提示信息。

5.8.2 选项卡及工具栏按钮控制

下面，创建一个具有 3 张工作表的 Excel 工作簿，通过 VBA 程序实现以下功能：

当工作簿打开时，自动创建一个临时自定义工具栏。工具栏上放置 1 个组合框、2 个按钮。选中第 1 张工作表时，激活功能区的"开始"选项卡；选中第 2 张工作表时，激活功能区的"加载项"选项卡，组合框和第 1 个按钮可用，第 2 个按钮不可用；选中第 3 张工作表时，激活功能区的"加载项"选项卡，组合框和第 2 个按钮可用，第 1 个按钮不可用。选择组合框的任意一个列表项，该列表项文本将被添加到当前单元格区域。单击两个按钮，分别显示不同的提示信息。

首先创建一个 Excel 工作簿，保存为"选项卡及工具栏按钮控制.xlsm"。

然后，在 VB 编辑环境中，单击工具栏中的"工程资源管理器"按钮，在当前工程中的"Microsoft Excel 对象"中双击"ThisWorkbook"，对当前工作簿进行编程。

在代码编辑窗口上方的"对象"下拉列表框中选择 Workbook，在"过程"下拉列表框中选择 Open，对工作簿的 Open 事件编写如下代码：

```
Private Sub Workbook_Open()
  Set tbar = Application.CommandBars.Add(Temporary:=True)
  Set combx1 = tbar.Controls.Add(Type:=msoControlComboBox)
  With combx1
    .Width = 200
    .DropDownLines = 8
    .OnAction = "fill"
    .AddItem ("信息科学技术")
    .AddItem ("软件工程")
    .AddItem ("电子信息工程")
  End With
  Set butt1 = tbar.Controls.Add(Type:=msoControlButton)
  With butt1
```

```
      .Caption = "各省学生人数"
      .Style = msoButtonCaption
      .OnAction = "gsrs"
    End With
    Set butt2 = tbar.Controls.Add(Type:=msoControlButton)
    With butt2
      .Caption = "教材发放情况"
      .Style = msoButtonCaption
      .OnAction = "jcff"
    End With
    tbar.Visible = True
    Worksheets(1).Activate
  End Sub
```

当工作簿打开时，上述程序被自动执行，完成以下操作：

（1）创建一个临时自定义工具栏，用对象变量 tbar 表示。设置自定义工具栏的临时属性，是为了不影响 Excel 系统环境，在工作簿打开时创建，工作簿关闭时删除。

（2）在工具栏中添加一个组合框，保存到对象变量 combx1 中。设置组合框的宽度、列表项目数，添加 3 个列表项，指定要执行的过程为 fill。

（3）在工具栏中添加 2 个按钮，保存到对象变量 butt1 和 butt2 中。标题分别为"各省学生人数"和"教材发放情况"。为按钮分别指定要执行的过程为 gsrs 和 jcff。

（4）让自定义工具栏可见，选中第 1 张工作表。

为了在选中不同工作表的情况下，激活不同的选项卡，控制工具栏按钮的可用性，可对工作簿的 SheetActivate 事件编写如下代码：

```
Private Sub Workbook_SheetActivate(ByVal Sh As Object)
  Select Case Sh.Index
    Case 1
      Application.SendKeys "%H{F6}"
    Case 2
      Application.SendKeys "%X{F6}"
      butt1.Enabled = True
      butt2.Enabled = False
    Case Else
      Application.SendKeys "%X{F6}"
      butt1.Enabled = False
      butt2.Enabled = True
  End Select
End Sub
```

上述代码在工作簿的当前工作表改变时被执行。

如果当前选中的是第 1 张工作表，激活功能区的"开始"选项卡；是第 2 张工作表，激活功能区的"加载项"选项卡，第 1 个按钮可用，第 2 个按钮不可用；是第 3 张工作表，激活功能区的"加载项"选项卡，第 2 个按钮可用，第 1 个按钮不可用。组合框的 Enabled

属性默认值为 True，因此始终可用。

Microsoft 没有提供直接用 VBA 激活功能区选项卡的方法。但是，可以使用 SendKeys 方法模拟按键，来激活需要的选项卡。

例如，按 Alt 键，然后按 H 键，可激活"开始"选项卡。在功能区中会有这些按键的提示。如果要隐藏按键提示，只需要按 F6 键。

语句 Application.SendKeys "%H{F6}"发送按键信息，激活"开始"选项卡。

其中，"%H"相当于 Alt+H 键，"{F6}"相当于 F6 键。

同样道理，语句 Application.SendKeys "%X{F6}"可以激活"加载项"选项卡。

由于对象变量 combx1、butt1 和 butt2 在工作簿的 Open 事件中被赋值，而在其他过程中引用，因此要把它们声明为全局变量。

在 VB 编辑环境中，用"插入"菜单插入一个模块。在模块的顶部用下面语句声明全局型对象变量：

```
Public combx1, butt1, butt2 As Object
```

最后，在模块中编写以下 3 个过程：

```
Sub fill()
  Selection.Value = combx1.Text
End Sub
Sub gsrs()
  MsgBox "统计各省学生人数模块"
End Sub
Sub jcff()
  MsgBox "统计教材发放情况模块"
End Sub
```

这样，当选择组合框的任意一个列表项时，该列表项文本都会被添加到当前单元格区域中。单击 2 个按钮，将分别显示不同的提示信息。

5.8.3　自定义菜单

本小节在 Excel 工作簿中创建一个图 5-21 所示的自定义菜单。工作簿打开时，"维护"

图 5-21　自定义菜单

按钮自动出现在"加载项"选项卡中，选择"输入""修改""删除"命令时可显示出相应的信息，选择"退出"命令，则删除"加载项"选项卡。

实现方法如下：

（1）在 Excel 环境中，选择"开发工具"选项卡"代码"选项组中的"Visual Basic"命令，或按 Alt+F11 键，打开 VB 编辑器。

（2）打开"工程资源管理器"，双击"Microsoft Excel 对象"的"ThisWorkbook"，打开代码编辑器窗口，在上面的"对象"下拉列表中选择"Workbook"，在"过程"下拉列表中选择"Open"，输入代码，得到如下过程：

```
Private Sub Workbook_Open()
  Set mb = MenuBars.Add("MyMenu")                           '创建菜单栏
  Set mt = mb.Menus.Add("维护")                             '添加水平菜单项
  mt.MenuItems.Add Caption:="输入", OnAction:="in_p"        '添加竖直菜单项
  mt.MenuItems.Add Caption:="修改", OnAction:="modi"
  mt.MenuItems.Add Caption:="删除", OnAction:="dele"
  mt.MenuItems.Add Caption:="退出", OnAction:="quit"
  mb.Activate                                               '激活自定义菜单
End Sub
```

（3）在 VB 编辑环境的“标准”工具栏中单击“模块”按钮，或选择“插入”菜单中的“模块”命令，插入一个模块。在模块中输入如下 4 个过程：

```
Sub in_p()
  MsgBox ("执行输入功能")
End Sub
Sub modi()
  MsgBox ("执行修改功能")
End Sub
Sub dele()
  MsgBox ("执行删除功能")
End Sub
Sub quit()
  MenuBars("MyMenu").Delete '删除自定义菜单
End Sub
```

（4）保存工作簿。

再次打开这个工作簿时，“加载项”选项卡中将出现自定义菜单。选择“输入”“修改”“删除”命令时，会显示相应的提示信息，选择“退出”命令，则删除“加载项”选项卡。

上机练习

1. 在 Excel 中编写程序，自动生成指定年月的月历。例如，指定 2022 年 2 月，得到图 5-22 所示的月历。

2022年2月						
星期日	星期一	星期二	星期三	星期四	星期五	星期六
		1	2	3	4	5
6	7	8	9	10	11	12
13	14	15	16	17	18	19
20	21	22	23	24	25	26
27	28					

图 5-22　月历样板

2. 在 Excel 工作表中，设计图 5-23 所示的界面。然后，编写一个求任意一元二次方程根的子程序并指定给"求解"按钮，编写一个清除方程系数和根的子程序并指定给"清除"按钮。例如，输入方程的系数为 5、8、6，单击"求解"按钮，应得到图 5-24 所示的结果。单击"清除"按钮，界面恢复到图 5-23 所示的情形。

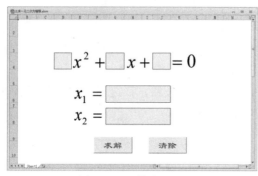

图 5-23　工作表界面

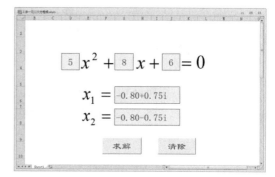

图 5-24　方程求解后的界面

3. 在 Excel 工作簿中编写程序，将当前工作表第 1 行从指定位置 m 开始的 n 个数按相反顺序重新排列。例如，原数列为：1，2，3，4，5，6，7，8，9，10，11，12，13，14，15，16，17，18，19，20。从第 5 个数开始，将 10 个数进行逆序排列，则得到新数列为：1，2，3，4，14，13，12，11，10，9，8，7，6，5，15，16，17，18，19，20。

4. 编写一个程序，提取字符串中的数字符号。例如，程序运行后输入字符串"abc123edf456gh"，则输出"123456"。

5. 在 Excel 中编写一个函数，返回指定区域中多个最大值地址。例如，图 5-25 所示的 B3:K3 区域及其数值对应的函数返回值应为"\$C\$1,\$F\$3,\$I\$3"。

A	B	C	D	E	F	G	H	I	J	K	L	M	N	O	P	Q	R	S	T	U	V
1																					
2				数据区										地址区							
3	8	12	7	6	12	8	7	12	3	7			\$C\$3, \$F\$3, \$I\$3								
4	9	7	5	5	9	7	6						\$B\$4, \$F\$4								
5	3	1	2	8	7	5	6	7	8				\$E\$5, \$J\$5								
6																					

图 5-25　Excel 单元格区域及其数值

第6章 VBA 实用技巧

本章通过以下几个案例介绍 VBA 应用技术：对单元格文本子串的格式控制，对 Excel 状态栏的控制，日期控件、工作表函数的应用，文件操作，递归程序设计等。

6.1 标识单元格文本中的关键词

假设 Excel 当前工作表的 A2 单元格中有一段文本，B2 单元格中有一个关键词。下面的程序可把 A2 单元格文本中所有的关键词更改为加粗的斜体字。

```
Sub 标识关键词()
    t1 = Cells(2, 1).Text
    t2 = Cells(2, 2).Text
    n1 = Len(t1)
    n2 = Len(t2)
    Cells(2, 1).Font.FontStyle = "常规"
    For k = 1 To n1
      If Mid$(t1, k, n2) = t2 Then
        Cells(2, 1).Characters(Start:=k, Length:=n2).Font.FontStyle = "加粗倾斜"
      End If
    Next
End Sub
```

上述程序分别从 A2、B2 单元格中取出文本，送给变量 t1 和 t2，并分别求出字符串的长度，用变量 n1 和 n2 表示。

然后把 A2 单元格的文本设置为"常规"格式。再用 For 循环语句，判断 t1 字符串中每个长度为 n2 的字符串是否与关键词 t2 相同。若相同，则将 A2 单元格文本中的关键词设置为"加粗倾斜"格式。

程序运行结果如图 6-1 所示。

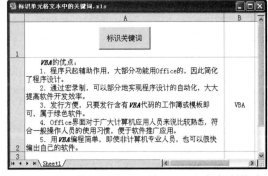

图 6-1 单元格的"VBA"被设置为加粗倾斜格式

6.2　从关闭的工作簿中提取数据

假设有一个工作簿文件"数据源.xlsx"，其中 Sheet1 工作表的内容如图 6-2 所示。

图 6-2　"数据源"工作簿 Sheet1
工作表的内容

在该工作簿关闭的情况下，如何把其中 Sheet1 的内容取出来，放到另一个工作簿中？本节给出以下两种实现方法。

1. 用数组公式

创建一个工作簿，保存为"从关闭的工作簿中取值.xlsm"。进入 VB 编辑环境，在当前工程中插入一个"模块 1"，在"模块 1"中编写以下 2 个子程序："方法 1"和 GetV，代码如下：

```
Sub 方法1()
  fP = ThisWorkbook.Path      '求当前路径
  GetV fP, "数据源.xlsx", "Sheet1", "A1:C4"
End Sub
Sub GetV(fP, fN, sN, cR)
  Fml = "='" & fP & "\[" & fN & "]" & sN & "'!" & cR
  With ActiveSheet.Range(cR)
    .FormulaArray = Fml        '填写公式数组
    .Formula = .Value          '用值替换公式
  End With
End Sub
```

"方法 1"子程序首先取出当前工作簿所在的文件夹名，用以确定"数据源"工作簿文件的位置。然后调用子程序 GetV，把当前文件夹下"数据源"工作簿 Sheet1 工作表 A1:C4 区域的内容取出来，放到当前工作簿。

子程序 GetV 有 4 个参数，用来从 fP 文件夹已关闭的工作簿文件 fN 的 sN 工作表 cR 区域中获取数据，复制到当前工作簿、当前工作表相应的单元格区域中。

2. 用普通公式

在"模块 1"中编写一个 "方法 2"子程序，代码如下：

```
Sub 方法2()
  With [A1:C4]
    .Value = "='" & ActiveWorkbook.Path & "\[数据源.xlsx]Sheet1'!A1"
    .Value = .Value
  End With
End Sub
```

这种方法直接向当前工作表的 A1:C4 区域填写公式，利用公式求出值后，再删除公式。公式中指定了"数据源"工作簿的路径、工作表和单元格。数据源的单元格使用相对地址，会随目标单元格的改变而改变。

6.3　在 Excel 状态栏中显示进度条

利用 Excel 的状态栏，可以制作动态的进度条。将这一技术应用到软件当中，能够直观地显示工作进度，改善用户长时间等待的心理状态。

创建一个 Excel 工作簿，保存为"在 Excel 状态栏中显示进度条.xlsm"。

进入 Excel 的 VB 编辑环境，在当前工程中插入一个模块，在模块中编写一个"显示进度"子程序，代码如下：

```
Sub 显示进度()
  wtm = "当前进度："
  kk = "◇◇◇◇◇◇◇◇◇◇◇◇◇◇◇◇◇◇◇◇◇◇◇◇◇◇◇◇"
  sk = "◆◆◆◆◆◆◆◆◆◆◆◆◆◆◆◆◆◆◆◆◆◆◆◆◆◆◆◆"
  ck = Len(kk)                           '进度条长度
  n = 65536                              '循环次数
  m = n \ ck                            '每循环 m 次，刷新进度条 1 次
  For k = 1 To n                         '循环
    Cells(k, 1) = Rnd                    '模拟要执行的操作
    If k Mod m = 0 Then                  'k 为 m 的整数倍
      c = k \ m                         '进度格数量
      p = Left(sk, c) & Right(kk, ck - c)  '调整进度格
      Application.StatusBar = wtm & p    '更改系统状态栏的显示
    End If
  Next
  Application.StatusBar = False          '恢复系统状态栏
  Columns(1).Clear                       '清除模拟操作的数据
End Sub
```

上述子程序首先用变量 wtm 保存字符串"当前进度："。定义两个变量 kk 和 sk，分别保存由空心菱形块和实心菱形块组成的字符串，并求出字符串的长度 ck。

然后，用变量 n 表示循环次数，变量 m 表示经过多少次循环才刷新一次进度条，用 For 语句进行 n 次循环。

每次循环除了模拟要执行的操作外，还要判断 k 能否被 m 整除。若 k 能被 m 整除，即 k 为 m 的整数倍，则求出进度条应有的实心菱形块数量，从 sk 和 kk 字符串左右两边分别取出一定数量的字符，拼成新的字符串用 p 表示，并将 p 与变量 wtm 的值拼接后显示在系统的状态栏上。

最后，恢复系统状态栏，清除模拟操作的数据。

为便于测试，在"开发工具"选项卡的"控件"选项组中单击"插入"按钮，在 Excel 当前工作表中添加一个按钮（窗体控件），设置按钮文字为"显示进度"。然后右击按钮，在弹出的快捷菜单中选择"指定宏"命令，将子程序"显示进度"指定给按钮。

单击"显示进度"按钮，会看到 Excel 状态栏上动态的进度条，如图 6-3 所示。

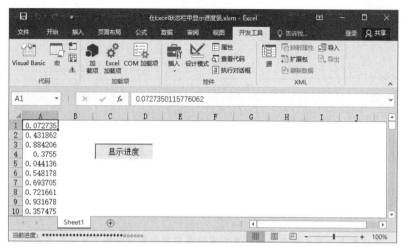

图 6-3　Excel 状态栏上的进度条

6.4　获取两个工作表中相同的行数据

假设有一个 Excel 工作簿，其中有两个数据源工作表："数据区 1"和"数据区 2"，结构及内容如图 6-4 和图 6-5 所示。要求找出两个工作表数据区中各列完全相同的行数据，将其复制到"结果"工作表中，如图 6-6 所示。

	A	B	C	D	E	F	G
1	学号	姓名	数学	语文	化学	物理	总分
2	0001	杨光辉	81	87	92	91	351
3	0002	童金亮	81	90	92	86	349
4	0003	曾源基	85	95	87	93	360
5	0004	刘兆年	98	82	88	82	350
6	0005	曹立峰	92	96	87	89	364
7	0006	宋健	98	94	87	91	370
8	0007	牛玉龙	89	86	80	88	343
9	0008	李德龙	85	95	84	96	360
10							

图 6-4　"数据区 1"工作表结构和数据

	A	B	C	D	E	F	G
1	学号	姓名	数学	语文	化学	物理	总分
2	0001	杨光辉	81	87	95	91	354
3	0003	曾源基	85	95	87	93	360
4	0005	曹立峰	92	96	87	89	364
5	0007	牛玉龙	89	86	80	88	343
6	0009	郑紫健	85	95	84	96	360
7							

图 6-5　"数据区 2"工作表结构和数据

	A	B	C	D	E	F	G
1	学号	姓名	数学	语文	化学	物理	总分
2	0003	曾源基	85	95	87	93	360
3	0005	曹立峰	92	96	87	89	364
4	0007	牛玉龙	89	86	80	88	343
5							

图 6-6　"结果"工作表的内容

6.4.1　用逐个数据项比较方法实现

新建一个 Excel 工作簿，保存为"获取两个工作表中相同的行数据.xlsm"。将工作簿中 3 个工作表分别命名为"数据区 1""数据区 2"和"结果"。将各工作表第 1 列单元格的数字格式设置为"文本"，将数字作为文本处理，以便输入学号数据。设置表格的边框线、单元格的背景颜色以及文字的对齐方式。在"数据区 1"和"数据区 2"工作表中输入一些用于测试的模拟数据，如图 6-4 和图 6-5 所示。"结果"工作表为空表。

进入 VB 编辑环境，插入一个模块，在模块中编写如下代码：

```
Sub 方法 1()
  Cells.ClearContents              '清除当前工作表原有内容
  Sheets("数据区 1").Rows(1).Copy Destination:=Sheets("结果").Rows(1)
  m1 = Sheets("数据区 1").Range("A2").End(xlDown).Row
  m2 = Sheets("数据区 2").Range("A2").End(xlDown).Row
  For r1 = 2 To m1                  '对"数据区 1"按行循环
    For r2 = 2 To m2                '对"数据区 2"按行循环
      For c = 1 To 7               '比较每一列数据，若有不同，则退出本层循环
        If Sheets("数据区 1").Cells(r1, c) <> Sheets("数据区 2").Cells(r2, c) Then
          Exit For
        End If
      Next
      If c > 7 Then                 '数据完全相同，则复制一行数据到"结果"工作表末尾
        k = Sheets("结果").Range("A1048576").End(xlUp).Row + 1
        Sheets("数据区 1").Rows(r1).Copy Destination:=Sheets("结果").Rows(k)
      End If
    Next
  Next
End Sub
```

上述子程序对"数据区 1"和"数据区 2"两个工作表中的每行数据逐项比较，把两个工作表中完全相同的行数据复制到"结果"工作表中。

程序首先清除"结果"工作表原有内容，把字段名（表头）复制到"结果"工作表中。然后分别求出"数据区 1"和"数据区 2"有效数据的最大行号。再用双重循环结构把"数据区 1"的每行数据与"数据区 2"的每行数据逐项进行比较，如果"数据区 2"中存在与"数据区 1"中各项数据完全相同的行，则把该行数据复制到"结果"工作表原有数据的后面。

选中"结果"工作表，执行程序后，将得到图 6-6 所示的结果。

6.4.2　用 CountIf 函数实现

打开"获取两个工作表中相同的行数据.xlsm"工作簿文件，进入 VB 编辑环境，在模块中编写如下代码：

```
Sub 方法 2()                        '用 CountIf 函数
  Cells.ClearContents              '清除当前工作表原有内容
```

```
Sheets("数据区 1").Rows(1).Copy Destination:=Sheets("结果").Rows(1)
m1 = Sheets("数据区 1").Range("A2").End(xlDown).Row
m2 = Sheets("数据区 2").Range("A2").End(xlDown).Row
For r = 2 To m2                                    '对"数据区 2"按行循环
  v = ""
  For c = 1 To 7                                   '将各列数据合并
    v = v & Sheets("数据区 2").Cells(r, c)
  Next
  Sheets("数据区 2").Cells(r, 9) = v               '创建临时数据区
Next
For r = 2 To m1                                    '对"数据区 1"按行循环
  v = ""
  For c = 1 To 7                                   '将各列数据合并
    v = v & Sheets("数据区 1").Cells(r, c)
  Next
  Set rg = Sheets("数据区 2").Columns(9)           '指定条件区域
  n = Application.WorksheetFunction.CountIf(rg, v) '条件计数
  If n > 0 Then                        '符合条件,复制一行数据到"结果"工作表
    k = Sheets("结果").Range("A1048576").End(xlUp).Row + 1
    Sheets("数据区 1").Rows(r).Copy Destination:=Sheets("结果").Rows(k)
  End If
Next
Sheets("数据区 2").Columns(9).ClearContents        '清除临时数据区内容
End Sub
```

上述子程序利用 CountIf 函数，按行循环比较"数据区 1"和"数据区 2"中的数据，如果相同，则将对应的行数据复制到"结果"工作表中。

由于每行数据有多项，因此可把"数据区 2"每行的各项数据合并放到一个临时数据区，再与"数据区 1"每行各项数据合并后的结果进行比较和计数，来判断是否有相同的行数据。

程序首先清除"结果"工作表原有内容，把字段名（表头）复制到"结果"工作表中，分别求出"数据区 1"和"数据区 2"有效数据的最大行号。然后用双重循环结构把"数据区 2"每行的各项数据合并为一个字符串，依次放到"数据区 2"工作表第 9 列的对应行，形成一个临时数据区。再用双重循环结构把"数据区 1"每行的各项数据合并为一个字符串，用 CountIf 函数统计临时数据区中该字符串出现的次数。如果次数大于 0，则把该行数据复制到"结果"工作表原有数据的后面。最后，清除临时数据区内容。

选中"结果"工作表，执行这个子程序后，同样会得到图 6-6 所示的结果。

为便于测试和运行程序，可以在"结果"工作表中放置两个命令按钮，分别执行"方法 1"和"方法 2"子程序。

6.5 考生编号打印技巧

在各种类型的考试中，通常都在考桌上贴注考生编号等信息，一方面便于学生查找座位，另一方面便于监考人员核对考生身份。

大规模考试，考生可能有几千人，甚至更多。如果顺次在每一张纸上打印几十个考号，需要上百张纸，剪裁成几十份后，顺序就乱了。再想给几千个考号重新排序，由多人分别在考桌上粘贴，工作量是很大的。

利用 Excel 和 VBA 能够实现顺序打印考号功能，即在全部纸张一次性剪切后，每一摞考号顺序叠放。这样，每个工作人员可以粘贴一摞或几摞排好顺序的连续考号，在很大程度上提高了工作效率。

下面介绍 Excel 工作簿和 VBA 程序的设计方法。

6.5.1　工作簿设计

新建一个 Excel 工作簿，保存为"考生编号打印.xlsm"。将工作簿的 Sheet1 重命名为"1"。在"页面布局"选项卡的"页面设置"选项组中，单击右下角的对话框启动器，打开"页面设置"对话框。在"页面设置"对话框中，根据实际需要设置纸张大小、页边距、版式等信息。例如，纸张大小为 A4，方向为"横向"，上、下页边距为 1.5，左右页边距为 1.9，水平和垂直都"居中"。

在 Excel 工作表中，可以将考生编号依次填写到每个单元格。每张工作表可以填写若干考生编号。根据每张工作表要填写的考生编号数量、所占的行数和列数，设置单元格区域的字体、字号、列宽、行高，得到需要的打印效果。例如，每张工作表计划填写 8 行、3 列，24 个考生编号，则选中 A1:C8 单元格区域，设置"宋体"、48 号字、加粗，列宽设置为 38，行高设置为 60。

注意：在指定的单元格区域内，还要将数字格式设置为文本，即数字作为文本处理，以免考号被转换为不正常的格式。

为便于测试和应用，进入 VB 编辑环境，对工作簿的 Open 事件编写如下代码：

```
Private Sub Workbook_Open()
  Set tbar = Application.CommandBars.Add(Temporary:=True)
  tbar.Visible = True
  With tbar.Controls.Add(Type:=msoControlButton)
    .Caption = "第一种方法"
    .Style = msoButtonCaption
    .OnAction = "方法1"
  End With
  With tbar.Controls.Add(Type:=msoControlButton)
    .Caption = "第二种方法"
    .Style = msoButtonCaption
    .OnAction = "方法2"
  End With
End Sub
```

上述代码在工作簿打开时被自动执行，创建一个临时自定义工具栏，上面放置两个按钮："第一种方法"和"第二种方法"，分别用来执行"方法 1"和"方法 2"子程序。

6.5.2　参数设置和初始化子程序

打开 Excel 工作簿文件"考生编号打印",进入 VB 编辑环境,在当前工程中插入一个"模块1"。

在"模块1"的顶部输入如下语句。

```
Public hs, ls, xx, sx, ys As Integer
```

该语句声明 5 个全局变量,分别用来保存每张工作表考生编号所占的行数、列数,考生编号的下限、上限,以及所有考生编号需要占用的页数。这里每张工作表为一页。

声明这几个全局变量的目的是保存相关参数,以便在不同的子程序中使用。

参数设置和初始化子程序代码如下:

```
Sub setp()
  hs = Val(InputBox("每页的行数: ", "提示"))
  ls = Val(InputBox("每页的列数: ", "提示"))
  xx = Val(InputBox("编号的下限: ", "提示"))
  sx = Val(InputBox("编号的上限: ", "提示"))
  yt = (sx - xx + 1) / (hs * ls)                    '求出总页数
  ys = WorksheetFunction.RoundUp(yt, 0)             '向上取整
  Application.DisplayAlerts = False                 '关闭删除确认
  For k = Sheets.Count To 2 Step -1                 '删除第 1 张以外的工作表
    Sheets(k).Delete
  Next
  Application.DisplayAlerts = True                  '打开删除确认
  Cells.ClearContents                               '清除原有数据
End Sub
```

上述子程序放在"模块1"中。

程序先用 InputBox 函数接收用户输入的参数,分别保存到全局变量 hs、ls、xx 和 sx 中。根据这些参数求出需要的总页数并向上取整,即当 yt 的值不是整数时,取不小于 yt 的最小整数值作为页数 ys。然后,用循环语句删除第 1 张工作表以外的所有工作表。通常情况下,删除每张工作表时,都要在提示对话框中单击"确认"按钮。为减少不必要的操作,用语句 Application.DisplayAlerts = False 屏蔽提示对话框。最后,删除第一张工作表的全部内容。

6.5.3　批量生成多张工作表

在"模块1"中创建一个"方法1"子程序,用来批量生成多张工作表,每张工作表依次填写若干个考生编号。代码如下:

```
Sub 方法1()
  Call setp                                         '设置参数、初始化
  For k = 2 To ys                                   '复制工作表并命名
    Sheets(1).Copy after:=Sheets(Sheets.Count)
```

```
      Sheets(Sheets.Count).Name = k
    Next
    n = xx                                        '从下限开始填入考号
    For r = 1 To hs                               '按行循环
      For c = 1 To ls                             '按列循环
        For p = 1 To ys                           '按页循环
          Sheets(p).Cells(r, c) = Right("000" & n, 4)   '填入考号
          n = n + 1                               '考号加 1
          If n > sx Then Exit Sub                 '考号超过上限，退出循环
        Next
      Next
    Next
  End Sub
```

上述代码首先调用子程序 setp，进行参数设置和初始化。然后，用 For 循环语句，根据需要的页数 ys，将第 1 张工作表复制 ys-1 份，使每页对应一张工作表。各工作表格式完全相同，依次用自然数命名。接下来，用三重循环结构，按行、列、页依次填写考生编号。考生编号从下限开始，到上限为止，间隔为 1。同一个单元格位置的考号从第 1 张工作表到最后一张工作表顺序填写。这样，全部工作表按顺序打印、叠放、裁剪后，每一摞的考号都是有序，并且是连续的。

使用这种方法同时生成全部工作表，在打印时选择“整个工作簿”，即可自动按顺序打印出所有工作表，而且可以一次生成、多次打印。

下面就可以对程序进行测试了。

打开 Excel 工作簿文件“考生编号打印”，单击自定义工具栏中的“第一种方法”按钮，在对话框中分别设置每页的行数为 8、列数为 3，编号的下限为 101、上限为 170。这时，工作簿将出现“1”“2”“3” 3 张工作表，每张工作表填写 8 行、3 列考号，各工作表的内容如图 6-7 所示。

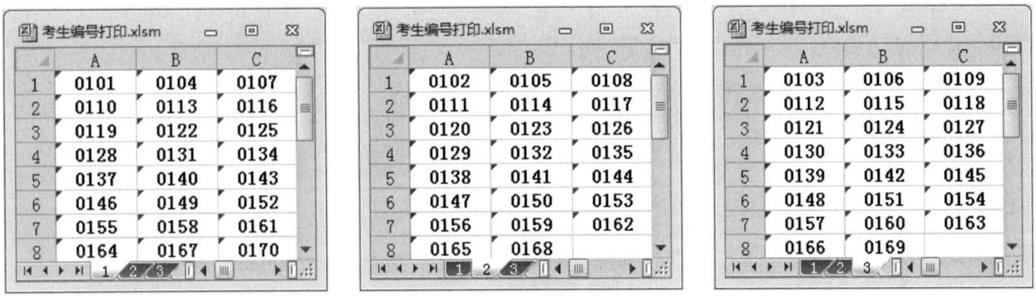
考生编号打印.xlsm

	A	B	C
1	0101	0104	0107
2	0110	0113	0116
3	0119	0122	0125
4	0128	0131	0134
5	0137	0140	0143
6	0146	0149	0152
7	0155	0158	0161
8	0164	0167	0170

1 2 3

考生编号打印.xlsm

	A	B	C
1	0102	0105	0108
2	0111	0114	0117
3	0120	0123	0126
4	0129	0132	0135
5	0138	0141	0144
6	0147	0150	0153
7	0156	0159	0162
8	0165	0168	

1 2 3

考生编号打印.xlsm

	A	B	C
1	0103	0106	0109
2	0112	0115	0118
3	0121	0124	0127
4	0130	0133	0136
5	0139	0142	0145
6	0148	0151	0154
7	0157	0160	0163
8	0166	0169	

1 2 3

图 6-7 3 张工作表中的考号

从图 6-7 中可以看出，3 张工作表 A1 单元格的考号依次为“0101”“0102”“0103”，B1 单元格的考号依次为“0104”“0105”“0106”，…。可以想象得到，当这 3 张工作表按顺序打印、叠放、裁剪后，第 1 摞的考号依次为“0101”“0102”“0103”，第 2 摞的考号依次为“0104”“0105”“0106”，…。

同样执行这个子程序，如果在对话框中分别设置每页的行数为 8、列数为 3，编号的下

限为 2201、上限为 2339。工作簿将出现 "1" "2" "3" "4" "5" "6" 6 张工作表，每张工作表也是填写 8 行、3 列考号，各工作表的内容如图 6-8 所示。

图 6-8 6 张工作表中的考号

从图 6-8 中可以看出，6 张工作表 A1 单元格的考号依次为 "2201" "2202" "2203" "2204" "2205" "2206"，B1 单元格的考号依次为 "2207" "2208" "2209" "2210" "2211" "2212"。当这 6 张工作表按顺序打印、叠放、裁剪后，第 1 摞的考号依次为 "2201" "2202" "2203" "2204" "2205" "2206"，第 2 摞的考号依次为 "2207" "2208" "2209" "2210" "2211" "2212"。

6.5.4 分别生成和打印每张工作表

在 "模块 1" 中创建一个 "方法 2" 子程序。这种方法用来分别生成和打印每张工作表，各工作表中依次填写若干个考生编号。代码如下：

```
Sub 方法 2()
  Call setp                                  '设置参数、初始化
  For p = 0 To ys - 1                        '按页循环
    For r = 0 To hs - 1                      '按行循环
      For c = 0 To ls - 1                    '按列循环
        n = xx + p + r * ys * ls + c * ys    '求出考号
        If n <= sx Then                      '不超过上限
          Cells(r + 1, c + 1) = Right(10000 + n, 4)  '填入考号
        End If
      Next
    Next
    ActiveWindow.SelectedSheets.PrintOut Copies:=1    '打印当前工作表
    Cells.ClearContents                      '清除原有数据
  Next
```

```
End Sub
```

上述代码首先也是调用子程序 setp，进行参数设置和初始化。然后，用三重循环结构，按页、行、列填写考号。每页的考号填写完成后，用 PrintOut 方法打印当前工作表。之后，清除工作表内容，再生成下一页考号，直至最后一页。

这里的关键是，根据考生编号下限、当前页号、行号、列号以及总页数、每页列数求出对应的单元格应该填写的考号。公式请读者自行推导。

这个子程序执行后，同样可以打印出与图 6-7 和图 6-8 各工作表内容相同的结果，只不过是生成一页、打印一页，工作表内容未被保留。

6.6　商品销售出库单的自动生成

在 Excel 工作簿中，有“销售明细”和“出库单”两个工作表。“销售明细”工作表中依次记录了每笔订单的“订单编号”“货物名称”“型号”“数量”和“收货单位”信息，如图 6-9 所示。

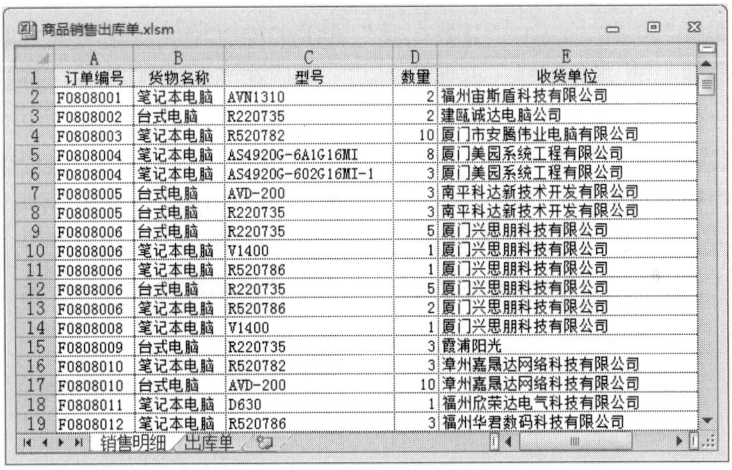

商品销售出库单.xlsm

	A	B	C	D	E
1	订单编号	货物名称	型号	数量	收货单位
2	F0808001	笔记本电脑	AVN1310	2	福州宙斯盾科技有限公司
3	F0808002	台式电脑	R220735	2	建瓯诚达电脑公司
4	F0808003	笔记本电脑	R520782	10	厦门市安腾伟业电脑有限公司
5	F0808004	笔记本电脑	AS4920G-6A1G16MI	8	厦门美园系统工程有限公司
6	F0808004	笔记本电脑	AS4920G-602G16MI-1	3	厦门美园系统工程有限公司
7	F0808005	台式电脑	AVD-200	3	南平科达新技术开发有限公司
8	F0808005	台式电脑	R220735	3	南平科达新技术开发有限公司
9	F0808006	台式电脑	R220735	5	厦门兴思朋科技有限公司
10	F0808006	笔记本电脑	V1400	1	厦门兴思朋科技有限公司
11	F0808006	笔记本电脑	R520786	1	厦门兴思朋科技有限公司
12	F0808006	台式电脑	R220735	5	厦门兴思朋科技有限公司
13	F0808006	笔记本电脑	R520786	2	厦门兴思朋科技有限公司
14	F0808008	笔记本电脑	V1400	1	厦门兴思朋科技有限公司
15	F0808009	台式电脑	R220735	3	霞浦阳光
16	F0808010	笔记本电脑	R520782	3	漳州嘉晟达网络科技有限公司
17	F0808010	台式电脑	AVD-200	10	漳州嘉晟达网络科技有限公司
18	F0808011	笔记本电脑	D630	1	福州欣荣达电气科技有限公司
19	F0808012	笔记本电脑	R520786	3	福州华君数码科技有限公司

销售明细　出库单

图 6-9　“销售明细”工作表

“出库单”工作表中设计了一个图 6-10 所示的空白表格，用来填写某个订单的编号、收货单位，以及该订单所有货物的名称、型号、数量。

要求：

（1）在“出库单”工作表的表格右上方添加一个组合框，并且打印工作表内容时，该组合框不能被打印出来。

（2）当工作簿打开时，自动将“销售明细”工作表中每个“订单编号”添加到组合框中，作为它的下拉列表项。

（3）在组合框中选择任意一个订单编号后，自动将该订单的编号、收货单位以及对应的所有货物的名称、型号、数量填写到“出库单”工作表的特定单元格中。

下面介绍具体实现方法。

	A	B	C	D	E
	\multicolumn{5}{c}{发 货 通 知 单（代出库单）}				
1					
2	根据		号订单，要求仓库按以下信息发货：		
3	收货单位：				
4	序号	货物名称	型号	数量（单位：台/个）	备注
5	1				
6	2				
7	3				
8	4				
9	5				
10	6				
11	7				
12	8				
13	9				
14	10				
15	审批：		仓管：		制表：

销售明细   出库单

图 6-10 "出库单"工作表

1. 在"出库单"工作表中添加组合框

选中"出库单"工作表。在"开发工具"选项卡的"控件"选项组中单击"插入"按钮，选择表单控件中的"组合框（窗体控件）"，然后在当前工作表适当的位置按鼠标左键并拖动，将组合框添加到当前工作表。将组合框移动到表格的右上方，并适当调整大小。单击组合框将其选中，然后在 Excel 名称框中把它的名称改为 ddlb1。右击组合框，在弹出的快捷菜单中选择"设置控件格式"命令。在"设置控件格式"对话框的"控制"选项卡中，设置"下拉显示项数"为 30。在"属性"选项卡中，取消"打印对象"复选框的选择，如图 6-11 所示。这样，当打印工作表内容时，该组合框就不会被打印出来了。

图 6-11 "设置控件格式"对话框

2. 向组合框添加列表项

要想在工作簿打开时，自动将"销售明细"工作表中每个"订单编号"添加到组合框中，作为它的下拉列表项，可对工作簿的 **Open** 事件编写如下代码：

```
Private Sub Workbook_Open()
  Set lb = Sheets("出库单").Shapes("ddlb1")              '将对象用变量表示
  lb.ControlFormat.RemoveAllItems                       '删除原有列表项
  Sheets("销售明细").Select                              '选择工作表
  Columns(1).AdvancedFilter Action:=xlFilterCopy, _
  CopyToRange:=Columns(7), Unique:=True                 '排除重复值
  hs = Range("G1").End(xlDown).Row                       '求有效行数
  For k = 2 To hs                                        '按行循环
    lb.ControlFormat.AddItem Cells(k, 7)                 '订单号添入组合框
  Next
  Columns(7).Delete                                      '删除临时列
  Sheets("出库单").Select                                '选择工作表
End Sub
```

上述代码在工作簿打开时被自动执行。

首先用对象变量 lb 表示"出库单"工作表的组合框 ddlb1，删除组合框的原有列表项，选中"销售明细"工作表。然后，将第 1 列的订单编号排除重复值复制到第 7 列，求出第 7 列有效数据的最大行号。再用 **For** 循环语句，将第 7 列从第 2 行到最后一行的订单编号依次添加到组合框作为列表项。最后删除临时列，选中"出库单"工作表。

3. 生成指定订单编号的出库单

在组合框中选择任意一个订单编号后，为了能自动将该订单的编号、收货单位以及对应的所有货物的名称、型号、数量填写到特定的单元格中，生成一个出库单，可进行以下操作：

（1）打开工作簿，进入 VB 编辑环境，在当前工程中插入一个模块，编写一个子程序 tx，代码如下：

```
Sub tx()
  Set lb = Sheets("出库单").Shapes("ddlb1")              '将对象用变量表示
  n = lb.ControlFormat.Value                            '求出下拉列表项的序号
  ddh = lb.ControlFormat.List(n)                        '取出订单号
  Cells(2, 2) = ddh                                     '填写订单号
  Range("B5:E14").ClearContents                         '清除目标区数据
  r = 5                                                 '目标起始行
  Set sh = Sheets("销售明细")                            '将对象用变量表示
  hs = sh.Cells(1, 1).End(xlDown).Row                   '求有效行数
  For k = 2 To hs                                       '按行循环
    If sh.Cells(k, 1) = ddh Then                        '找到订单号
      Cells(3, 2) = sh.Cells(k, 5)                      '填写收货单位
      Cells(r, 2) = sh.Cells(k, 2)                      '填写货物名称
```

```
        Cells(r, 3) = sh.Cells(k, 3)                     '填写型号
        Cells(r, 4) = sh.Cells(k, 4)                     '填写数量
        r = r + 1                                        '调整目标行
      End If
   Next
End Sub
```

上述子程序首先用变量 lb 表示"出库单"工作表的组合框 ddlb1，求出组合框中当前选中的下拉列表项序号 n，再从组合框中取出对应的列表项（订单号）送给变量 ddh。

然后，把订单号填写到当前工作表 2 行 2 列单元格。清除表格中货物信息区域内容，并设置起始行号为 5。用变量 sh 表示"销售明细"工作表对象。求出"销售明细"工作表中有效数据的最大行号。

最后，用 For 循环语句，把"销售明细"工作表中所有订单编号为 ddh 的"收货单位"填写到当前工作表的 3 行 2 列单元格，"货物名称""型号""数量"依次填写到当前工作表从 5 行开始的 2～4 列单元格，得到一个出库单。

（2）在"出库单"工作表中，右击组合框 ddlb1，在弹出的快捷菜单中选择"指定宏"命令，将子程序 tx 指定给该组合框。这样，在组合框中选择任意一个订单编号后，就可以自动将该订单的编号、收货单位以及对应的所有货物的名称、型号及数量填写到工作表的特定单元格中，生成一个出库单。

例如，在组合框中选择订单编号"F0808006"，得到图 6-12 所示的出库单。

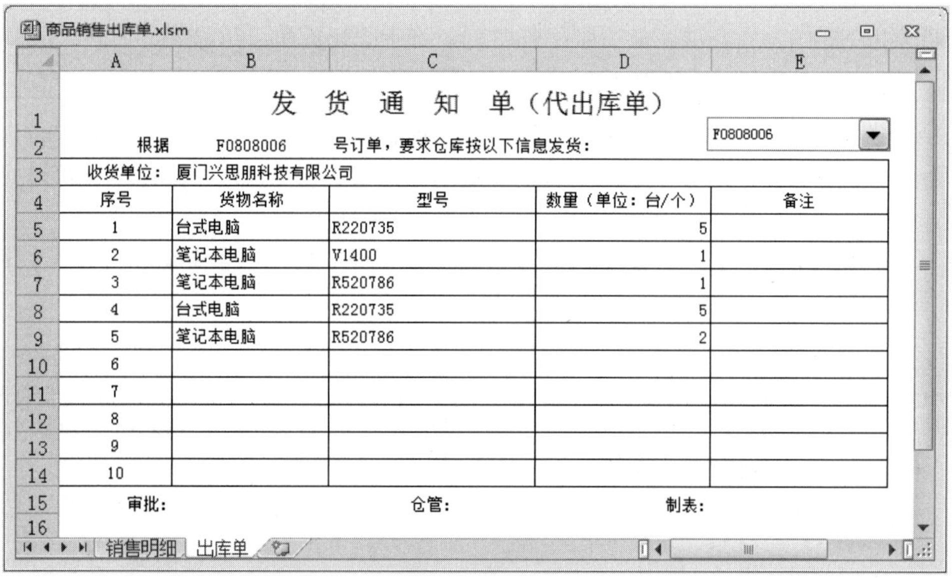

图 6-12　订单编号为"F0808006"的出库单

打印出来的出库单效果如图 6-13 所示。可以看出，组合框未被打印。

发 货 通 知 单（代出库单）

根据　F0808006　　号订单，要求仓库按以下信息发货：

收货单位：厦门兴思朋科技有限公司

序号	货物名称	型号	数量（单位：台/个）	备注
1	台式电脑	R220735	5	
2	笔记本电脑	V1400	1	
3	笔记本电脑	R520786	1	
4	台式电脑	R220735	5	
5	笔记本电脑	R520786	2	
6				
7				
8				
9				
10				

审批：　　　　　　　　仓管：　　　　　　　　制表：

图 6-13　出库单的打印效果

6.7　汉诺塔模拟演示

汉诺塔问题是一个著名的趣味问题。传说在古代印度的贝拿勒斯圣庙里，安放了一块铜板，板上插了 3 根柱子（编号为 A、B、C），在其中 A 号柱上，自上而下按由小到大的顺序串有若干个盘子，如图 6-14 所示（图中只画出 5 个盘子）。

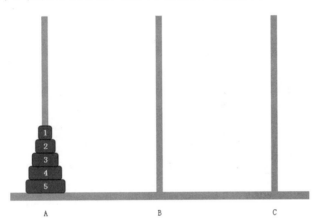

图 6-14　汉诺塔示意图

圣庙的僧侣们要把 A 柱上的盘子全部移到 C 柱上，并仍按原有顺序叠放好。规则是：

（1）一次只能移一个盘子；

（2）盘子只能在 3 根柱子上存放；

（3）任何时候大盘不能放在小盘上面。

根据计算，把 64 个盘子从 A 柱全部移到 C 柱，至少需移动 $2^{64}-1$ 次。如果每移动一次需 1 秒钟，则完成此项工程约需要 5800 多亿年的时间。

下面，在 Excel 环境中，用 VBA 程序做出一种动画效果，来模拟只有几个盘子的汉诺塔的移动过程。

1. 界面设计

进入 Excel，新建一个工作簿"汉诺塔模拟演示.xlsm"。

在 Sheet1 工作表中，选中第 23 行，设置"橙色"背景，调整适当的行高，表示汉诺塔的底座铜板。

选中 1～22 行，设置"浅蓝"背景，然后对 D3:D22、G3:G22、J3:J22、D2:J2 区域设置"白色"背景，在 D24、G24、J24 这 3 个单元格分别输入 A、B、C 这 3 个字符，表示 3 根柱子以及盘子的移动通道。

在 A 柱中，用"茶色"背景、"绿色"边框的单元格表示盘子，单元格的数字表示盘子的编号。为了演示盘子的移动过程，可以把某个单元格的颜色、数字和边框清除，再在需要的另一个单元格中填充颜色、数字和边框。

为便于操作并使程序具有一定通用性，在工作表上放置 2 个按钮"准备"和"移动"，用 25 行 6 列、25 行 9 列 2 个单元格指定盘子数和延时系数。这样，得到图 6-15 所示的汉诺塔模拟演示界面。

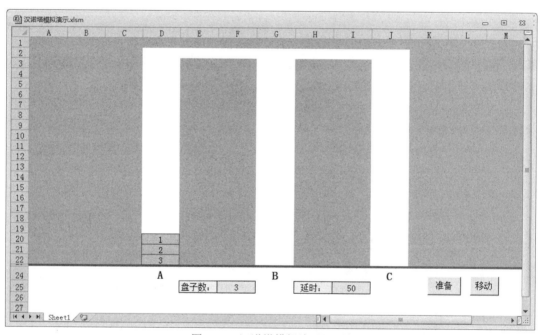

图 6-15　汉诺塔模拟演示界面

2. 设置单元格内容、背景颜色和边框

打开"汉诺塔模拟演示.xlsm"工作簿，进入 VB 编辑环境，在当前工程中插入"模块 1"，编写一个子程序 fil，代码如下：

```
Sub fil(rg As Range, k)
  With rg
    .Value = k
    .Interior.ColorIndex = 40
    .Borders.ColorIndex = 10
```

```
  End With
End Sub
```

上述子程序有 2 个形参，rg 表示单元格，k 表示要填写到单元格的数值。其功能是：对单元格填写数值 k，设置"茶色"背景、"绿色"边框。

例如，

```
fil Cells(22, 7), 1
```

以上语句调用子程序 fil，对当前工作表的 22 行、7 列单元格填写数值"1"，并为该单元格设置"茶色"背景、"绿色"边框。可以模拟把"1"号盘子放置在该单元格中。

3．清除区域内容、背景颜色和边框

在"模块 1"中编写一个子程序 cls，代码如下：

```
Sub cls(rg As Range)
  With rg
    .ClearContents
    .Interior.ColorIndex = 2
    .Borders.LineStyle = xlNone
  End With
End Sub
```

上述子程序用形参 rg 表示单元格区域。其功能是清除该单元格区域的内容、背景颜色和边框。

例如，

```
cls Range("D4:D22,G4:G22,J4:J22")
```

以上语句调用子程序 cls，清除当前工作表的 D4:D22、G4:G22、J4:J22 单元格区域内容、背景颜色和边框。

```
cls Cells(2, 7)
```

以上语句当前工作表的 2 行 7 列单元格的内容、背景颜色和边框。可以模拟把该单元格的盘子移走。

4．"准备"按钮代码设计

在"模块 1"中编写一个子程序 init，代码如下：

```
Sub init()
  '清除内容、背景颜色、边框
  cls Range("D4:D22,G4:G22,J4:J22")
  '设置 N 个盘子到 A 柱
  n = Cells(25, 6)
  For k = n To 1 Step -1
    fil Cells(22 + k - n, 4), k
  Next
```

```
End Sub
```

上述子程序用来进行初始准备。

程序首先调用子程序 cls，清除当前工作表的 D4:D22、G4:G22、J4:J22 单元格区域内容、背景颜色和边框。

然后从当前工作表的 25 行 6 列单元格中取出指定的盘子数送给变量 n，再用 For 循环语句在 4 列从 22 行向上设置 n 个盘子。相当于在 A 柱子放置 n 个盘子。其中，调用子程序 fil 设置单元格数值、背景颜色和边框。

右击工作表的"准备"按钮，在弹出的快捷菜单中选择"指定宏"命令，将子程序 init 指定给该按钮。在工作表的 25 行 6 列单元格中输入盘子数，再单击"准备"按钮，就做好了汉诺塔的初始准备。

5. 将 n 号盘子从一个单元格移动到另一个单元格

在"模块 1"中编写一个子程序 shift1，完成一个盘子移动过程。这个子程序代码如下：

```
Sub shift1(n, ac, ar, cc, cr)
  '向上
  cls Cells(ar, ac)
  fil Cells(2, ac), n
  dely
  '向左（右）
  cls Cells(2, ac)
  fil Cells(2, cc), n
  dely
  '向下
  cls Cells(2, cc)
  fil Cells(cr, cc), n
  dely
End Sub
```

上述子程序有 5 个形式参数，n 表示盘子号，ac、ar 表示起始单元格的列号、行号，cc、cr 表示目标单元格的列号、行号。功能是将 n 号盘子从 ac 列 ar 行，移到 cc 列 cr 行。

移动过程分 3 个动作：

（1）将 ac 列的 n 号盘子从 ar 行向上移动到第 2 行。方法是分别调用子程序 cls 和 fil，将 ac 列、ar 行单元格的内容、背景颜色和边框清除，在 ac 列、2 行单元格填写数值 n，设置背景颜色和边框。

（2）用同样的方法，将 n 号盘子从第 2 行的 ac 列向左或向右移动到 cc 列。

（3）将 cc 列的 n 号盘子从第 2 行向下移动到 cr 行。

每个动作之后，都调用子程序 dely 延时一点时间，以便人眼能够看清盘子的运动过程。

6. 延时子程序

延时子程序 dely 定义如下：

```
Sub dely()
  DoEvents
```

```
    n = Cells(25, 9)
    For i = 1 To n * 999999
    Next
End Sub
```

上述程序首先用 DoEvents 语句转让控制权，达到刷新屏幕作用。

然后，从当前工作表的 25 行 9 列单元格中取出延时系数送给变量 n，用来控制延时时间的长短，n 的值越大，延时时间越长。

最后，用循环程序进行延时。

7. 递归程序设计

有了前面这些基础，现在考虑如何编写程序来演示汉诺塔的移动过程。

假定盘子编号从小向大依次为：1、2、…、N。在盘子比较多的情况下，很难直接写出移动步骤。可以先分析盘子比较少的情况。

如果只有一个盘子，则不需要利用 B 柱，直接将盘子从 A 柱移动到 C 柱即可。

如果有 2 个盘子，可以先将 1 号盘子移动到 B 柱，再将 2 号盘子移动到 C 柱，最后将 1 号盘子移动到 C 柱。这说明，可以借助 B 柱将 2 个盘子从 A 柱移动到 C 柱，当然，也可以借助 C 柱将 2 个盘子从 A 柱移动到 B 柱。

如果有 3 个盘子，那么根据 2 个盘子的结论，可以借助 C 柱将 3 号盘子上面的 2 个盘子从 A 柱移动到 B 柱，再将 3 号盘子从 A 柱移动到 C 柱，这时 A 柱变成空柱，最后借助 A 柱，将 B 柱上的 2 个盘子移动到 C 柱。

上述的思路可以一直扩展到 N 个盘子的情况：可以借助空柱 C 将 N 号盘子上面的 N-1 个盘子从 A 柱移动到 B 柱，再将 N 号盘子移动到 C 柱，这时 A 柱变成空柱，最后借助空柱 A，将 B 柱上的 N-1 个盘子移动到 C 柱。

概括起来，把 N 个盘子从 A 柱移到 C 柱，可以分解为 3 步：

（1）按汉诺塔的移动规则，借助空柱 C，把 N-1 个盘子从 A 柱移到 B 柱；

（2）把 A 柱上最下边的一个盘子移到 C 柱；

（3）按汉诺塔的移动规则，借助空柱 A，把 N-1 个盘子从 B 柱移到 C 柱。

注意：把 N-1 个盘子从一个柱子移到另一个柱子，不是直接整体搬动，而是要按汉诺塔的移动规则，借助于空柱进行。N-1 个盘子的移动方式与 N 个盘子的移动方式相同，或者说，N-1 个盘子的移动和 N 个盘子的移动可以用同一个程序实现。这正符合递归的思想，适合用递归程序实现。

下面来设计实现这一目标的递归子程序。

这个子程序显然应该带有参数，那么它需要哪几个参数呢？在调用这个子程序时，应该告诉它有多少个盘子，这些盘子初始放在 Excel 工作表的什么单元格区域位置，可利用的中间单元格区域位置，目标单元格区域位置，这 3 个区域位置都需要标明单元格的列号和最底层单元格的行号。这样子程序共需要 7 个参数：n、ac、ar、bc、br、cc 和 cr，分别表示盘子数、初始区列号、初始区底层单元格行号、中间区列号、中间区底层单元格行号、目标区列号、目标区底层单元格行号。

进入 VB 编辑环境，在"模块 1"中编写出如下递归子程序：

```
Sub shift(n, ac, ar, bc, br, cc, cr)
  If n = 1 Then
    Call shift1(n, ac, ar, cc, cr)
  Else
    Call shift(n - 1, ac, ar - 1, cc, cr, bc, br)
    Call shift1(n, ac, ar, cc, cr)
    Call shift(n - 1, bc, br, ac, ar, cc, cr - 1)
  End If
End Sub
```

上述子程序用来将 Excel 当前工作表中从 ac 列 ar 行向上摆放的 n 个盘子，借助 bc 列 br 行向上的区域，移动到 cc 列 cr 行向上的区域中。

程序的基本原理为：如果盘子数是 1，直接将其从 ac 列 ar 行移动到 cc 列 cr 行。如果盘子数大于 1，则首先进行递归调用，将从 ac 列 ar−1 行向上摆放的 n−1 个盘子，借助 cc 列 cr 行向上的区域，移动到 bc 列 br 行向上的区域中。然后将 ac 列 ar 行的盘子移动到 cc 列 cr 行。最后，再进行递归调用，将从 bc 列 br 行向上摆放的 n−1 个盘子，借助 ac 列 ar 行向上的区域，移动到 cc 列 cr−1 行向上的区域中。

8. 递归程序调用

为了调用递归子程序 shift，再编写如下子程序：

```
Sub move()
  n = Cells(25, 6)
  Call shift(n, 4, 22, 7, 22, 10, 22)
End Sub
```

上述子程序先从当前工作表的 25 行 6 列单元格中取出盘子数送给变量 n，然后调用递归子程序 shift，传递 7 个实际参数，将 n 个盘子从 4 列 22 行向上的区域，经由 7 列 22 行向上的区域，移到 10 列 22 行向上的区域。

为便于操作，将子程序 move 指定给"移动"按钮。

至此，整个汉诺塔演示软件设计完毕。

在工作表中设置盘子数、延时系数，单击"准备"按钮，再单击"移动"按钮，就可以看到模拟的汉诺塔移动过程。

在这个演示系统当中，仅安排了最多 20 个盘子。因为随着盘子数量的增加，移动次数会急剧上升。假设 12 个盘子，每秒钟移动一次，整个过程需要一个多小时。如果 20 个盘子，每秒钟移动一次，则需要 12 天多。

上机练习

1. 编写一个子程序，在 Excel 当前工作表的 A 列，输出 m 到 n 之间的所有素数。m、n 的值由单元格指定。要求在 Excel 状态栏中显示进度。

2. 用递归和循环方法分别编写程序，在 Excel 当前工作表中输出 Fibonacci 数列的前 30 项。Fibonacci 数列的前 2 个数都是 1，第 3 个数是前 2 个数之和，以后每个数都是其前

2 个数之和，即 1，1，2，3，5，8，13……

3. 变量 TX、ND 和 R 的对应关系如图 6-16 所示。请在 Excel 中编写一个自定义函数，由 TX、ND 求出 R 的值。然后，在 Excel 中创建相应的表格，并调用该自定义函数，填充表格的 R 值。

TX	ND	R
1	1	6
1	2	8
1	3	10
2	1	12
2	2	14
2	3	16
3	1	18
3	2	20
3	3	22
4	1	24
4	2	26
4	3	28
5	1	30
5	2	32
5	3	34
6	1	36
6	2	38
6	3	40

图 6-16　变量 TX、ND 和 R 的对应关系

第 7 章　数据输入与统计

本章给出几个与数据输入和统计有关的应用案例，每个案例都分别用非编程和编程的不同方法实现，目的在于通过对比同样问题的不同解决方法，积累知识，拓展思路，提高软件应用水平。

7.1　用下拉列表输入数据

本节介绍 4 种用下拉列表输入数据的方法。第 1 种方法通过名称、工作簿函数和数据有效性设置下拉列表项。优点是不用程序，缺点是下拉列表项数据源只能在当前工作表中，不够灵活。后 3 种通过 VBA 程序实现，具有更好适应性。

7.1.1　用名称和工作簿函数设置下拉列表项

创建一个 Excel 工作簿，在 Sheet1 工作表中，设计图 7-1 所示的数据区和测试区。

图 7-1　工作表中的数据区和测试区

为了在测试区中能够用下拉列表输入一级部门和对应的二级部门名称，可以进行以下操作：

（1）选中 G4 单元格。在"数据"选项卡的"数据工具"选项组中单击"数据验证"按钮。在"数据验证"对话框的"设置"选项卡中，设置验证条件为：允许序列，序列数据来源于 B4:B7 区域，如图 7-2 所示。这样，在 G4 单元格就可以用下拉列表输入一级部门名称了。

（2）在"公式"选项卡的"定义的名称"选项组中单击"定义名称"按钮。在"新建名称"对话框中，定义一个名称 hxh，引用位置如下所示：

```
=MATCH(Sheet1!$G$4,Sheet1!$B$4:$B$7)
```

该名称得到 MATCH 函数的返回值，即 G4 单元格中一级部门名称在数据区 B4:B7 中的行序号。

G4 单元格的一级部门名称为"产品开发""技术支持""人力资源"及"项目管理"，名称 hxh 的值分别为 1，2，3，4。

（3）用同样的方法定义一个名称 ejs，引用位置如下所示：

```
=COUNTA(OFFSET(Sheet1!$B$3,hxh,1,1,3))
```

该名称先用 OFFSET 函数确定以 B3 单元格为基准，行偏移 hxh，列偏移 1，由 1 行 3 列构成的区域。再用 COUNTA 函数求出非空单元格的个数。由此得到选中的一级部门所对应的二级部门数量。

图 7-2　设置 G4 单元格的数据验证条件

G4 单元格的一级部门名称为"产品开发""技术支持""人力资源"及"项目管理"，名称 ejs 的值分别为 3，2，3，2。

（4）再定义一个名称 ejx，引用位置如下所示：

```
=OFFSET(Sheet1!$B$3,hxh,1,1,ejs)
```

该名称用 OFFSET 函数确定以 B3 单元格为基准，行偏移 hxh，列偏移 1，由 1 行 ejs 列构成的区域。

G4 单元格的一级部门名称为"产品开发""技术支持""人力资源"及"项目管理"，名称 ejx 对应的区域分别为 C4:E4、C5:D5、C6:E6、C7:D7。

在"公式"选项卡的"定义的名称"选项组中单击"名称管理器"按钮，可以看到已定义的名称如图 7-3 所示。

图 7-3　"名称管理器"对话框

（5）选中 H4 单元格。在"数据"选项卡的"数据工具"选项组中单击"数据验证"按钮。在"数据验证"对话框的"设置"选项卡中，设置验证条件为：允许序列，序列数据来源于名称 ejx 所对应的区域，如图 7-4 所示。

图 7-4　H4 单元格的数据验证条件

这样，在 G4 单元格从下拉列表中选择一级部门名称后，就可以在 H4 单元格用下拉列表输入对应的二级部门名称，如图 7-5 所示。

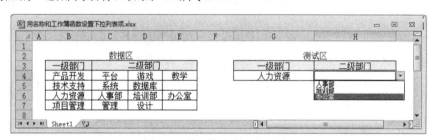

图 7-5　单元格中的下拉列表

7.1.2　用数据有效性设置下拉列表项

本示例要实现如下功能：在 Excel 工作簿中，选中图 7-6 所示的"测试"工作表指定区域的任意单元格时，可在该单元格显示一个下拉列表，然后通过选择下拉列表项进行输入。列表项来源于"数据源"工作表的特定区域，如图 7-7 所示。

图 7-6　"测试"工作表内容

图 7-7　"数据源"工作表内容

创建一个 Excel 工作簿，保存为"用数据有效性设置下拉列表项.xlsm"。在工作簿中建立两个工作表，分别命名为"数据源"和"测试"。

在"数据源"工作表中指定一个区域 B1:B4，设置需要的列表项，填充一种背景颜色以示区别，如图 7-7 所示。

在"测试"工作表指定一个区域 B1:B6，填充一种颜色以示区别，如图 7-6 所示。

进入 VB 编辑环境，在当前工程的 Microsoft Excel 对象中双击 ThisWorkbook 项。在代码窗口的"对象"下拉列表中选择 Workbook 项，"过程"下拉列表中选择 Open 项。为工作簿的 Open 事件编写如下代码：

```
Private Sub Workbook_Open()
  With Sheets("数据源")
    hs = .Cells(1, 2).End(xlDown).Row
    For i = 1 To hs
      ss = ss & .Cells(i, 2) & ","
    Next
  End With
  With Sheets("测试").Range("B1:B6").Validation
    .Delete
    .Add Type:=xlValidateList, Formula1:=ss
  End With
End Sub
```

当工作簿打开时，自动执行上述代码。首先用循环语句把"数据源"工作表第 2 列从第 1 行开始的数据项拼接成一个以逗号分隔的字符串，保存到变量 ss 中。再对"测试"工作表 B1:B6 区域，用 Delete 方法删除原来的验证条件，避免添加新的验证条件时出错，之后用 Add 方法添加一个验证条件。这个验证条件的类型是序列，内容是字符串 ss 的值，形式即为下拉列表。

重新打开工作簿后，选中"测试"工作表指定区域的任意单元格时，便可在该单元格显示一个下拉列表，通过选择下拉列表项可输入相应的信息。

7.1.3 设置不同单元格的下拉列表项

本示例将设计图 7-8 所示的"信息"工作表和图 7-9 所示的"课程表"工作表，然后编写程序实现以下功能：

（1）在"课程表"工作表中选中"课程""班级""教师""教室"单元格时，将"信息"工作表对应列的信息添加到当前单元格的下拉列表中。

（2）在下拉列表中选择任意列表项时，将该项填写到当前单元格中。

1."信息"工作表设计

创建一个 Excel 工作簿。将其中一个工作表重命名为"信息"。

本工作表的作用是提供"教师""教室""班级""课程"信息，对格式无特殊要求。但为了使数据清晰、规整，可对工作表进行如下设置：

选中所有单元格，填充"白色"背景。

图 7-8 "信息"工作表

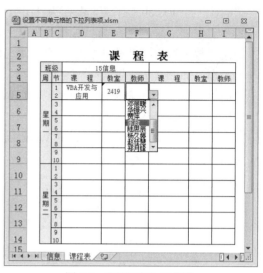

图 7-9 "课程表"工作表

设计图 7-8 所示的表格。包括设置边框线，设置表头背景颜色，添加文字，设置字体、字号等。将表格区域的单元格格式设置为水平居中，数字作为文本处理。选中所有单元格，在"开始"选项卡的"单元格"选项组中单击"格式"按钮，选择"自动调整行高"和"自动调整列宽"命令。

在表格中输入若干"教师""教室""班级""课程"信息，以便进行测试。

2．"课程表"工作表设计

该工作表用于编排指定班级的课程表。

将工作簿的另一个工作表重命名为"课程表"。然后进行如下设置：

选中所有单元格，将背景填充颜色设置为"白色"，单元格格式设置为水平居中、垂直居中，数字作为文本处理，文本控制设置为自动换行。

将标题设置为宋体、16 号字、加粗，上部表头和左边表头设置为宋体、10 号字、褐色，课表内容设置为宋体、9 号字、绿色。

选中各"课程"列，将列宽设置为 9。选中各"教师""教室"列，将列宽设置为 5，其余列按实际情况手动调整。

选中所有单元格，在"开始"选项卡的"单元格"选项组中单击"格式"按钮，选择"自动调整行高"命令。

合并必要的单元格，设置边框线。最后得到图 7-9 所示的"课程表"工作表样式。

3．动态设置单元格的下拉列表项

若要实现在"课程表"工作表中选中"课程""班级""教师""教室"单元格时，将"信息"工作表对应列的信息添加到当前单元格的下拉列表，可对"课程表"工作表的 SelectionChange 事件编写如下代码：

```
Private Sub Worksheet_SelectionChange(ByVal Target As Range)
  col = Target.Column                '求当前列号
  ron = Target.Row                   '求当前行号
```

```
If ron = 3 Then                                      '第3行
   lbx = zfc(4)                                      '取"信息"工作表第4列班级名
ElseIf col = 4 Or col = 7 Then
   lbx = zfc(5)                                      '取"信息"工作表第5列课程名
ElseIf col = 5 Or col = 8 Then
   lbx = zfc(3)                                      '取"信息"工作表第3列教室名
ElseIf col = 6 Or col = 9 Then
   lbx = zfc(2)                                      '取"信息"工作表第2列教师名
Else
   Exit Sub                                          '其他单元格,退出
End If
Target.Validation.Delete                             '这两行用于更新数据验证规则
Target.Validation.Add Type:=xlValidateList, Formula1:=lbx
End Sub
```

工作表的单元格焦点改变时,产生 SelectionChange 事件,执行上述代码。

这段代码首先取出当前单元格的列号和行号,然后根据行列位置,调用自定义函数 zfc,将"信息"工作表指定列的信息拼接成以逗号分隔的字符串,并把字符串作为单元格数据验证条件的序列数据来源,以此动态设置单元格的下拉列表项。

根据单元格数据验证规则特性,在下拉列表中选择任意列表项,该数据项将填写到当前单元格中。

4. 创建自定义函数 zfc

自定义函数 zfc 的自变量是"信息"工作表的一个列号,功能是将"信息"工作表指定列的信息拼接成以逗号分隔的字符串返回。具体代码如下:

```
Function zfc(col)
   hs = Sheets("信息").Cells(2, col).End(xlDown).Row    '求有效行数
   For k = 3 To hs
      s = s & Sheets("信息").Cells(k, col) & ","         '取得一项信息
   Next
   zfc = s                                              '返回值
End Function
```

在函数中首先求出"信息"工作表 col 列的数据有效行数 hs,然后用循环语句将 col 列、3~hs 行的每个单元格内容取出来,拼接成一个以逗号分隔的字符串,最后将字符串作为函数值返回。

5. 运行和测试

打开工作簿,选择"课程表"工作表,将光标定位到任意一个"课程"单元格时,"信息"工作表"课程"列的信息将自动添加到当前单元格的下拉列表中。光标定位到"班级""教师""教室"单元格时,单元格的下拉列表项随之改变。

在下拉列表中选择任意一个列表项时,该项内容将填写到当前单元格中。

7.1.4　动态设置自定义工具栏的下拉列表项

本示例将在图 7-8 所示的"信息"工作表和图 7-9 所示的"课程表"工作表基础上，编写程序实现以下功能：

（1）工作簿打开时创建一个临时自定义工具栏，在工具栏中添加一个组合框，设置组合框宽度、下拉项目数、要执行的过程，让工具栏可见。

（2）在"课程表"工作表中选中"课程"单元格时，将"信息"工作表"课程"列的信息添加到组合框作为下拉列表项；选中"班级""教师"和"教室"单元格时，将"信息"工作表对应列的信息添加到组合框作为下拉列表项。

（3）在组合框中选择任意列表项时，则将该项填写到当前单元格中。

下面介绍具体实现方法。

1．创建自定义工具栏

若要在工作簿打开时，创建一个临时自定义工具栏，在工具栏中添加一个组合框，设置组合框宽度、下拉项目数、要执行的过程，让工具栏可见，需要对工作簿的 Open 事件编写如下代码：

```
Private Sub Workbook_Open()
  Set tbar = Application.CommandBars.Add(Temporary:=True)
  Set combox = tbar.Controls.Add(Type:=msoControlComboBox)
  With combox
    .DropDownLines = 80                     '下拉项目数
    .OnAction = "fill"                      '指定要执行的过程
  End With
  tbar.Visible = True                       '工具栏可见
End Sub
```

上述程序首先创建一个临时自定义工具栏，在工具栏中添加一个组合框 combox。然后设置组合框的下拉项目数为 80，指定要执行的过程为 fill。最后，让工具栏可见。

为了能够在其他过程中对组合框进行操作，可在当前工程中插入一个"模块 1"，用下面语句声明 combox 为全局对象变量：

```
Public combox As Object
```

2．动态设置组合框的下拉列表项

若要实现在"课程表"工作表中选中"课程"单元格时，将"信息"工作表"课程"列的信息添加到组合框作为下拉列表项；选中"班级""教师"和"教室"单元格时，将"信息"工作表对应列的信息添加到组合框作为下拉列表项，可对"课程表"工作表的 SelectionChange 事件编写如下代码：

```
Private Sub Worksheet_SelectionChange(ByVal Target As Range)
  col = Target.Column                      '当前列号
  ron = Target.Row                         '当前行号
  If ron = 3 Then                          '第3行
```

```
        Call add_ComboBox(4, "—班级—")          '将"信息"工作表第 4 列班级名放入组合框
    ElseIf col = 4 Or col = 7 Then               '第 4 列或第 7 列
        Call add_ComboBox(5, "—课程—")          '将"信息"工作表第 5 列课程名放入组合框
    ElseIf col = 5 Or col = 8 Then               '第 5 列或第 8 列
        Call add_ComboBox(3, "—教室—")          '将"信息"工作表第 3 列教室名放入组合框
    ElseIf col = 6 Or col = 9 Then               '第 6 列或第 9 列
        Call add_ComboBox(2, "—教师—")          '将"信息"工作表第 2 列教师名放入组合框
    End If
End Sub
```

在"课程表"工作表中改变当前单元格时，产生 SelectionChange 事件，执行上述程序。首先取出当前单元格的列号和行号，然后根据行列位置，调用子程序 add_ComboBox，向组合框添加相应的项目。

3. 子程序 add_ComboBox 设计

子程序 add_ComboBox 在"模块 1"中创建。其功能是在"信息"工作表的第 col 列，从第 3 行开始依次取出各单元格的内容，添加到组合框中，最后在组合框中显示 title。具体代码如下：

```
Public Sub add_ComboBox(col, title)
  combox.Clear                                   '清除组合框原项目
  hs = Sheets("信息").Cells(2, col).End(xlDown).Row    '求有效行数
  For k = 3 To hs
    entry = Sheets("信息").Cells(k, col)         '取得一项信息
    combox.AddItem (entry)                        '添加组合框项
  Next
  combox.Text = title                            '添加标题项
End Sub
```

例如，执行语句 Call add_ComboBox(2, "—教师—")，会将"信息"工作表第 2 列的各教师名依次添加到组合框，并在组合框中显示"—教师—"字样。

执行语句 Call add_ComboBox(3, "—教室—")，会将"信息"工作表第 3 列的各教室名依次添加到组合框，并在组合框中显示"—教室—"字样。

4. 将组合框的列表项填写到单元格中

若要实现在组合框中选择任意一个列表项时，将该项填写到当前单元格中，可在"模块 1"中编写一个子程序 fill。当自定义工具栏组合框选项改变时，该子程序被执行。代码如下：

```
Public Sub fill()
  cv = Trim(combox.Text)                         '取出组合框值
  If Left(cv, 1) <> "—" Then                     '不是标题项
    ActiveCell.Value = cv                        '填写到当前单元格
  End If
End Sub
```

上述子程序先将组合框的值送给变量 cv，然后根据左边第 1 个字符判断组合框的值是否为"标头"，如果不是"标头"，则将组合框的值填写到当前单元格中。

5. 运行和测试

打开工作簿，Excel 功能区中会出现"加载项"选项卡，其"自定义工具栏"选项组中有一个组合框。

在"课程表"工作表中，将光标定位到任意一个"课程"单元格时，"信息"工作表"课程"列的信息将添加到组合框作为下拉列表项。光标定位到"班级""教师""教室"单元格时，组合框的下拉列表项会随之改变。在组合框中选择任意列表项，该项内容将填写到当前单元格中。

7.2 统计不重复的数字个数

本节给出统计单元格内或单元格区域中不重复数据个数的几种方法。其中用到了 COUNT、FIND、SUM、COUNTIF、FREQUENCY、MATCH、COLUMN 函数，涉及到了数组公式、减负等操作，也使用了 VBA 自定义函数。

7.2.1 用 FIND 函数统计单元格内不重复的数字个数

假设有一个 Excel 工作簿，文件名为"统计不重复的数字个数.xlsm"。在其中的一个工作表的 B 列从第 3 行开始输入了若干电话号码。现要求在 C 列对应的单元格中填写每个电话号码中不重复的数字个数，如图 7-10 所示。

	A	B	C
1			
2		电话号码	不重复的数字个数
3		13630700805	7
4		04343293220	5
5		13843419661	6

图 7-10 电话号码中不重复的数字个数

用工作簿函数 COUNT 和 FIND 可以实现这一功能。

选中 C3 单元格，输入以下公式。

$$=COUNT(FIND(\{0,1,2,3,4,5,6,7,8,9\},B3))$$

然后，将公式向下填充到 C5 单元格，就会得到每个电话号码中不重复的数字个数。

公式中，FIND({0,1,2,3,4,5,6,7,8,9},B3)分别查找数字 0～9 在 B3 单元格值中出现的位置，返回一个数组。

例如，B3 单元格的值为"13630700805"，FIND({0,1,2,3,4,5,6,7,8,9},B3)的返回值为{5,1,#VALUE!,2,#VALUE!,11,3,6,9,#VALUE!}。即"0"在"13630700805"中出现的位置是5，"1"在"13630700805"中出现的位置是1，"2"在"13630700805"中不存在，等等。

COUNT 函数用来求数组中有效数据个数，忽略错误值#VALUE!。

所以 COUNT({5,1,#VALUE!,2,#VALUE!,11,3,6,9,#VALUE!})的返回值为 7。

由于公式中单元格是相对引用，因此填充到其他位置，单元格会相对改变，从而求出每个电话号码中不重复的数字个数。

7.2.2　用 COUNTIF 函数统计区域中不重复的数字个数

在工作簿中添加一个工作表，创建图 7-11 所示的表格，输入一些用于测试的数据。

A	B	C	D	E	F	G	H	I	J	K	L 用COUNTIF函数	M 用FREQUENCY函数	N 用MATCH函数	O 用VBA自定义函数
1														
2			测试数据											
1	3	6	3	0	7	0	0	8	0	5				
0	4	3	4	3	2	9	3	2	2	0				
1	3	8	4	3	4	1	9	6	6	1				

图 7-11　工作表中的表格和测试数据

选中 L3 单元格，输入以下公式。

$$=SUM(1/COUNTIF(A3:K3,A3:K3))$$

按 Ctrl+Shift+Enter 组合键，输入数组公式。然后，将公式向下填充到 L5 单元格，会得到每组数据中不重复的数字个数。结果如图 7-12 所示。

A	B	C	D	E	F	G	H	I	J	K	L 用COUNTIF函数	M 用FREQUENCY函数	N 用MATCH函数	O 用VBA自定义函数
1														
2			测试数据											
1	3	6	3	0	7	0	0	8	0	5	7			
0	4	3	4	3	2	9	3	2	2	0	5			
1	3	8	4	3	4	1	9	6	6	1	6			

图 7-12　用 COUNTIF 函数和数组公式得到的结果

该公式使用条件统计函数 COUNTIF 求出区域 A3:K3 中每个数字出现的次数，结果为一个数组，再把数组中每个元素的倒数相加，得到的就是不重复的数据个数。

例如，A3:K3 单元格区域的数据为 1，3，6，3，0，7，0，0，8，0，5，COUNTIF(A3:K3,A3:K3) 的值为{1,2,1,2,4,1,4,4,1,4,1}。即数字 1 出现 1 次、3 出现 2 次、6 出现 1 次，以此类推。

数组元素的倒数为{1,1/2,1,1/2,1/4,1,1/4,1/4,1,1/4,1}。其中，数字 3 出现 2 次，2 个 1/2 之和结果为 1。数字 0 出现 4 次，4 个 1/4 之和结果为 1。所以，用 SUM 对倒数数组求和时，每个数字被记 1 次，得到的就是不重复的数据个数。

由于公式中单元格区域是相对引用，因此填充到其他位置，单元格区域地址会相对改变，从而求出对应区域不重复的数据个数。

这是统计不重复数据的经典算法，有以下特点：

（1）统计区域内不得有空单元格，否则会出现#DIV/0!错误。可将公式改为

$$=SUM(IF(A3:K3<>"",1/COUNTIF(A3:K3,A3:K3)))$$

（2）EXCEL 浮点运算可能产生误差，导致结果不正确。在这种情况下，可以用嵌套 ROUND 函数修正。

（3）对数据类型没有要求。文本、数值、逻辑值、错误值均可。

（4）统计区域不限于单行或单列，可以是矩形区域，但必须是对单元格区域的引用，而不能是非引用类型的数组。

7.2.3 用 FREQUENCY 函数统计区域中不重复的数字个数

选中 M3 单元格，输入以下公式。

$$=SUM(--(FREQUENCY(A3:K3,A3:K3)>0))$$

并将公式向下填充到 M5 单元格，也会得到每组数据中不重复的数字个数。结果如图 7-13 所示。

											用COUNTIF函数	用FREQUENCY函数	用MATCH函数	用VBA自定义函数
				测试数据										
1	3	6	3	0	7	0	0	8	0	5	7	7		
0	4	3	4	3	2	9	3	2	2	0	5	5		
1	3	8	4	3	4	1	9	6	6	1	6	6		

图 7-13 用 FREQUENCY 函数得到的结果

公式中的 FREQUENCY 函数可求出区域 A3:K3 每个数字的分布频率，结果为一个数组。第 1 次出现的数字位置返回该数字出现次数，再次出现就返回 0。

例如，A3:K3 单元格区域的数据为 1，3，6，3，0，7，0，0，8，0，5，FREQUENCY(A3:K3,A3:K3)的值为{1;2;1;0;4;1;0;0;1;0;1;0}。即数字 1 出现 1 次、3 出现 2 次、6 出现 1 次、0 出现 4 次，以此类推。

FREQUENCY(A3:K3,A3:K3)>0 的值如下所示：

{TRUE;TRUE;TRUE;FALSE;TRUE;TRUE;FALSE;FALSE;TRUE;FALSE;TRUE;FALSE}

用两个减号进行减负操作后，得到数组{1;1;1;0;1;1;0;0;1;0;1;0}。最后用 SUM 函数将数组元素相加，得到的就是区域中不重复的数字个数。

这种方法的特点是：

（1）数据可以是数组和单元格区域的引用。

（2）统计区域可以有空单元格。因为该函数将忽略空白单元格和文本。

（3）没有浮点运算误差。

（4）参数只能为数值。

（5）数据可以是多行多列。

7.2.4 用 MATCH 函数统计区域中不重复的数字个数

选中 N3 单元格，输入以下公式。

$$=SUM(--(MATCH(A3:K3,A3:K3,0)=COLUMN(A3:K3)))$$

按 Ctrl+Shift+Enter 组合键，输入数组公式。

然后，将公式向下填充到 N5 单元格，同样会得到每组数据中不重复的数字个数。结果如图 7-14 所示。

公式中的 MATCH 函数用来精确查找每个数字在数据区第 1 次出现的位置，并与对应的列号进行比较。因为只有第 1 次出现的位置才会与列号一致，结果为 TRUE，减负操作后结果为 1，否则结果为 0。将这些 1 相加，得到的就是不重复的数据个数。

												用COUNTIF函数	用FREQUENCY函数	用MATCH函数	用VBA自定义函数
	A	B	C	D	E	F	G	H	I	J	K	L	M	N	O
1															
2				测试数据								用COUNTIF函数	用FREQUENCY函数	用MATCH函数	用VBA自定义函数
3	1	3	6	3	0	7	0	0	8	0	5	7	7	7	
4	0	4	3	4	3	2	9	3	2	2	0	5	5	5	
5	1	3	8	4	3	4	1	9	6	6	1	6	6	6	

图 7-14　用 MATCH 函数和数组公式得到的结果

例如，A3:K3 单元格区域的数据为 1, 3, 6, 3, 0, 7, 0, 0, 8, 0, 5, MATCH(A3:K3,A3:K3,0) 的值为{1,2,3,2,5,6,5,5,9,5,11}。即数字 1 出现的位置是 1、3 出现的位置是 2、6 出现的位置是 3 次、0 出现的位置是 5，以此类推。

COLUMN(A3:K3)的值为{1,2,3,4,5,6,7,8,9,10,11}。

MATCH(A3:K3,A3:K3,0)=COLUMN(A3:K3)的值如下所示：

{TRUE,TRUE,TRUE,FALSE,TRUE,TRUE,FALSE,FALSE,TRUE,FALSE,TRUE}

减负操作后结果为{1,1,1,0,1,1,0,0,1,0,1}。最后，用 SUM 函数将数组中的元素相加，得到不重复的数据个数。

这种方法的特点是：

（1）数据可以是内存数组，也可以是单元格区域的引用。

（2）数据必须是单行或单列。

7.2.5　用 VBA 自定义函数统计区域中不重复的数字个数

打开"统计不重复的数字个数.xlsm"工作簿文件。进入 VB 编辑环境，插入一个模块，编写一个自定义函数，代码如下：

```
Function unq(Rng As Range) As Long
  Dim clc As New Collection          '声明集合变量
  On Error Resume Next               '如果出现错误，则执行下一语句
  For Each C In Rng                  '循环处理每个单元格
    clc.Add C.Value, CStr(C.Value)   '添加集合元素，排除重复值
  Next
  On Error GoTo 0                    '恢复错误处理
  unq = clc.Count                    '返回集合元素个数
End Function
```

上述函数的形参 Rng 为单元格区域，返回值为长整型数据，功能是统计指定区域中不重复的数字个数。

在函数中，首先声明一个集合变量 clc，用 On Error 语句忽略错误。然后用 For Each 循环语句对区域的每个单元格进行处理，并用 Add 方法向集合添加该单元格的值。如果集合中已经存在该元素，则产生错误，执行下一语句，避免重复值。循环结束后，恢复错误处理，将集合中元素个数作为函数值返回。

选中 O3 单元格，输入以下公式。

$$=unq(A3:K3)$$

按 Enter 键后，在该单元格得到 unq 函数返回值，即区域 A3:K3 不重复的数据个数 7。

将 O3 单元格的公式向下填充到 O5，将得到区域 A4:K4 不重复的数据个数 5，区域 A5:K5 不重复的数据个数 6，如图 7-15 所示。

	测试数据	用COUNTIF函数	用FREQUENCY函数	用MATCH函数	用VBA自定义函数
3	1 3 6 3 0 7 0 0 8 0 5	7	7	7	7
4	0 4 3 4 3 2 9 3 2 2 0	5	5	5	5
5	1 3 8 4 3 4 1 9 6 6 1	6	6	6	6

图 7-15　用 VBA 自定义函数得到的结果

7.3　制作应交党费一览表

本节将用几种不同的方法，制作一个图 7-16 所示的"XX 单位党员应交党费一览表"。其中，党费交纳标准为："基础工资"与"基础津贴"之和不超过 600 元者，按 1%交纳党费；超过 600 元但不超过 800 元者，按 1.5%交纳党费；超过 800 元但不超过 1500 元者，按 2%交纳党费；超过 1500 元者，按 3%交纳党费。

1. 用 VLOOKUP 函数和费率表求费率

创建一个 Excel 工作簿，其中有一个"费率表"工作表，如图 7-17 所示。A2:B5 单元格区域的内容表示：工资及津贴在 0～600 元区间，费率为 1%；工资及津贴在 600.01～800 元区间，费率为 1.5%；工资及津贴在 800.01～1500 元区间，费率为 2%；工资及津贴在 1500 元以上，费率为 3%。选中 A 列，设置单元格格式为两位小数的数值。选中 B 列，设置单元格格式为一位小数、百分比形式的数值。

	A	B	C	D	E	F
1		XX单位党员应交党费一览表				
2	姓名	基础工资	基础津贴	合计	费率	应交党费
3	党员1	1170	501	1671	3.0%	50.1
4	党员2	1075	425	1500	2.0%	30.0
5	党员3	877	375	1252	2.0%	25.0
6	党员4	880	320	1200	2.0%	24.0
7	党员5	651	281	932	2.0%	18.6
8	党员6	622	283	905	2.0%	18.1
9	党员7	605	195	800	1.5%	12.0
10	党员8	465	199	664	1.5%	10.0
11	党员9	425	175	600	1.0%	6.0
12	党员10	399	171	570	1.0%	5.7

图 7-16　效果图

	A	B
1	工资区间	费率
2	0.00	1.0%
3	600.01	1.5%
4	800.01	2.0%
5	1500.01	3.0%

图 7-17　"费率表"工作表

在工作簿中新建一个工作表，命名为"用 VLOOKUP 函数和费率表"。在工作表中设计一个表格，输入基本信息，得到图 7-18 所示的表格。

在"用 VLOOKUP 函数和费率表"工作表中进行以下操作：

（1）选中 E 列，设置单元格格式为一位小数、百分比形式的数值。

（2）在 D3 单元格输入公式"=B3+C3"，并将公式填充到 D4～D12 单元格，求出每位党员的"基础工资"与"基础津贴"之和。

（3）在 E3 单元格输入以下公式。

=VLOOKUP(D3,费率表!$A$2:$B$5,2)

图 7-18　应交党费一览表及基本信息

该公式用 VLOOKUP 函数和费率表求出 D3 单元格中的工资及津贴数额对应的费率。

这里，VLOOKUP 函数在"费率表"工作表的 A2:B5 区域首列查找小于或等于 D3 单元格内容的最大数值，返回区域中第 2 列对应的数值。

例如，D3 单元格的内容为 1671，则 VLOOKUP 函数返回值为 3.0%；D3 单元格的内容为 1500，则 VLOOKUP 函数返回值为 2.0%；D3 单元格的内容为 800，则 VLOOKUP 函数返回值为 1.5%；D3 单元格的内容为 570，则 VLOOKUP 函数返回值为 1.0%。

由于 E3 单元格公式中 VLOOKUP 函数的第 1 个参数 D3 用的是相对地址，因此将这个公式填充到 E4～E12 单元格，就可以求出每个人应交党费的费率。

（4）在 F3 单元格输入计算公式"=D3*E3"，并将公式填充到 F4～F12 单元格。此时便可得到图 7-16 所示的结果。

2. 用 VLOOKUP 函数和数组求费率

右击"用 VLOOKUP 函数和费率表"工作表标签，在弹出的快捷菜单中选择"移动或复制"命令，将该工作表复制到工作簿的最后，并重命名为"用 VLOOKUP 函数和数组"。

选中 E3 单元格，然后在编辑栏中选中 VLOOKUP 函数的第 2 个参数"费率表!\$A\$2:\$B\$5"，按 F9 功能键，该参数转换为数组{0,0.01;600.01,0.015; 800.01,0.02;1500.01,0.03}。

单击编辑栏左边的"输入"按钮 ✓，完成公式编辑。

将公式填充到 E4～E12 单元格，同样可以求出每位党员应交党费的费率。

这种方法用数组取代了"费率表"工作表的数据区，因此可以省略"费率表"工作表。

3. 用 VLOOKUP 函数和名称求费率

右击"用 VLOOKUP 函数和数组"工作表标签，在弹出的快捷菜单中选择"移动或复制"命令，将该工作表复制到工作簿的最后，并重命名为"用 VLOOKUP 函数和名称"。

在"公式"选项卡的"定义的名称"选项组中单击"定义名称"按钮，在"新建名称"对话框中定义一个名称 flb，将引用位置设置为数组{0,0.01;600.01,0.015;800.01,0.02;1500.01,0.03}，如图 7-19 所示。然后单击"确定"按钮。

在 E3 单元格输入计算公式"=VLOOKUP(D3,flb,2)"，并将公式填充到 E4～E12 单元格，同样可以求出每位党员应交党费的费率。

图 7-19　定义名称 flb

这种方法用名称表示数组，原理是一样的。

4. 用 LOOKUP 函数和费率表求费率

右击"用 VLOOKUP 函数和费率表"工作表标签，在弹出的快捷菜单中选择"移动或复制"命令，将该工作表复制到工作簿的最后，并重命名为"用 LOOKUP 函数和费率表"。

在 E3 单元格输入以下公式。

=LOOKUP(D3,费率表!\$A\$2:\$A\$5,费率表!\$B\$2:\$B\$5)

该公式用 LOOKUP 函数和费率表求出 D3 单元格中的工资及津贴数额对应的费率。

这里，LOOKUP 函数在"费率表"工作表的 A2:A5 单列区域中查找小于或等于 D3 单元格内容的最大数值，返回 B2:B5 区域中对应的数值。

例如，D3 单元格的内容为 1671，则 LOOKUP 函数在"费率表"工作表的 A2:A5 区域中查找小于或等于 1671 的最大数值为 1500，返回 B2:B5 区域中对应的数值 3%。

将这个公式填充到 E4～E12 单元格，也可以求出每位党员应交党费的费率。

5. 用 IF 函数求费率

右击"用 LOOKUP 函数和费率表"工作表标签，在弹出的快捷菜单中选择"移动或复制"命令，将该工作表复制到工作簿的最后，并重命名为"用 IF 函数"。

在 E3 单元格输入以下公式。

=IF(D3<=600,0.01,IF(D3<=800,0.015,IF(D3<=1500,0.02,0.03)))

该公式用嵌套的 IF 函数对 D3 单元格的值进行逐级判断：若小于或等于 600，则返回 0.01；若小于或等于 800，返回 0.015；若小于或等于 1500，返回 0.02；否则返回 0.03。由此求出 D3 单元格中的工资及津贴数额对应的费率。

将这个公式填充到 E4～E12 单元格，同样可以求出每位党员应交党费的费率。

6. 用 VBA 自定义函数求费率

右击"用 LOOKUP 函数和费率表"工作表标签，在弹出的快捷菜单中选择"移动或复制"命令，将该工作表复制到工作簿的最后，并重命名为"用 VBA 自定义函数"。

进入 VB 编辑环境，在当前工程中插入一个模块，然后建立如下自定义函数：

```
Function fl(x)
  Select Case x
   Case Is <= 600
     fl = 0.01
   Case Is <= 800
     fl = 0.015
   Case Is <= 1500
     fl = 0.02
   Case Else
     fl = 0.03
  End Select
```

```
End Function
```

上述自定义函数以形式参数 x 表示工资及津贴数额，根据 x 值的不同范围，求出对应的费率，作为函数的返回值。

在 E3 单元格输入计算公式“=fl(D3)”，并将公式填充到 E4～E12 单元格。

由于 E3 单元格公式中自定义函数 fl 的实参用的是相对地址 D3，因此将这个公式填充到 E4～E12 单元格，就可以求出每位党员应交党费的费率。

7.4　种植意向调查数据汇总

在一个 Excel 工作簿中，有“总表”“双辽”“梨树”和“公主岭”4 个工作表，每个工作表中有一个表格，这些表格结构完全相同。

其中，“双辽”“梨树”和“公主岭”3 个工作表的内容为该县市的“下年种植意向调查表”，“总表”工作表用来存放各县市“下年种植意向汇总表”。

各县市的“下年种植意向调查表”结构和内容如图 7-20、图 7-21 和图 7-22 所示。

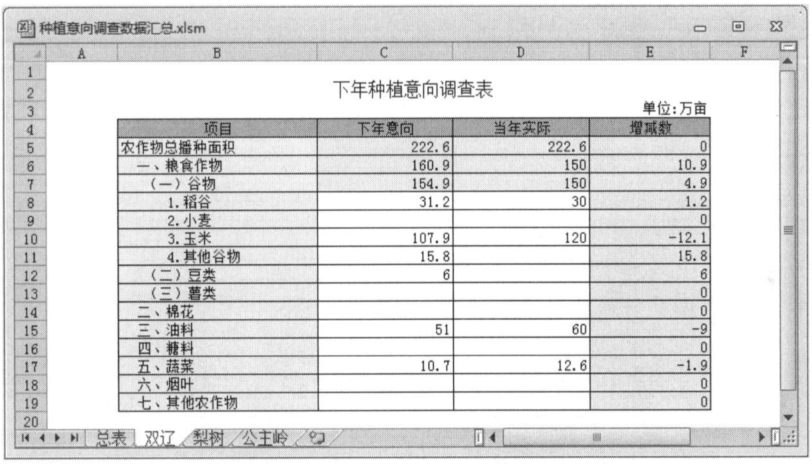

下年种植意向调查表

单位:万亩

项目	下年意向	当年实际	增减数
农作物总播种面积	222.6	222.6	0
一、粮食作物	160.9	150	10.9
（一）谷物	154.9	150	4.9
1.稻谷	31.2	30	1.2
2.小麦			0
3.玉米	107.9	120	-12.1
4.其他谷物	15.8		15.8
（二）豆类	6		6
（三）薯类			0
二、棉花			0
三、油料	51	60	-9
四、糖料			0
五、蔬菜	10.7	12.6	-1.9
六、烟叶			0
七、其他农作物			0

图 7-20　“双辽”工作表结构和内容

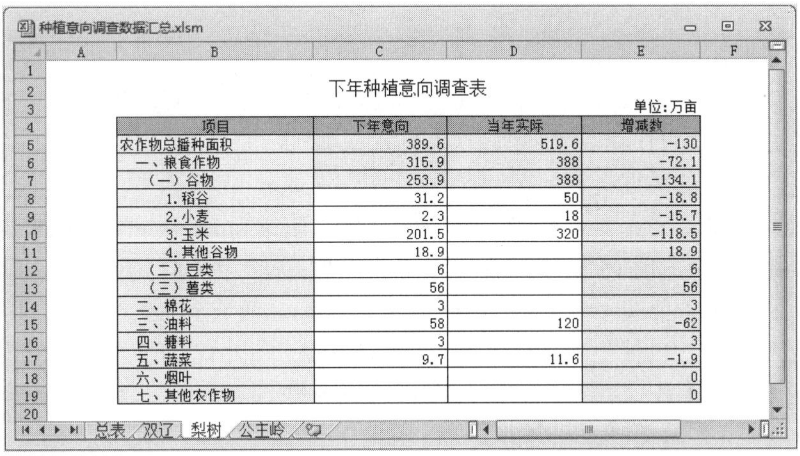

下年种植意向调查表

单位:万亩

项目	下年意向	当年实际	增减数
农作物总播种面积	389.6	519.6	-130
一、粮食作物	315.9	388	-72.1
（一）谷物	253.9	388	-134.1
1.稻谷	31.2	50	-18.8
2.小麦	2.3	18	-15.7
3.玉米	201.5	320	-118.5
4.其他谷物	18.9		18.9
（二）豆类	6		6
（三）薯类	56		56
二、棉花	3		3
三、油料	58	120	-62
四、糖料	3		3
五、蔬菜	9.7	11.6	-1.9
六、烟叶			0
七、其他农作物			0

图 7-21　“梨树”工作表结构和内容

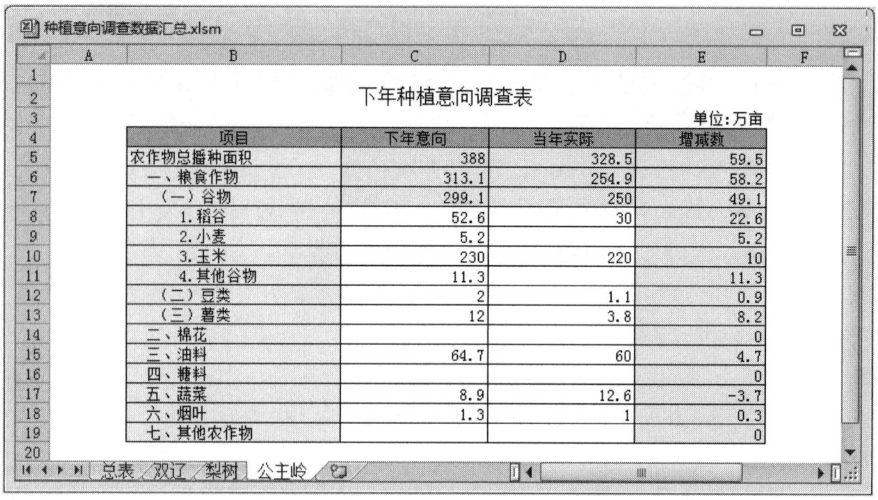

种植意向调查数据汇总.xlsm

下年种植意向调查表

单位:万亩

项目	下年意向	当年实际	增减数
农作物总播种面积	388	328.5	59.5
一、粮食作物	313.1	254.9	58.2
（一）谷物	299.1	250	49.1
1.稻谷	52.6	30	22.6
2.小麦	5.2		5.2
3.玉米	230	220	10
4.其他谷物	11.3		11.3
（二）豆类	2	1.1	0.9
（三）薯类	12	3.8	8.2
二、棉花			0
三、油料	64.7	60	4.7
四、糖料			0
五、蔬菜	8.9	12.6	-3.7
六、烟叶	1.3	1	0.3
七、其他农作物			0

总表 双辽 梨树 公主岭

图 7-22 “公主岭”工作表结构和内容

“总表”工作表中“下年种植意向汇总表”的结构和内容如图 7-23 所示。

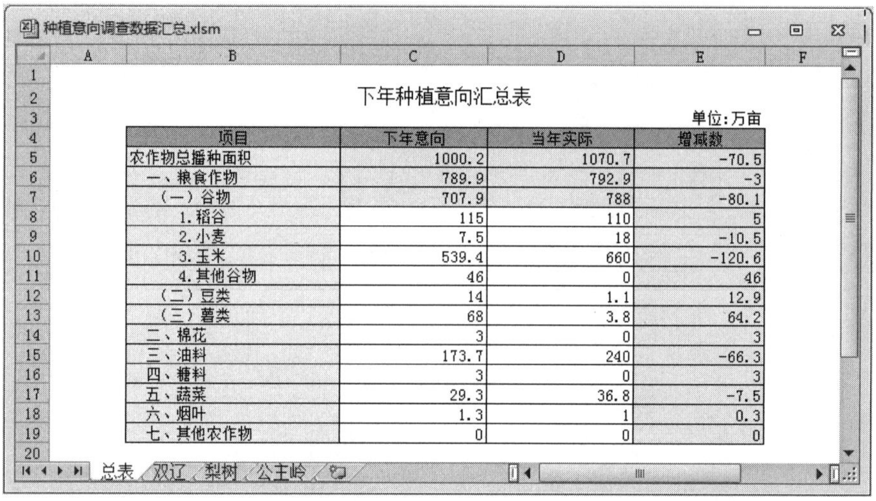

种植意向调查数据汇总.xlsm

下年种植意向汇总表

单位:万亩

项目	下年意向	当年实际	增减数
农作物总播种面积	1000.2	1070.7	-70.5
一、粮食作物	789.9	792.9	-3
（一）谷物	707.9	788	-80.1
1.稻谷	115	110	5
2.小麦	7.5	18	-10.5
3.玉米	539.4	660	-120.6
4.其他谷物	46	0	46
（二）豆类	14	1.1	12.9
（三）薯类	68	3.8	64.2
二、棉花	3	0	3
三、油料	173.7	240	-66.3
四、糖料	3	0	3
五、蔬菜	29.3	36.8	-7.5
六、烟叶	1.3	1	0.3
七、其他农作物	0	0	0

总表 双辽 梨树 公主岭

图 7-23 “总表”工作表结构和内容

在各工作表中：

C5 单元格设置了公式“=C6+C14+C15+C16+C17+C18+C19”，并向右填充到 D5 单元格，用来自动求出“农作物总播种面积”，也就是项目标题以“一”“二”“三”“四”“五”“六”和“七”开头的数据之和。

C6 单元格设置了公式“=C7+C12+C13”，并向右填充到 D6 单元格，用来自动求出“粮食作物”总播种面积，也就是项目标题以“（一）”“（二）”和“（三）”开头的数据之和。

C7 单元格设置了公式“=C8+C9+C10+C11”，并向右填充到 D7 单元格，用来自动求出“谷物”总播种面积，也就是项目标题以“1”“2”“3”和“4”开头的数据之和。

E5 单元格设置了公式“=C5-D5”，并向下填充到 E19 单元格，用来自动求出“下年意向”与“当年实际”总播种面积之差。

各县市“下年种植意向调查表”工作表的 C8:D19 单元格区域内容为人工输入的数据。

"总表"工作表的 C8:D19 单元格区域内容为需要汇总的数据。

　　要求：用公式或 VBA 程序计算并填写"总表"工作表 C8:D19 单元格区域的数据。

1．用公式

　　在"总表"工作表中，选中 C8 单元格，在"开始"选项卡的"编辑"选项组中单击"自动求和"按钮。单击"双辽"工作表标签，按住 Shift 键，再单击"公主岭"工作表标签，同时选中 3 个相邻的工作表。单击 C8 单元格，按 Enter 键后，在"总表"工作表的 C8 单元格得到公式"=SUM(双辽:公主岭!C8)"。将公式向右、向下填充到整个 C8:D19 区域，将会得到图 7-23 所示的结果。

2．用 VBA 程序

　　进入 VB 编辑环境，在当前工程中插入一个模块，编写如下子程序：

```
Sub hz()
  n = Worksheets.Count
  For Each c In Range("C8:D19")
    cr = c.Row
    cc = c.Column
    s = 0
    For k = n To 2 Step -1
      s = s + Sheets(k).Cells(cr, cc).Value
    Next
    c.Value = s
  Next
End Sub
```

上述子程序首先求出当前工作簿中工作表的数量 n。

然后用 For 循环语句对当前工作表 C8:D19 区域的每 1 个单元格进行如下操作：

（1）取出单元格的行号和列号，设置求和变量 s 的初值为 0。

（2）用 For 循环语句，将第 2 个工作表以及之后的每个工作表对应单元格的值相加，结果放到变量 s 中。

（3）将 s 的值填写到当前单元格中。

　　选中"总表"工作表，在"开发工具"选项卡的"控件"选项组中单击"插入"按钮，插入一个按钮（窗体控件），将子程序 hz 指定给该按钮，并将按钮的标题设为"汇总"。

　　这样，在"总表"工作表中单击"汇总"按钮，同样会得到图 7-23 所示的结果。

　　为了便于清除"总表"工作表 C8:D19 区域的内容，可以编写如下子程序：

```
Sub qc()
  Range("C8:D19").ClearContents
End Sub
```

　　在"总表"工作表中添加一个"清除"按钮，将子程序 qc 指定给该按钮。单击"清除"按钮，将会清除"总表"工作表 C8:D19 区域的内容。

7.5 函授生信息统计

某函授学院学生的基本信息已经输入到一个 Excel 工作表中，该工作表命名为“学籍总表”，结构和内容如图 7-24 所示。

考生号	姓名	性别	专业	层次	函授站
0822050314100001	高铭	男	汉语言文学	专升本	18
0822050314100002	黄霞	女	汉语言文学	专升本	18
0822050314100003	封满	男	汉语言文学	专升本	18
0822050314100004	张志勇	男	汉语言文学	专升本	18
0822050314100005	肖鹏	男	汉语言文学	专升本	18
0822018115500673	刘玉香	女	计算机应用技术	专	01
0822020215100846	马雪晶	女	英语教育	专	01
0822030111100020	李丽	女	英语	专升本	48
0822030111100021	殷博佳	女	英语	专升本	48
0822030111100023	栾淑伟	女	英语	专升本	48
0822030111100024	杨丹	女	汉语言文学	专升本	26
0822030111100025	刘秋霜	女	汉语言文学	专升本	26
0822030111100058	陈俊	男	汉语言文学	专升本	01
0822030111100059	李让	女	汉语言文学	专升本	01
0822030111100060	尹丽华	女	汉语言文学	专升本	01
0822050315100281	王邹华	女	学前教育	专	05
0822050315100282	李云霞	女	学前教育	专	05
0822050315500133	闫亮	男	行政管理	专	18

图 7-24 “学籍总表”工作表结构和内容

要求：

（1）按“专科”和“本科”学历层次，分别统计出各专业、各函授站的学生人数。

（2）分别求出每个函授站“专科”总人数和“本科”总人数。

（2）求出每个函授站“专科”和“本科”的总人数。

（4）将结果放在另一张工作表中。得到图 7-25 所示的结果。

	函授站代码	01	05	08	09	11	16	18	24	26	30	32	33	36	48	63	66	67
	函授站名称	四平	长春	农安	延吉	朝阳	松原	德惠	盘锦	双辽	沈阳	鸡西	哈尔滨	白城	磐石	铁岭	公主岭	通化
专科	初等教育		2				68			4			1				1	
	法律事务	2	6		1		5		3			5	16	9			2	8
	广告设计与制作	1	2				5									38		
	国际经济与贸易		10			1			4			55	3	4				2
	会计电算化	2	32				2	9	6			8	4	8				
	机械设计与制造		25				5		5			3	1	9				
	计算机应用技术	7	22	1	4	2	15	3	7		3	8	2	15				
	人力资源管理	5	25				4	1	10			13	14	19	1			4
	市场营销	1	7			1	2	3	8			4	9	15			2	1
	行政管理	1	18				2	5	2			4	3	5	1			
	学前教育		4			2	36							1			1	3
	应用日语	2										58		2				1
	英语教育	3	6		3	1	4				1	25		2			1	
	语文教育	6	2		12		27			17		9	3	2	2		2	9
	专科总计	30	161	1	20	7	175	21	45	21	4	192	56	91	4	38	9	28
本科	财务管理	4	30	4				4	4		4	4	9	22	1			
	法学	10	30	2	7	10	2	6	4		2	7	7	8	1		2	18
	国际经济与贸易	3	7						10			7	5	4				1
	汉语言文学	45	17	6	33	35	28	61	2	27	29	18	11	17	17		47	11
	计算机科学与技术	6	23		2	1	4	4	3		14	4	8	11	4		1	1
	教育学		6			3	4	1	16	1	1		1	7				3
	金融学	9	24	22		2	4	6	3			4		8	8		3	6
	人力资源管理	3	33			7	1		10		4	6	21	11	4			5
	英语	10	9	3	6	6	3	3	1		29	11		17	3		3	9
	本科总计	90	179	37	48	64	46	85	53	28	83	61	62	105	38		56	54
	专、本科总计	120	340	38	68	71	221	106	98	49	87	253	118	196	42	38	65	82

图 7-25 “人数统计”工作表结构和内容

下面介绍 3 种实现方法：直接使用单元格公式，可称之为公式实现法；用 VBA 程序辅以单元格公式，可称之为程序实现法；使用数据透视表法。

7.5.1　公式实现法

创建一个 Excel 工作簿，保存为"函授生信息统计.xlsm"。将工作簿的第 1 张工作表重命名为"学籍总表"，第 2 张工作表重命名为"公式实现法"。

在"学籍总表"工作表中选中所有单元格，填充"白色"背景。选中 A～F 列，设置适当的字体、字号、边框线、对齐方式、列宽和行高，设置数字格式为文本。设置表格标题行的背景颜色。输入或导入函授生基本信息，得到图 7-24 所示的工作表结构和内容。

在"公式实现法"工作表中选中所有单元格，填充"白色"背景，设置适当的字体、字号。

设计一个图 7-26 所示的表格。输入各函授站代码和名称、各专业名称、小计名称和总计名称。合并 A3～A17 单元格，输入"专科"字样，合并 A18～A27 单元格，输入"本科"字样。设置表格的边框和对齐方式。选中第 1 行的 C～S 列，设置数字格式为文本。设置表格标题行、小计行和总计行的背景颜色。

函授生信息统计.xlsm																		
	A	B	C	D	E	F	G	H	I	J	K	L	M	N	O	P	Q	R	S
1		函授站代码	01	05	08	09	11	16	18	24	26	30	32	33	36	48	63	66	67
2		函授站名称	四平	长春	农安	延吉	朝阳	松原	德惠	盘锦	双辽	沈阳	鸡西	哈尔滨	白城	磐石	铁岭	公主岭	通化
3		初等教育																	
4		法律事务																	
5		广告设计与制作																	
6		国际经济与贸易																	
7		会计电算化																	
8		机械设计与制造																	
9		计算机应用技术																	
10	专科	人力资源管理																	
11		市场营销																	
12		行政管理																	
13		学前教育																	
14		应用日语																	
15		英语教育																	
16		语文教育																	
17		专科总计																	
18		财务管理																	
19		法学																	
20		国际经济与贸易																	
21		汉语言文学																	
22	本科	计算机科学与技术																	
23		教育学																	
24		金融学																	
25		人力资源管理																	
26		英语																	
27		本科总计																	
28		专、本科总计																	
29																			

图 7-26　"公式实现法"工作表结构

在"公式实现法"工作表的 C3 单元格输入以下公式。

=SUMPRODUCT((学籍总表!$D$2:$D$1993=$B3)*(学籍总表!$E$2:$E$1993="专")*(学籍总表!$F$2:$F$1993=C$1))

并向下填充至 C16 单元格。

选中单元格区域 C3:C16，向右填充，将公式填充到区域 C3:S16 的每个单元格。这样可得到"专科"学历层次各专业、各函授站的学生人数。

同理，在 C18 单元格输入以下公式。

=SUMPRODUCT((学籍总表!$D$2:$D$1993=$B18)*(学籍总表!$E$2:$E$1993<>"专")*(学籍总表!$F$2:$F$1993=C$1))

并向下、向右填充，将公式填充到区域 C18:S26 的每个单元格。这样可得到"本科"学历层次各专业、各函授站的学生人数。

在上面的公式中，用到了 Excel 工作簿函数 SumProduct，它的作用是在给定的几个数组中，将数组间对应的元素相乘，并返回乘积之和。

例如，在 C3 单元格的公式中，"学籍总表"的$D$2:$D$1993 为"专业"数据区；$E$2:$E$1993 为"学历层次"数据区；$F$2:$F$1993 为"函授站"数据区。1993 为数据区最大行号，应用时可根据实际情况调整。

"专业"数据区每个单元格的值若等于$B3 条件单元格的值，则数组"学籍总表!$D$2:$D$1993=$B3"对应元素的值为 True；"学历层次"数据区每个单元格的值若等于条件"专"，则数组"学籍总表!$E$2:$E$1993="专""对应元素的值为 True；"函授站"数据区每个单元格的值若等于 C$1 条件单元格的值，则数组"学籍总表!$F$2:$F$1993=C$1"对应元素的值为 True。

3 个数组对应元素的值同时为 True，则相乘后结果为 1，否则为 0。再把这些乘积相加，即得到"学籍总表"工作表中同时满足"专业""学历层次"及"函授站"条件的学生人数。

公式中，"专业""学历层次"及"函授站"数据区使用的是绝对地址，因此将公式填充到其他单元格时，地址保持不变；"专业"条件单元格使用"行相对、列绝对"的混合地址，因此行号随公式的位置改变；"函授站"条件单元格使用"行绝对、列相对"的混合地址，因此列标随公式的位置改变。

与区域 C3:S16 相比，区域 C18:S26 中的公式只是将"学历层次"条件由"="专""改成了"<>"专""。

在 C17 单元格输入公式"=SUM(C3:C16)"，向右填充到 S17 单元格，可求出每个函授站的"专科"总人数。在 C27 单元格输入公式"=SUM(C18:C26)"，向右填充到 S27 单元格，可求出每个函授站的"本科"总人数。在 C28 单元格输入公式"=SUM(C27,C17)"，向右填充到 S28 单元格，可求出每个函授站"专科"和"本科"的总人数。最后得到图 7-25 所示的结果。

这种方法的优点是不用编程序。缺点是当在"学籍总表"的末尾添加数据时，需要重新修改和填充公式，才能得到正确的结果。

7.5.2 程序实现法

打开 Excel 工作簿文件"函授生信息统计"，右击"公式实现法"工作表标签，在弹出的快捷菜单中选择"移动或复制"命令，在后面复制一个副本，并将其重新命名为"程序实现法"。在"程序实现法"工作表中，删除 C3:S16 和 C18:S26 单元格区域的全部公式。在"开发工具"选项卡的"控件"选项组中单击"插入"按钮，在表格的右侧添加一个按钮（窗体控件）并设置标题为"统计人数"，用于执行相应的子程序。

　　为了保护工作表结构和小计行、总计行的公式，在"审阅"选项卡的"更改"选项组中单击"保护工作表"按钮，对工作表进行保护。

　　进入 VB 编辑环境，在当前工程中插入一个模块，在模块中编写一个"统计人数"子程序，代码如下：

```
Sub 统计人数()
  ActiveSheet.Unprotect                              '撤销工作表保护
  Range("C3:S16,C18:S26").ClearContents              '清除当前工作表公式区
  m = Worksheets("学籍总表").Range("A1").End(xlDown).Row '求"学籍总表"最大行号
  For Each c In Range("C3:S16,C18:S26")              '处理区域的每个单元格
    zz = "=B" & c.Row                               '形成"专业"条件
    If Not IsEmpty(Cells(c.Row, 1)) Then            '第 1 列内容不空
      If InStr(Cells(c.Row, 1), "本") Then
        cc = "<>" & Chr(34) & "专" & Chr(34)        '形成"学历层次"条件
      Else
        cc = "=" & Chr(34) & "专" & Chr(34)         '形成"学历层次"条件
      End If
    End If
    dd = "=" & Mid(c.Address, 2, 1) & 1             '形成"函授站"条件
    myRg = "=SumProduct((学籍总表!D2:D" & m & zz & ")*"
    myRg = myRg & "(学籍总表!E2:E" & m & cc & ")*"
    myRg = myRg & "(学籍总表!F2:F" & m & dd & "))"  '生成计算公式
    c.Value = myRg                                  '填写计算公式
  Next
  ActiveSheet.Protect                               '保护工作表
End Sub
```

　　上述子程序的作用是在 C3:S16 和 C18:S26 单元格区域中自动填写公式。

　　首先撤销工作表保护，清除 C3:S16 和 C18:S26 单元格区域中原有的公式，求出"学籍总表"工作表数据区的最大行号。然后，用 For Each 语句对 C3:S16 和 C18:S26 区域的每个单元格填写一个公式。最后重新保护工作表。

　　公式的形成方法是：把 B 列、当前行单元格的值作为"专业"条件。把当前列、第 1 行单元格的值作为"函授站"条件。根据当前行、第 1 列单元格的值是否为"空"和是否包含"本"字，来确定用"<>"专""还是用"="专""作为"学历层次"条件。Chr(34)函数用来产生字符串定界符""。把 3 个条件字符串与 SumProduct 函数名、数据区等参数进行拼接，得到最终需要的公式。

　　在"程序实现法"工作表右击"统计人数"按钮，在弹出的快捷菜单中选择"指定宏"命令，将"统计人数"子程序指定给该按钮。

　　单击"统计人数"按钮，在 C3:S16 和 C18:S26 单元格区域中自动填写公式，同样可以得到图 7-25 所示的结果。

　　由于 C3:S16 和 C18:S26 区域中每个单元格的公式都由程序分别生成和填写，因此公式中的单元格可以全部使用相对地址。

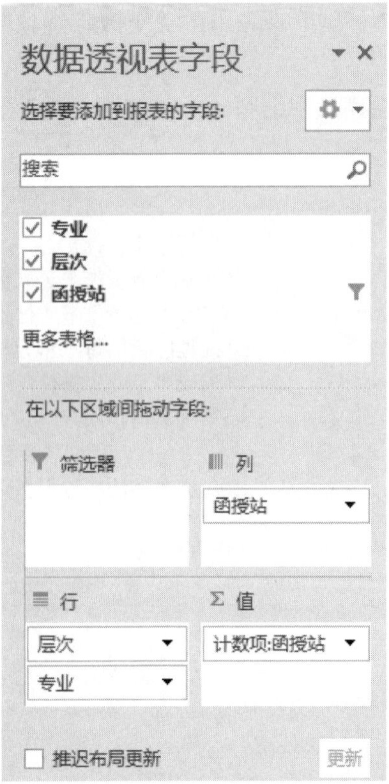
数据透视表字段
选择要添加到报表的字段:
搜索
专业
层次
函授站
更多表格...
在以下区域间拖动字段:
筛选器
列
函授站
行
值
层次
专业
计数项:函授站
推迟布局更新
更新

图 7-27 “数据透视表字段”任务窗格

这种方法的优点是对“学籍总表”的数据区有更好的适应性，有更好的可扩充性和可移植性。缺点是需要编写 VBA 代码，提高了应用门槛。

7.5.3　数据透视表法

上述两种方法虽然都实现了预期的目标，但最简单、最实用的方法还是用数据透视表。

打开“函授生信息统计”工作簿文件，选中“学籍总表”工作表，在“插入”选项卡的“表格”选项组中单击“数据透视表”按钮。

在“创建数据透视表”对话框中，选中“学籍总表”的 D～F 列作为要分析的数据，设置“选择放置数据透视表的位置”为“新建工作表”，单击“确定”按钮。

在“数据透视表字段”任务窗格中，将“层次”字段拖动到“行”窗格，将“专业”字段拖放到“行”窗格“层次”字段的下方，将“函授站”字段拖放到“列”窗格，再将“函授站”字段拖放到“值”窗格，如图 7-27 所示。

这时，得到图 7-28 所示的数据透视表。

函授生信息统计.xlsm

	A	B	C	D	E	F	G	H	I	J	K	L	M	N	O	P	Q	R	S	T
1																				
2																				
3	**计数项:函授站**	**列标签**																		
4	**行标签**	**01**	**05**	**08**	**09**	**11**	**16**	**18**	**24**	**26**	**30**	**32**	**33**	**36**	**48**	**63**	**66**	**67**	**(空白)**	**总计**
5	**⊟专**	**30**	**161**	**1**	**20**	**7**	**175**	**21**	**45**	**21**	**4**	**192**	**56**	**91**	**4**	**38**	**9**	**28**		**903**
6	初等教育		2				68			4			1				1			76
7	法律事务	2	6		1		5		3			5	16	9			2	8		57
8	广告设计与制作	1	2				5									38				46
9	国际经济与贸易		10			1			4			55	3	4				2		79
10	行政管理	1	18				2	5	2			4	3	5	1					41
11	会计电算化	2	32				2	9	6			8	4	8						71
12	机械设计与制造		25				5		5			3	1	9						48
13	计算机应用技术	7	22	1	4	2	15	3	7		3	8	2	15						89
14	人力资源管理	5	25				4	1	10			13	14	19	1			4		96
15	市场营销	1	7			1	2	3	8			4	9	15			2	1		53
16	学前教育		4			2	36							1			1	3		47
17	英语教育	3	6		3	1	4				1	25		2			1			46
18	应用日语	2										58		2				1		63
19	语文教育	6	2		12		27			17		9	3	2	2		2	9		91
20	**⊟专升本**	**90**	**179**	**37**	**48**	**64**	**46**	**85**	**53**	**28**	**83**	**61**	**62**	**105**	**38**		**56**	**54**		**1089**
21	财务管理	4	30	4				4	4		4	4	9	22	1					86
22	法学	10	30	2	7	10	2	6	4		2	7	7	8	1		2	18		116
23	国际经济与贸易	3	7						10			7	5	4				1		37
24	汉语言文学	45	17	6	33	35	28	61	2	27	29	18	11	17	17		47	11		404
25	计算机科学与技术	6	23		2	1	4	4	3		14	4	8	11	4		1	1		86
26	教育学		6			3	4	1	16	1	1		1	7				3		43
27	金融学	9	24	22		2	4	6	3			4		8	8		3	6		99
28	人力资源管理	3	33			7	1		10		4	6	21	11	4			5		105
29	英语	10	9	3	6	6	3	3	1		29	11		17	3		3	9		113
30	**⊟(空白)**																			
31	(空白)																			
32	**总计**	**120**	**340**	**38**	**68**	**71**	**221**	**106**	**98**	**49**	**87**	**253**	**118**	**196**	**42**	**38**	**65**	**82**		**1992**
33																				

Sheet1　学籍总表　公式实现法　程序实现法

图 7-28　最初的数据透视表

在“数据透视表工具>设计”选项卡的“布局”选项组中单击“报表布局”按钮，选择

"以表格形式显示"命令。

在数据透视表中，单击"函授站"下拉列表，取消"空白"复选框的选择。适当调整列宽和行高，调整工作表的位置，把它放在工作簿的最后，重命名为"数据透视表法"。最后得到的结果如图 7-29 所示。

函授生信息统计.xlsm

| 计数项:函授站 | | 函授站 | | | | | | | | | | | | | | | | |
层次	专业	01	05	08	09	11	16	18	24	26	29	32	33	36	48	63	66	67	总计
专	初等教育		2				68			4							1	1	76
	法律事务	2	6	1			5	3			5	16	9				2	8	57
	广告设计与制作	1	2				5								38				46
	国际经济与贸易		10			1		4				55	3	4				2	79
	行政管理	1	18				2	5	2		4	3	5	1					41
	会计电算化	2	32				2	9	6		8	4	8						71
	机械设计与制造		25				5	5			3		1	9					48
	计算机应用技术	7	22	1		2	15	3	7	3	8	2	15						89
	人力资源管理	5	25			2	1	10			13	14	19	1			4		96
	市场营销	1	7			1	2	3	8								2	1	53
	学前教育		4			2	36					1					1	3	47
	英语教育	3	6		3	1	4			1	25		2						46
	应用日语	2										58		2					63
	语文教育	6	2			12	27			17	9	3	2	2				9	91
专 汇总		30	161	1	20	7	175	21	45	21	4	192	56	91	4	38	9	28	903
专升本	财务管理	4	30				4	4	4		4	9	22	1					86
	法学	10	30		2	10	2	6	4		2	7	8	1			18		116
	国际经济与贸易	3	7						10			7	5	4	1				37
	汉语言文学	45	17	6	33	35	28	61	2	27	29	18	11	17	17	47	11		404
	计算机科学与技术	6	23			2	1	4	4	3	8	11	4	1			1		86
	教育学		6			3	4	1	16	1	1		1	7				3	43
	金融学	9	24	22			2	1	5			8	8	3			3	6	99
	人力资源管理	3	33			7	1	10	4		6	21	11	4				5	105
	英语	10	9		3	6		3	1			5	3	9			3	9	113
专升本 汇总		90	179	37	48	64	46	85	53	28	83	61	62	105	38		56	54	1089
总计		120	340	38	68	71	221	106	98	49	87	253	118	196	42	38	65	82	1992

学籍总表　公式实现法　程序实现法　数据透视表法

图 7-29　加工后的数据透视表

可以看出，数据透视表中的数据与图 7-25 的数据完全吻合，只是形式上略有区别，而且还增加了每个专业总人数的统计项。

上机练习

1. 在 Excel 工作簿中设计 3 张工作表。其中，"基本信息""统计信息（用公式）"工作表的结构和内容如图 7-30 和图 7-31 所示，"统计信息（用 VBA）"与"统计信息（用公式）"工作表相同。请用公式和 VBA 两种方法，计算并填写各学历、各职称的人数。

1.教职工信息统计.xlsm

教职工情况一览表

姓　名	学　历	职　称
教职工1	学士	
教职工2		讲师
教职工3	博士	教授
教职工4	学士	教授
教职工5	硕士	副教授
教职工6	博士	副教授
教职工7	博士	副教授
教职工8	硕士	讲师
教职工9	硕士	讲师
教职工10	学士	讲师
教职工11	硕士	助教
教职工12	硕士	助教

基本信息

图 7-30　"基本信息"工作表

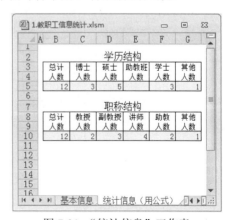

图 7-31　"统计信息"工作表

2. Excel 工作簿中有图 7-32、图 7-33 所示的“课时费标准”和“课时费”两张工作表。试实现当“课时费”工作表中教师的“职称”“教学时数”数据改变时，系统可根据教师的职称、课时费标准、教学时数，自动填写课时费的功能。请分别用公式和 VBA 程序实现。

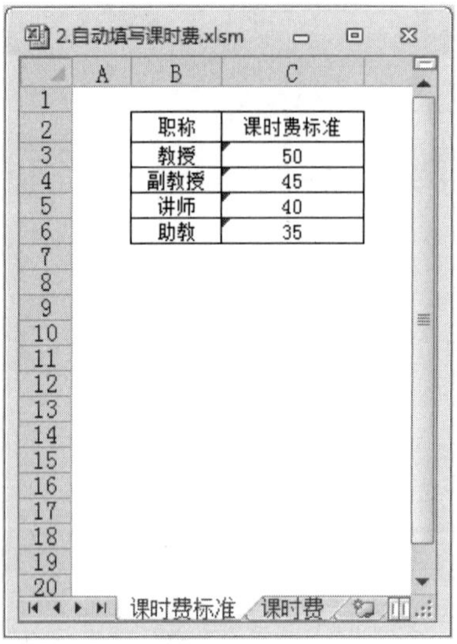

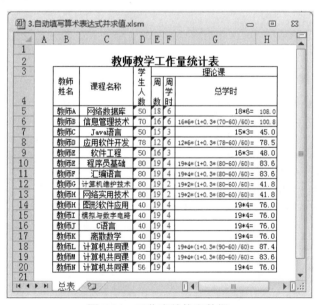

职称	课时费标准
教授	50
副教授	45
讲师	40
助教	35

图 7-32 “课时费标准”工作表

教师课时费统计表

教师姓名	职称	教学时数	课时费
教师A	副教授	60.0	2700.0
教师B	助教	50.0	1750.0
教师C	讲师	80.0	3200.0
教师D	教授	60.0	3000.0
教师E	副教授	80.0	3600.0
教师E	副教授		
教师F	讲师		
教师G	副教授		
教师H	副教授		
教师H	副教授		
教师I	讲师		
教师J	副教授		
教师K	副教授		
教师L	助教		
教师M	助教		
教师N	助教		

图 7-33 “课时费”工作表

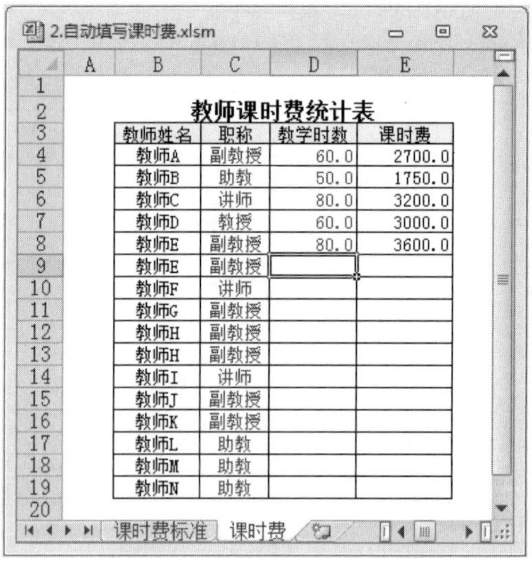

3. 在图 7-34 所示的 Excel 工作表中，试实现当学生人数、周数、周学时改变时，自动填写计算理论课总学时的表达式并求值的功能。请编程实现。

理论课总学时的计算方法为：如果学生数超过 60 人，则“总学时=周数×周学时×(1+0.3×(学生人数−60)/60)”，否则“总学时=周数×周学时”。

教师教学工作量统计表

教师姓名	课程名称	学生人数	理论课			
			周数	周学时	总学时	
教师A	网络数据库	50	18	6	18*6=	108.0
教师B	信息管理技术	70	16	6	16*6*(1+0.3*(70-60)/60)=	100.8
教师C	Java语言	50	15	3	15*3=	45.0
教师D	应用软件开发	78	12	6	12*6*(1+0.3*(78-60)/60)=	78.5
教师E	软件工程	50	16	3	16*3=	48.0
教师E	程序员基础	80	19	4	19*4*(1+0.3*(80-60)/60)=	83.6
教师F	汇编语言	80	19	4	19*4*(1+0.3*(80-60)/60)=	83.6
教师G	计算机维护技术	80	19	2	19*2*(1+0.3*(80-60)/60)=	41.8
教师H	网络实用技术	80	19	2	19*2*(1+0.3*(80-60)/60)=	41.8
教师H	图形软件应用	40	19	4	19*4=	76.0
教师I	模拟与数字电路	40	19	4	19*4=	76.0
教师J	C语言	40	19	4	19*4=	76.0
教师K	离散数学	40	19	4	19*4=	76.0
教师L	计算机共同课	90	19	4	19*4*(1+0.3*(90-60)/60)=	87.4
教师M	计算机共同课	80	19	4	19*4*(1+0.3*(80-60)/60)=	83.6
教师N	计算机共同课	56	19	4	19*4=	76.0

图 7-34 工作表结构和数据

4. 编程实现如下功能：在图 7-35 所示的成绩报告表中输入百分制成绩时，系统自动按档次定位；输入 5 级分值 A、B、C、D、E 时，系统自动转换为“优秀”“良好”“中等”“及格”“不及格”并定位。请设计工作表并编写程序。

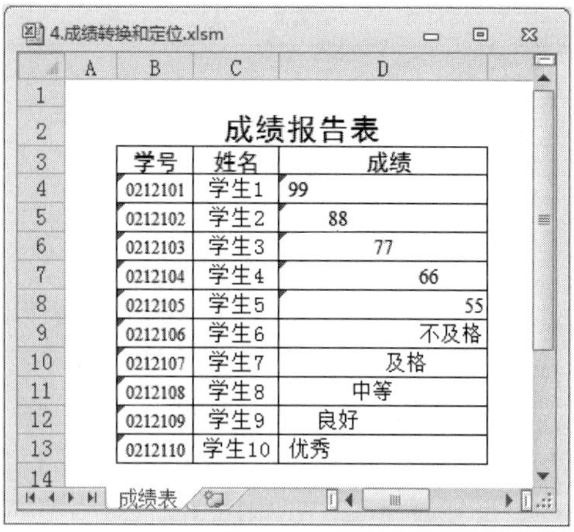

成绩报告表

学号	姓名	成绩
0212101	学生1	99
0212102	学生2	88
0212103	学生3	77
0212104	学生4	66
0212105	学生5	55
0212106	学生6	不及格
0212107	学生7	及格
0212108	学生8	中等
0212109	学生9	良好
0212110	学生10	优秀

图 7-35　工作表结构与数据

5. 针对图 7-36 所示的学生“成绩单”表格和数据，编写与“统计”按钮对应的程序，统计各分数段的人数，填写到工作表“成绩总结”区。

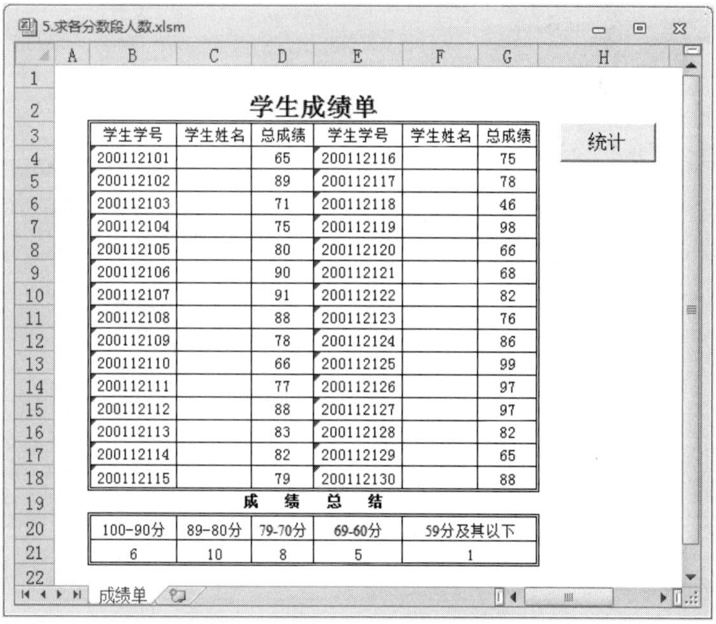

学生成绩单

学生学号	学生姓名	总成绩	学生学号	学生姓名	总成绩
200112101		65	200112116		75
200112102		89	200112117		78
200112103		71	200112118		46
200112104		75	200112119		98
200112105		80	200112120		66
200112106		90	200112121		68
200112107		91	200112122		82
200112108		88	200112123		76
200112109		78	200112124		86
200112110		66	200112125		99
200112111		77	200112126		97
200112112		88	200112127		97
200112113		83	200112128		82
200112114		82	200112129		65
200112115		79	200112130		88

成　绩　总　结

100-90分	89-80分	79-70分	69-60分	59分及其以下
6	10	8	5	1

图 7-36　工作表界面与数据

第 8 章 数 据 处 理

党的二十大报告对强化网络、数据等安全保障体系建设作出重大决策部署。深入贯彻落实习近平总书记重要论述和党的二十大精神，促进数字经济持续健康安全发展。数据是数字经济发展的关键要素，会为数字经济发展提供了动力。

本章给出 5 个与数据处理有关的应用案例：大小写金额转换、四舍六入问题、信息整理、批量生成工资条和制作九九乘法表，分别用非编程和编程的不同方法实现。

8.1 大小写金额转换

在财务工作中，经常要将小写数字形式的金额转换为中文大写金额。本节给出几种将数值转换为中文大写金额的方法。

8.1.1 用公式生成中文大写金额

创建一个 Excel 工作簿，保存为“将数值转换为中文大写金额.xlsm”。在工作簿中，将 Sheet1 工作表重命名为“普通格式”。在“普通格式”工作表中，选中所有单元格，设置“白色”背景。然后，设计一个图 8-1 所示的表格，输入一些用于测试的小写金额数值。

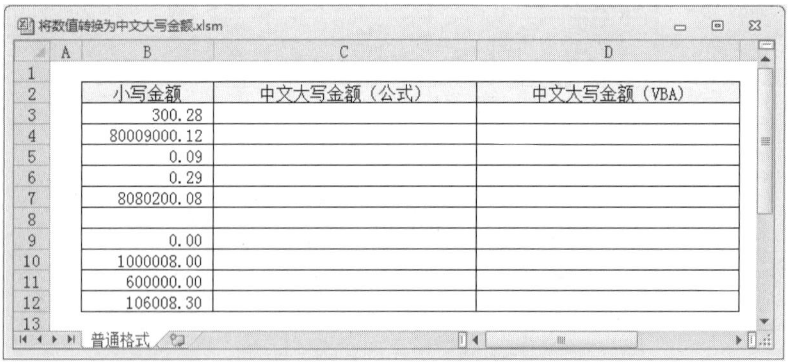

小写金额	中文大写金额（公式）	中文大写金额（VBA）
300.28		
80009000.12		
0.09		
0.29		
8080200.08		
0.00		
1000008.00		
600000.00		
106008.30		

图 8-1 “普通格式”工作表中的表格和测试数据

其中，B 列单元格的数字格式设置为两位小数的数值。

选中 C3 单元格，输入以下公式。

=IF(B3=0,"",IF(INT(B3),TEXT(TRUNC(B3),"[dbnum2]")&" 元 ","")&IF(MOD(B3,1)=0, "整", IF(TRUNC(B3,1),IF(B3=TRUNC(B3,1),TEXT(LEFT(RIGHT(B3*100,2)), "[dbnum2]0 角整"),TEXT(RIGHT(B3*100,2),"[dbnum2]0"&IF(LEFT(RIGHT(B3*100,2))="0","","角")&"0 分")),

TEXT(B3*100,"[dbnum2]0 分"))))

将公式向下填充到 C12 单元格，将会得到每个小写金额对应的中文大写金额。结果如图 8-2 所示。

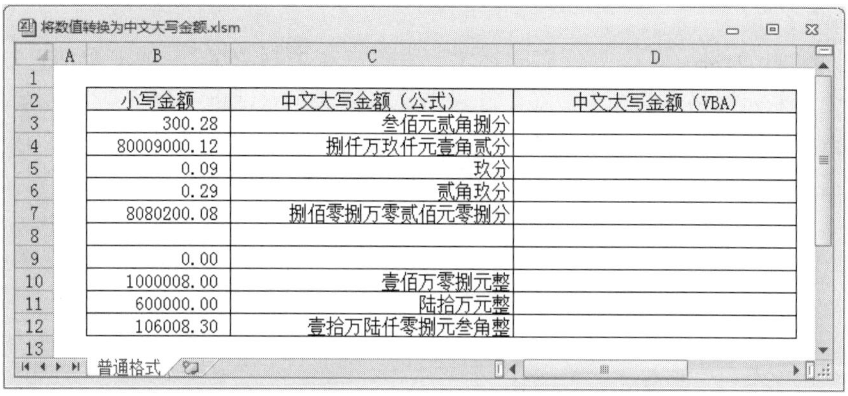
将数值转换为中文大写金额.xlsm

	A	B	C	D
1				
2		小写金额	中文大写金额（公式）	中文大写金额（VBA）
3		300.28	叁佰元贰角捌分	
4		80009000.12	捌仟万玖仟元壹角贰分	
5		0.09	玖分	
6		0.29	贰角玖分	
7		8080200.08	捌佰零捌万零贰佰元零捌分	
8				
9		0.00		
10		1000008.00	壹佰万零捌元整	
11		600000.00	陆拾万元整	
12		106008.30	壹拾万陆仟零捌元叁角整	
13				

普通格式

图 8-2　用公式生成的中文大写金额

上述公式可判断 B3 单元格金额的整数部分、角及分位置的值，并由此补足显示“元”“零”“角”“分”或“整”，最后将文本合并得出结果。

具体分析如下：

（1）如果 B3 单元格的内容为零，则整个公式返回空串。

（2）如果 B3 单元格内容的整数部分大于零，则 IF(INT(B3),TEXT(TRUNC(B3),"[dbnum2]")&"元","")将整数值转换为中文大写数字，后面加上一个“元”，作为返回值。否则 IF(INT(B3),TEXT(TRUNC(B3),"[dbnum2]")&"元","")返回一个空串。

其中，INT 函数将数字向下取最接近的整数。TRUNC 函数将数字的小数部分截去，返回整数。TEXT 函数将数值转换为指定格式的文本。[dbnum2]为格式控制符，将数值转换为中文大写数字。

（3）公式的其余部分用来对小数部分进行转换。根据不同情况，在返回值中添加“整”“×角整”“×角×分”或“×分”字样。

其中，TRUNC(B3,1)函数对 B3 单元格数值保留 1 位小数，截去其余的小数位。LEFT 函数返回字符串中的第 1 个或前几个字符。RIGHT 函数返回字符串中最后一个或多个字符。TEXT 函数的格式控制符“[dbnum2]0 角整”将数值转换为中文大写数字，在后面添加“角整”字样。格式控制符中的“0”为大写数字占位符。

由于公式中 B3 单元格用的是相对地址，因此将公式填充到其他单元格时，地址会相对改变。

8.1.2　用 VBA 程序生成中文大写金额

若要用 VBA 程序生成中文大写金额，可首先创建一个工作表，通过设置单元格的特殊格式，得到若干测试数据对应的中文大写数字，以便发现和理解中文大写数字的格式和规律。然后在此基础上，编写并调用一个自定义函数，实现小写金额到大写金额的转换。

1. 中文大写数字的格式

打开"将数值转换为中文大写金额"工作簿，右击"普通格式"工作表标签，在弹出的快捷菜单中选择"移动或复制"命令，将工作表复制到当前工作簿的最后，并重命名为"中文大写数字"。

删除原来的 D 列，将 C 列表格的标题改为"中文大写数字"。选中 C 列，在快捷菜单中选择"设置单元格格式"命令。在"设置单元格格式"对话框"数字"选项卡的"分类"列表框中选择"特殊"项，在右边的"类型"列表框中选择"中文大写数字"项。如图 8-3 所示。然后单击"确定"按钮。

图 8-3 "设置单元格格式"对话框

在 C3 单元格输入公式"=B3"，并向下填充到 C12 单元格，得到图 8-4 所示的中文大写数字。

创建这个工作表的目的只是为了直观地理解"中文大写数字"的格式和规律，为下一步编写 VBA 自定义函数奠定基础。因为它与工作表函数 Text 在[dbnum2]控制下，将数值转换为中文大写数字的格式是一样的。

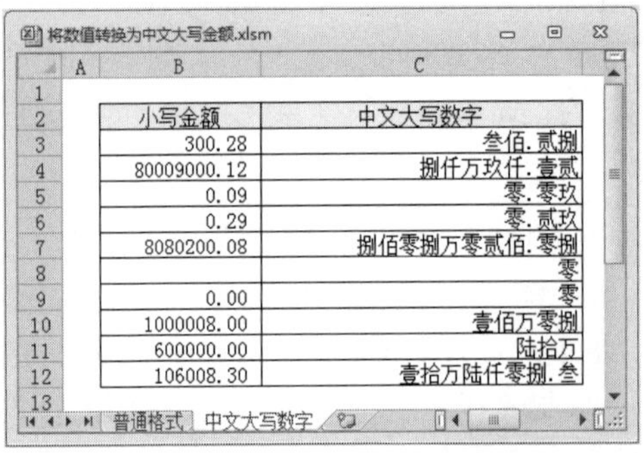

图 8-4 测试数据与对应的中文大写数字

2．编写自定义函数

进入 Excel 的 VB 编辑环境，创建一个模块，在模块中编写一个名为 dxje 的自定义函数，代码如下：

```
Function dxje(xxje)
  dxje = ""                                              '返回值初值
  If xxje = 0 Then Exit Function                         '金额为 0，返回空串
  dxsz = WorksheetFunction.Text(xxje, "[dbnum2]")        '转换为中文大写数字
  p = InStr(dxsz, ".")                                   '求小数点的位置
  If p = 0 Then                                          '无小数点
    dxje = dxsz & "元整"
  Else
    xs = Mid(dxsz, p + 1)                                '小数部分
    If Len(xs) = 1 Then                                  '1 位小数
      jf = xs & "角整"
    Else                                                 '2 位小数
      jj = IIf(Left(xs, 1) = "零", "", "角")
      jf = Left(xs, 1) & jj & Mid(xs, 2, 1) & "分"
    End If
    If Mid(dxsz, p - 1, 1) = "零" Then                    '整数部分为零
      dxje = IIf(Left(jf, 1) = "零", Mid(jf, 2), jf)
    Else                                                 '整数部分非零
      dxje = Left(dxsz, p - 1) & "元" & jf
    End If
  End If
End Function
```

上述自定义函数的形参 **xxje** 为小写金额，2 位小数。返回值为中文大写金额。

首先将函数的返回值设置为空串，如果小写金额为 0，则直接返回空串。

然后，用工作表函数 Text，在[dbnum2]控制下，将小写金额数值转换为中文大写数字。转换结果如图 8-4 所示。

接下来，求大写数字中小数点的位置。如果大写数字字符串中没有小数点，则直接在后面添加"元整"字样作为返回值。否则，进行以下操作：

（1）处理小数部分。

如果只有 1 位小数，则在小数部分的大写中文数字的后面添加"角整"字样；如果有 2 位小数，则分别在数字后面添加"角"和"分"，但"角"位数字为"零"时，不添加"角"字。

（2）合并整数及小数部分。

如果整数部分为零，且小数部分的第 1 个数字也为"零"，则将小数部分的第 1 个"零"去掉后作为函数的返回值。如果整数部分为零，但小数部分的第 1 个数字不为"零"，则直接将小数部分作为函数的返回值。如果整数部分不为零，则在整数部分后面添加一个"元"字，再加上小数部分，作为函数的返回值。

3．调用自定义函数

选中"普通格式"工作表，在 D3 单元格输入公式"=dxje(B3)"，并向下填充到 D12

单元格，得到每个小写金额对应的中文大写金额，如图 8-5 所示。

图 8-5　用 VBA 自定义函数得到的中文大写金额

8.1.3　将数值转换为商业发票中文大写金额

若要将数值转换为商业发票中文大写金额，可先创建一个工作表，设计一个发票样张。然后，在特定的单元格中填写公式，对数字进行分列，将小写金额转换为大写金额。

1. 发票样张设计

打开"将数值转换为中文大写金额"工作簿，在当前工作簿的最后添加一个工作表，并重命名为"发票格式"。

在"发票格式"工作表中，设计一个图 8-6 所示的发票样张。

图 8-6　发票样张

其中，将 G2:M2 单元格合并，在 G2 单元格输入以下公式。

=TEXT(NOW(),"yyyy 年 m 月 d 日填发")

此公式自动填写系统当前日期作为填发日期。将 B10:E10 单元格合并，用来填写大写合计金额。对 E5:E9 单元格区域设置两位小数数字格式。

在发票中输入一些用于测试的品名规格、单价和数量。在 E5 单元格输入以下公式。

=ROUND(C5*D5,2)

并向下填充到需要的单元格，求出每一商品的"价值"，按两位小数进行四舍五入处理。

F 列～M 列用来实现金额数值分列的效果。这里设置了 8 位数值，如果数值长度增加，则需要修改表格结构。

2. 进行数字分列

在商业发票中，需要将金额数字分列填写在货币单位对应的格子中，有时还需要在金额前加上"￥"符号。使用 REPT 及 MID 等工作簿函数，将金额数字作为文本处理能轻松地实现这种效果。

在 F5 单元格输入以下公式。

=MID(REPT(" ",8-LEN($E5*100)*($E5<>""))&$E5*100,COLUMN(A5),1)

然后，向下、向右填充至 F5:M9 区域，得到图 8-7 所示的数字分列结果。

图 8-7　数字分列结果

公式中的 REPT 函数根据指定的次数生成重复文本。例如，REPT(0,4)的返回值为"0000"，REPT(" ",8)的返回值为 8 个空格构成的字符串。

这里，REPT(" ",8-LEN($E5*100)*($E5<>""))产生由若干空格构成的字符串。如果 E5 单元格不空，则$E5<>""的值为 1，空格的数量为 8-LEN($E5*100)，即 8 减去 E5 单元格数值位数的差值。如果 E5 单元格为空串，则$E5<>""的值为 0，导致 LEN($E5*100)*($E5<>"")的值为 0，空格的数量为 8。

REPT 函数产生的空格字符串，与 E5*100 的结果组成新的字符串。这个新的字符串的长度要么是 8 位，要么是 9 位（8 个空格加 1 个"0"）。

最后，用 MID 函数，从新的字符串中取出第 1 个字符作为整个公式的结果。

函数 COLUMN(A5)求出 A5 单元格的列号，返回值为 1。由于单元格用的是相对地址，因此公式填充到 G5 时，变为 COLUMN(B5)，返回值为 2，以此类推。这样，MID 函数将字符串的 1～8 个字符依次填写到当前行的 F～M 列，达到数字分列目的。

公式填充到 6，7，8，9 行的 F～M 列，会将 E6，E7，E8，E9 单元格的数字分列，填入相应的单元格。

在"合计金额"行，除了要将合计金额数字分列外时，还要在前面添加人民币符号"￥"。为此，在 F10 单元格输入以下公式。

=LEFT(RIGHT(" ￥"&SUM($E$5:$E$9)*100,9-COLUMN(A10)))

并向右填充到 M10，得到图 8-8 所示的结果。

这个公式利用了 RIGHT 函数的特点，当公式向右填充时，随着 COLUMN 函数返回值的增加，RIGHT 函数取得的字符数逐渐减少，再使用 LEFT 函数来取得左边首字符实现数据分列。

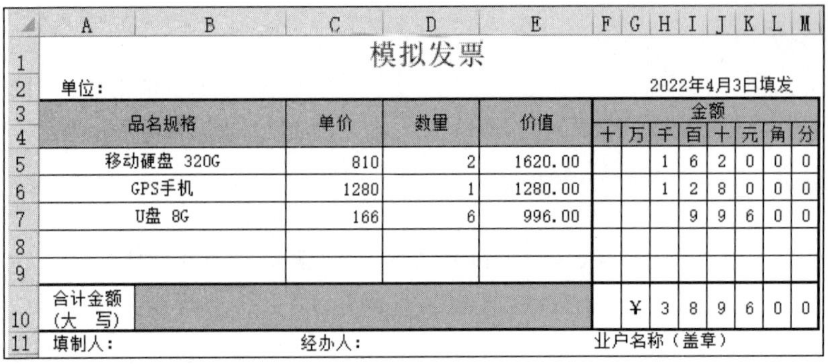

	模拟发票						金额						
单位:					2022年4月3日填发								
	品名规格	单价	数量	价值			十	万	千	百	十	元	角	分
移动硬盘 320G		810	2	1620.00				1	6	2	0	0	0
GPS手机		1280	1	1280.00				1	2	8	0	0	0
U盘 8G		166	6	996.00					9	9	6	0	0
合计金额（大 写）							¥	3	8	9	6	0	0
填制人:		经办人:			业户名称（盖章）								

图 8-8　合计金额数字的分列结果

例如，公式复制到 K10 单元格后变为如下形式。

=LEFT(RIGHT(" ￥"&SUM($E$5:$E$9)*100,9−COLUMN(F10)))

其中，"￥"&SUM($E$5:$E$9)*100 的结果随公式横向复制保持不变，始终为"￥389600"，但 9−COLUMN(F10)的值变为 3。这时，RIGHT 函数的返回值为"600"，LEFT 函数取得左边首字符为"6"。

字符串"￥"前面加一个半角空格，目的在于将未涉及金额的部分置为空白。

3．生成中文大写金额

选中 B10 单元格，输入以下公式。

=TEXT(SUM($E$5:$E$9)*100,"[dbnum2]0 拾 0 万 0 仟 0 佰 0 拾 0 元 0 角 0 分")

按 Enter 键后，得到图 8-9 所示的结果。

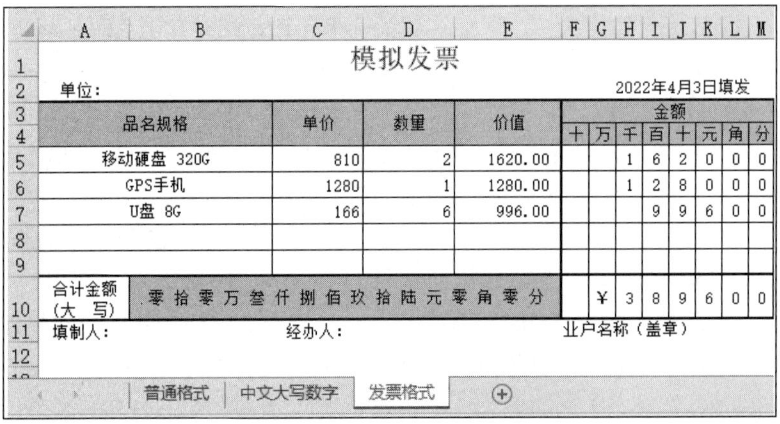

	模拟发票						金额						
单位:					2022年4月3日填发								
	品名规格	单价	数量	价值			十	万	千	百	十	元	角	分
移动硬盘 320G		810	2	1620.00				1	6	2	0	0	0
GPS手机		1280	1	1280.00				1	2	8	0	0	0
U盘 8G		166	6	996.00					9	9	6	0	0
合计金额（大 写）	零 拾 零 万 叁 仟 捌 佰 玖 拾 陆 元 零 角 零 分						¥	3	8	9	6	0	0
填制人:		经办人:			业户名称（盖章）								

普通格式　中文大写数字　发票格式　⊕

图 8-9　生成的中文大写金额

公式中的 SUM($E$5:$E$9)*100 求出 E5:E9 单元格数据之和，并乘以 100，得到以分为单位的合计金额。TEXT 函数将小写的合计金额按"[dbnum2]0 拾 0 万 0 仟 0 佰 0 拾 0 元 0 角 0 分"格式生成大写数字，每个占位符"0"放置一位大写数字，不足 8 位时，高位补"零"，各位数字之间添加货币单位，从而生成最终的发票格式大写金额。

8.2　四舍六入问题

“四舍五入”是我们熟悉的近似值表示方法。可是，在工程技术和科学实验中，经常要对大量的数据进行统计分析。如果仍用“四舍五入”的方法取近似值，就不够精确。世界上的许多国家已广泛采用“四舍六入法”，我国也于 1955 年开始推荐使用这种方法。

“四舍六入法”可以概括为：四舍六入五考虑，五后非零就进一，五后皆零看奇偶，五前为偶应舍去，五前为奇要进一。

例如，对以下数值四舍六入保留两位小数后的结果分别为：

1.524 →1.52　　第 3 位小数为 4，舍去；

1.579 →1.58　　第 3 位小数为 9，进一；

1.525 →1.52　　第 3 位小数为 5，第 2 位为偶数，舍去；

1.535 →1.54　　第 3 位小数为 5，第 2 位为奇数，进一；

1.5451→1.55　　第 3 位小数为 5，之后有非零值，进一。

下面分别用 Excel 工作簿函数和 VBA 自定义函数来实现对数据的四舍六入处理。

8.2.1　用 Excel 工作簿函数

1．工作表设计

新建一个 Excel 工作簿，保存为“四舍六入问题.xlsm”。在 Sheet1 工作表中创建一个表格，设置表头、边框线、背景颜色，设置适当的列宽、行高，输入一些用于测试的数据，得到图 8-10 所示的界面。

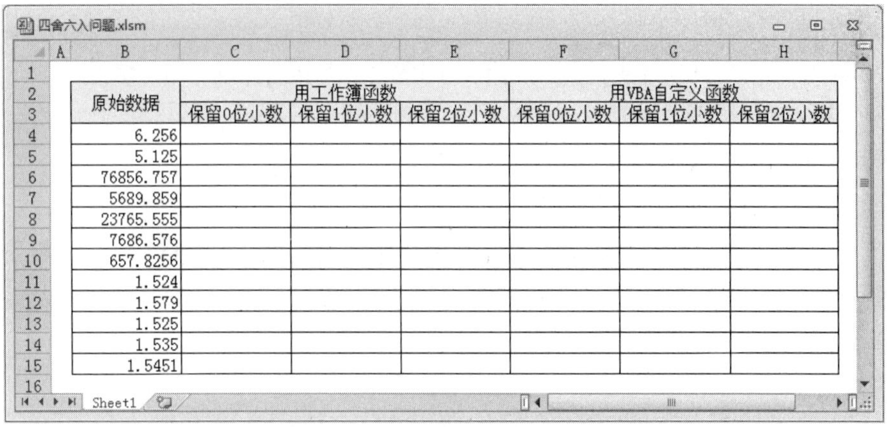

原始数据	用工作簿函数			用VBA自定义函数		
	保留0位小数	保留1位小数	保留2位小数	保留0位小数	保留1位小数	保留2位小数
6.256						
5.125						
76856.757						
5689.859						
23765.555						
7686.576						
657.8256						
1.524						
1.579						
1.525						
1.535						
1.5451						

图 8-10　工作表界面与测试数据

2．保留 2 位小数

在 E4 单元格输入以下公式。

=ROUND(B4,2)−(MOD(B4*10^3,20)=5)*10^(−2)

并向下填充到 E15 单元格，分别得到 B4～B15 每个单元格数据“四舍六入”保留 2 位小数的结果，如图 8-11 所示。

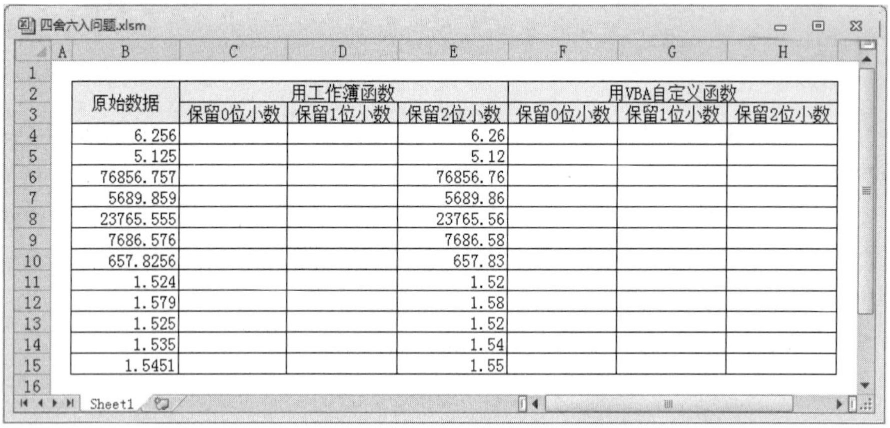

原始数据	用工作簿函数			用VBA自定义函数		
	保留0位小数	保留1位小数	保留2位小数	保留0位小数	保留1位小数	保留2位小数
6.256			6.26			
5.125			5.12			
76856.757			76856.76			
5689.859			5689.86			
23765.555			23765.56			
7686.576			7686.58			
657.8256			657.83			
1.524			1.52			
1.579			1.58			
1.525			1.52			
1.535			1.54			
1.5451			1.55			

图 8-11　用工作簿函数进行“四舍六入”保留 2 位小数的结果

公式中的函数 ROUND(B4,2)对 B4 单元格的数据进行四舍五入保留 2 位小数处理。其后部表达式(MOD(B4*10^3,20)=5)*10^(−2)的值，是要在四舍五入基础上减去的进位（0 或 0.01）。

根据“四舍六入法”的规定，在四舍五入的基础上，如果五后皆零，且五前为偶，则应减去先前的进位。

而如果表达式 MOD(B4*10^3,20)的值等于 5，则说明 B4 单元格数据第 3 位小数为 5，且 5 后皆零、5 前为偶。应该在第 2 位小数中减去先前的进位。即在 B4 单元格数据四舍五入保留 2 位小数的基础上减去 0.01。

此时，表达式(MOD(B4*10^3,20)=5)*10^(−2)的值正好是 0.01。

其余情况下，表达式(MOD(B4*10^3,20)=5)*10^(−2)的值为 0，“四舍六入”与“四舍五入”的结果相同。

由于 E4 单元格公式中 B4 是相对地址，因此公式填充到 E5～E15 单元格时，B4 自动变为 B5～B15。

3．保留 1 位、0 位小数

在 D4 单元格输入以下公式。

=ROUND(B4,1)−(MOD(B4*10^2,20)=5)*10^(−1)

并向下填充到 D15 单元格，分别得到 B4～B15 每个单元格数据“四舍六入”保留 1 位小数的结果。

在 C4 单元格输入以下公式。

=ROUND(B4,0)−(MOD(B4*10^1,20)=5)*10^(0)

并向下填充到 C15 单元格，分别得到 B4～B15 每个单元格数据“四舍六入”保留 0 位小数的结果，如图 8-12 所示。

上面两个公式中，分别用函数 ROUND 对 B4 单元格的数据四舍五入保留 1 位、0 位小数，再减去一个进位值。

保留 1 位小数时，要减去的进位值为 0 或 0.1，由表达式(MOD(B4*10^2,20)=5)*10^(−1)确定。

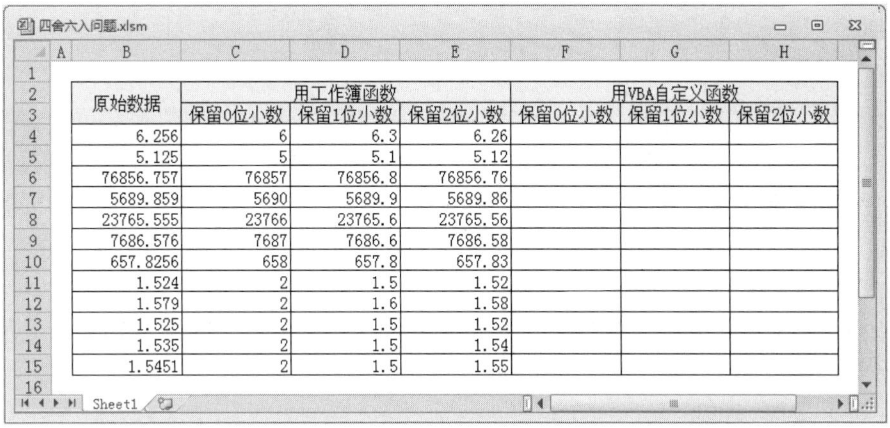

四舍六入问题.xlsm

原始数据	用工作簿函数			用VBA自定义函数		
	保留0位小数	保留1位小数	保留2位小数	保留0位小数	保留1位小数	保留2位小数
6.256	6	6.3	6.26			
5.125	5	5.1	5.12			
76856.757	76857	76856.8	76856.76			
5689.859	5690	5689.9	5689.86			
23765.555	23766	23765.6	23765.56			
7686.576	7687	7686.6	7686.58			
657.8256	658	657.8	657.83			
1.524	2	1.5	1.52			
1.579	2	1.6	1.58			
1.525	2	1.5	1.52			
1.535	2	1.5	1.54			
1.5451	2	1.5	1.55			

Sheet1

图 8-12　用工作簿函数进行“四舍六入”保留 1 位、0 位小数的结果

保留 0 位小数时，要减去的进位值为 0 或 1，由表达式(MOD(B4*10^1,20)=5)*10^(0)，即 (MOD(B4*10^1,20)=5)确定。

8.2.2　用 VBA 自定义函数

下面用 VBA 编写一个四舍六入函数 sslr(x, n)，对数值 x 进行四舍六入处理，保留 n 位小数。

1．编写自定义函数

进入 VB 编辑环境，插入一个模块，编写一个自定义函数 sslr，代码如下：

```
Public Function sslr(x, n)
  x = Str(x * 10 ^ n)                       '小数点向右移动 n 位
  p = InStr(x, ".")                         '求出小数点位置
  y = Mid(x, p + 1, 1)                      '取出小数点后的一位数字
  Select Case y
    Case Is > 5                             '大于 5
      j = 1
    Case Is = 5                             '等于 5
      If Val(Mid(x, p + 2)) > 0 Then        '5 后非零
        j = 1
      Else                                  '5 后皆零
        q = Mid(x, p - 1, 1)                '取出 5 前的一位数字
        If q Mod 2 = 0 Then                 '5 前为偶数
          j = 0
        Else                                '5 前为奇数
          j = 1
        End If
      End If
    Case Else                               '小于 5
      j = 0
  End Select
  x = Val(Left(x, p - 1)) + j               '加进位值
```

```
    sslr = x / 10 ^ n                              '小数点向左移动 n 位
End Function
```

上述自定义函数的 2 个形参 x 和 n，分别表示要进行四舍六入的数和保留的小数位数。

在函数中，首先将 x 乘以 10 的 n 次方（小数点向右移动 n 位）并转换为字符串。求出字符串中小数点的位置，用变量 p 表示。取出小数点后面的一位数字，保存到变量 y 中。

接下来用 Select Case 语句分 3 种情况求出进位的数值，用变量 j 表示。

（1）当 y>5 时，j=1。

（2）当 y=5 时，如果其后面有非零数字，则 j=1；否则，求出小数点前面的一位数字，用 q 表示，如果 q 能被 2 整除，则 j=0，否则 j=1。

（3）当 y<0 时，j=0。

最后，将整数部分加上进位 j，再除以 10 的 n 次方（小数点向左移动 n 位），作为函数值返回。

下面对 Select Case 语句进一步说明。

在条件复杂、程序需要多个分支的情况下，可用 Select Case 语句写出结构清晰的程序。Select Case 语法如下：

```
Select Case <检验表达式>
  [Case <比较列表 1>
    [<语句组 1>]]
    ...
  [Case Else
    [<语句组 n>]]
End Select
```

其中的<检验表达式>是数值或字符串表达式。

<比较列表>由一个或多个<比较元素>组成，中间用逗号分隔。<比较元素>可以是下列几种形式之一：

（1）表达式。

（2）表达式 To 表达式。

（3）Is <比较操作符> 表达式。

说明：

如果<检验表达式>与 Case 子句中的一个<比较元素>相匹配，则执行该子句后面的语句组。

<比较元素>若含有 To 关键字，则第 1 个表达式必须小于第 2 个表达式，<检验表达式>值介于 2 个表达式之间为匹配。

<比较元素>若含有 Is 关键字，Is 代表<检验表达式>构成的关系表达式的值为 True 则匹配。

如果有多个 Case 子句与<检验表达式>匹配，则只执行第 1 个匹配的 Case 子句后面的语句组。

如果前面的 Case 子句与<检验表达式>都不匹配，则执行 Case Else 子句后面的语句组。

可以在每个 Case 子句中使用多重表达式。例如,下面的语句是正确的:

```
Case 1 To 4, 7 To 9, 11, 13, Is > MaxNumber
```

也可以针对字符串指定范围和多重表达式。在下面的例子中,Case 匹配的字符串为:等于 everything、按英文字母顺序从 nuts 到 soup 之间的字符串以及 TestItem 所代表的当前值。

```
Case "everything", "nuts" To "soup", TestItem
```

例如,根据一个字符串是否以字母 A 到 F、G 到 N 或 O 到 Z 开头来设置整数值,可用如下 Select Case 语句实现:

```
Dim strMyString As String, intVal As Integer
Select Case Mid(strMyString, 1, 1)
    Case "A" To "F"
        intVal = 1
    Case "G" To "N"
        intVal = 2
    Case "O" To "Z"
        intVal = 3
    Case Else
        intVal = 0
End Select
```

2.测试自定义函数

定义函数 sslr 后,在当前工作表的 H4 单元格输入以下公式。

$$=sslr(B4,2)$$

并向下填充到 H15 单元格,分别得到 B4~B15 每个单元格数据"四舍六入"保留 2 位小数的结果。可以看出,H 列与 E 列的结果相同,如图 8-13 所示。

原始数据	用工作簿函数			用VBA自定义函数		
	保留0位小数	保留1位小数	保留2位小数	保留0位小数	保留1位小数	保留2位小数
6.256	6	6.3	6.26			6.26
5.125	5	5.1	5.12			5.12
76856.757	76857	76856.8	76856.76			76856.76
5689.859	5690	5689.9	5689.86			5689.86
23765.555	23766	23765.6	23765.56			23765.56
7686.576	7687	7686.6	7686.58			7686.58
657.8256	658	657.8	657.83			657.83
1.524	2	1.5	1.52			1.52
1.579	2	1.6	1.58			1.58
1.525	2	1.5	1.52			1.52
1.535	2	1.5	1.54			1.54
1.5451	2	1.5	1.55			1.55

图 8-13 用 VBA 自定义函数进行"四舍六入"保留 2 位小数的结果

在 G4 单元格输入以下公式。

$$=sslr(B4,1)$$

并向下填充到 G15 单元格，分别得到 B4～B15 每个单元格数据"四舍六入"保留 1 位小数的结果。

在 F4 单元格输入以下公式。

$$=sslr(B4,0)$$

并向下填充到 F15 单元格，分别得到 B4～B15 每个单元格数据"四舍六入"保留 0 位小数的结果。可以看出，G 列与 D 列结果相同，F 列与 C 列结果相同，如图 8-14 所示。

原始数据	用工作簿函数			用VBA自定义函数		
	保留0位小数	保留1位小数	保留2位小数	保留0位小数	保留1位小数	保留2位小数
6.256	6	6.3	6.26	6	6.3	6.26
5.125	5	5.1	5.12	5	5.1	5.12
76856.757	76857	76856.8	76856.76	76857	76856.8	76856.76
5689.859	5690	5689.9	5689.86	5690	5689.9	5689.86
23765.555	23766	23765.6	23765.56	23766	23765.6	23765.56
7686.576	7687	7686.6	7686.58	7687	7686.6	7686.58
657.8256	658	657.8	657.83	658	657.8	657.83
1.524	2	1.5	1.52	2	1.5	1.52
1.579	2	1.6	1.58	2	1.6	1.58
1.525	2	1.5	1.52	2	1.5	1.52
1.535	2	1.5	1.54	2	1.5	1.54
1.5451	2	1.5	1.55	2	1.5	1.55

图 8-14 用 VBA 自定义函数进行"四舍六入"保留 1 位、0 位小数的结果

8.3 Excel 信息整理

在 Excel 工作表的 A 列有几千行文本信息，但内容不够紧凑且有许多重复和无用的信息，如图 8-15 所示。要求进行如下信息整理：

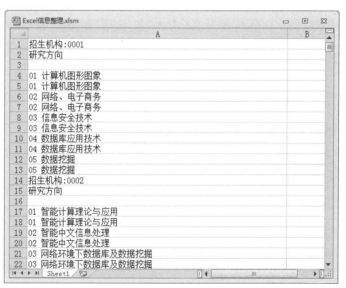

图 8-15 工作表中的文本信息

（1）删除所有空白行；

（2）删除内容重复的相邻行；

（3）删除带有"研究方向"字样的行；

（4）对带有"招生机构"字样的单元格填充颜色。

下面分别给出手动操作和 VBA 程序的实现方法。

8.3.1　手动操作

1．删除所有空白行

【方法 1】　筛选

（1）选中 A 列，在"数据"选项卡的"排序和筛选"选项组中单击"筛选"按钮，进入自动筛选状态。

（2）单击下三角按钮，在下拉列表中取消"全选"复选框的选择，选中"空白"复选框，将所有空白行筛选出来。

（3）选定所有蓝色行号的行，右击，在弹出的快捷菜单中选择"删除行"命令。

（4）再次单击"数据"选项卡中的"筛选"按钮，取消自动筛选状态，完成删除操作。

【方法 2】　定位

（1）选中 A 列，在"开始"选项卡的"编辑"选项组中单击"查找和选择"按钮，再选择"定位条件"命令。

（2）在"定位条件"对话框中选择"空值"单选按钮，如图 8-16 所示。单击"确定"按钮，系统自动选中数据区的空白单元格区域。

图 8-16　"定位条件"对话框

（3）右击选定的区域，在弹出的快捷菜单中选择"删除"命令。在"删除"对话框中选择"整行"单选按钮，单击"确定"按钮，完成删除操作。

2．删除内容重复的相邻行

选中工作表的 B1 单元格，输入以下公式。

$$=COUNTIF(A1:A2,A1)-1$$

然后将公式向下填充到数据区的最后一行，B 列会得到 A 列每个单元格与它下面相邻单元格内容重复的数量，如图 8-17 所示。

工作簿函数 COUNTIF 用于计算区域中满足给定条件的单元格的个数。具体来说，COUNTIF(A1:A2,A1)会求出区域 A1:A2 与 A1 单元格内容相同的单元格个数。

由于函数中单元格用的是相对地址，因此填充到 B2 单元格时，其将变为 COUNTIF(A2:A3,A2)，即求出区域 A2:A3 与 A2 单元格内容相同的单元格个数，以此类推。

这样，若 B 列某个单元格的值大于 0，则说明 A 列对应单元格与其下方的相邻单元格的内容相同。

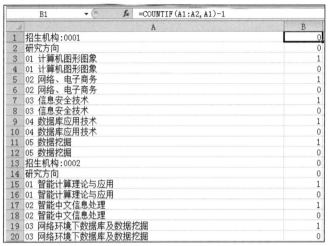

图 8-17   B 列公式及结果

为了把 B 列值大于 0 的单元格所在行删除，可进行如下操作：

（1）选中 B 列，在"数据"选项卡的"排序和筛选"选项组中单击"筛选"按钮，进入自动筛选状态。

（2）单击下三角按钮，在下拉列表中取消"全选"复选框的选择，选中"1"复选框，筛选出 B 列单元格值为"1"的数据行。

（3）选定所有蓝色行号的行，右击，在弹出的快捷菜单中选择"删除行"命令。

（4）再次单击"数据"选项卡中的"筛选"按钮，取消自动筛选状态。

（5）选中 B 列，右击，在弹出的快捷菜单中选择"删除"命令，删除这一辅助列。

3．删除带有"研究方向"字样的行

（1）选中 A 列，在"数据"选项卡的"排序和筛选"选项组中单击"筛选"按钮，进入自动筛选状态。

（2）单击下三角按钮，在下拉列表中选择"文本筛选>包含"命令，在"自定义自动筛选方式"对话框中设置筛选条件为包含"研究方向"，如图 8-18 所示。单击"确定"按钮后，将满足条件的数据行筛选出来。

图 8-18   "自定义自动筛选方式"对话框

（3）选定所有蓝色行号的行，右击，在弹出的快捷菜单中选择"删除行"命令。

（4）再次单击"数据"选项卡中的"筛选"按钮，取消自动筛选状态，显示剩余的全部数据。

4. 对带有"招生机构"字样的单元格填充颜色

选中 A 列，在"开始"选项卡的"样式"选项组中单击"条件格式"按钮，选择"突出显示单元格规则>文本包含"命令。在对话框中为包含"招生机构"单元格设置格式，如图 8-19 所示。

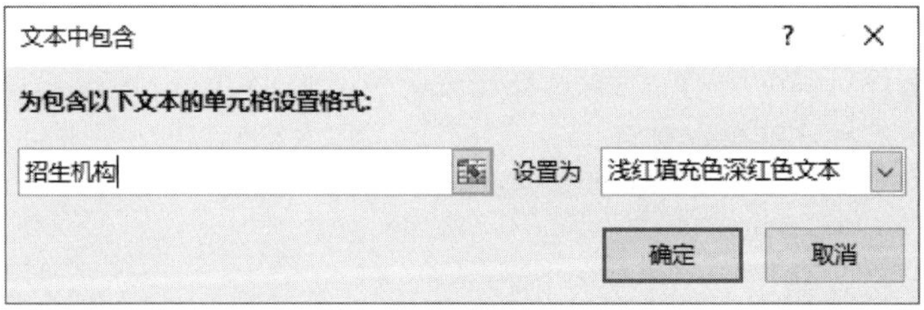

图 8-19　"文本中包含"对话框

单击"确定"按钮后，凡带有"招生机构"字样的单元格均被设置为指定格式。最终得到的结果如图 8-20 所示。

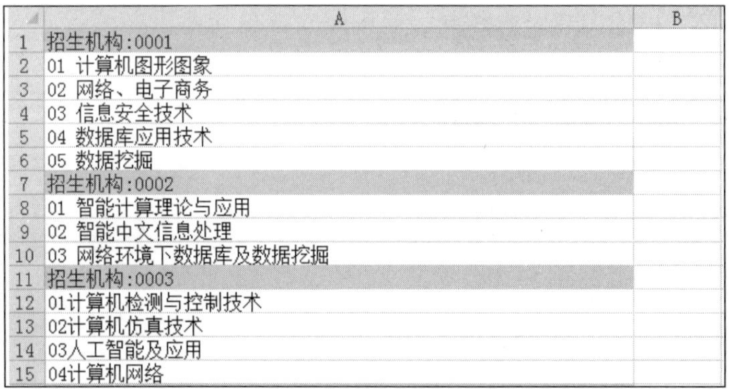

图 8-20　最终结果

8.3.2　用 VBA 程序实现

1. 删除所有空白行

进入 VB 编辑环境，在"插入"菜单中选择"模块"命令，插入"模块 1"。在"模块 1"中编写一个"删除空白行"子程序，代码如下：

```
Sub 删除空白行()
  n = Range("A1048576").End(xlUp).Row
  For k = n To 1 Step -1
    If Cells(k, 1) = "" Then
      Rows(k).Select
      Selection.Delete Shift:=xlUp
    End If
```

```
    Next
End Sub
```

上述子程序先求出当前工作表 A 列有效数据的最大行号，再从下往上检查 A 列每个单元格的内容是否为空，如为空则删除该单元格所在的行。

执行这个子程序可删除数据区所有空白行。

2. 删除内容重复的相邻行

在"模块 1"中编写一个"删除重复行"子程序，代码如下：

```
Sub 删除重复行()
  n = Range("A1048576").End(xlUp).Row
  For k = n To 1 Step -1
    If Cells(k, 1) = Cells(k + 1, 1) Then
      Rows(k).Select
      Selection.Delete Shift:=xlUp
    End If
  Next
End Sub
```

上述代码先求出当前工作表 A 列有效数据的最大行号，再从下往上检查 A 列每个单元格与它后面相邻单元格的内容是否相同，是则删除该单元格所在的行。

执行这个子程序可删除内容重复的相邻行。

3. 删除带有"研究方向"字样的行

在"模块 1"中编写一个"删除研究方向"子程序，代码如下：

```
Sub 删除研究方向()
  n = Range("A1048576").End(xlUp).Row
  For k = n To 1 Step -1
    If Cells(k, 1) = "研究方向" Then
      Rows(k).Select
      Selection.Delete Shift:=xlUp
    End If
  Next
End Sub
```

上述代码从下往上检查 A 列每个单元格的内容是否为"研究方向"，是则删除该单元格所在的行。

执行这个子程序可删除带有"研究方向"字样的行。

4. 对带有"招生机构"字样的单元格填充颜色

在"模块 1"中编写一个"招生机构涂色"子程序，代码如下：

```
Sub 招生机构涂色()
  n = Range("A1048576").End(xlUp).Row
  For k = n To 1 Step -1
    If InStr(Cells(k, 1), "招生机构") Then
```

```
      Cells(k, 1).Select
      Selection.Interior.ColorIndex = 37
    End If
  Next
End Sub
```

上述代码也是从下往上检查 A 列每个单元格，如果单元格的内容包含“招生机构”字样，则选中该单元格，填充蓝色背景。

执行这个子程序后，凡带有“招生机构”字样的单元格均被填充为蓝色背景。

8.4　批量生成工资条

本节给出批量生成工资条的 3 种实现方法。其中用到了 IF、OFFSET、INDEX、ROW、COLUMN、MOD、ROUND、INT 工作簿函数，也用到了 VBA 程序。了解同一问题的多种解决方法，有助于扩展思路，更好地理解相关函数及 VBA 程序的作用。

Excel 工作簿中有一个“工资表”工作表，其格式和内容如图 8-21 所示。要生成图 8-22 所示的工资条，具体实现方法如下。

批量生成工资条.xlsm

	A	B	C	D	E	F	G
1	姓名	岗位工资	技能工资	津贴	奖金	其他	实发工资
2	张三	700	300	260	300	200	1760
3	李四	320	280	260	500	200	1560
4	王五	390	330	260	500	200	1680
5	赵六	280	215	260	600	200	1555
6							

工资表

图 8-21　“工资表”工作表格式和内容

	A	B	C	D	E	F	G
1	姓名	岗位工资	技能工资	津贴	奖金	其他	实发工资
2	张三	700	300	260	300	200	1760
3							
4	姓名	岗位工资	技能工资	津贴	奖金	其他	实发工资
5	李四	320	280	260	500	200	1560
6							
7	姓名	岗位工资	技能工资	津贴	奖金	其他	实发工资
8	王五	390	330	260	500	200	1680
9							
10	姓名	岗位工资	技能工资	津贴	奖金	其他	实发工资
11	赵六	280	215	260	600	200	1555

图 8-22　工资条样式

1. 用 Offset 函数

在工作簿中添加一个工作表，重命名为“用 Offset 函数”。

选中 A1 单元格，输入以下公式。

=IF(MOD(ROW(),3),OFFSET(工资表!$A$1,MOD(ROW()−1,3)*ROUND(ROW()/3,0),COLUMN(A1)−1),"")

将 A1 单元格的公式向右、向下填充到 A1:G11 区域，得到图 8-22 所示的工资条。改变“工资表”的内容，工资条的数据将随之变化。添加或删除“工资表”中的人数和数据项目后，将公式重新填充到相应的区域，会得到对应的工资条。

该公式用 ROW 函数求出当前行号，用 MOD 函数求出当前行号除以 3 的余数。若余数为 0，则 IF 函数的条件参数值为“假”，IF 函数的返回值为空串；若余数非 0，则 IF 函数的条件参数值为“真”，IF 函数返回以下表达式的值。

OFFSET(工资表!$A$1,MOD(ROW()−1,3)*ROUND(ROW()/3,0),COLUMN(A1)−1)

OFFSET 函数以“工资表”工作表的 A1 单元格为参照，行偏移 MOD(ROW()−1,3)*ROUND(ROW()/3,0)，列偏移 COLUMN(A1)−1)，得到一个新的单元格引用。其中，用

ROUND 函数对当前行号除 3 取整（四舍五入）。

行偏移值与当前行号的对应关系见表 8-1。

表 8-1　行偏移值与当前行号的对应关系

当前行号	A MOD(ROW()-1,3)	B ROUND(ROW()/3,0)	A*B 行偏移值
1	0	0	0
2	1	1	1
3	2	1	2
4	0	1	0
5	1	2	2
6	2	2	4
7	0	2	0
8	1	3	3
9	2	3	6
10	0	3	0
11	1	4	4

从表 8-1 中可以看出，当前行号为 1、4、7、10 时，Offset 函数的行偏移值为 0，对应于工资表的标题行；当前行号为 2、5、8、11 时，Offset 函数的行偏移值为 1、2、3、4，对应于工资表的数据行；当前行号为 3、6、9 时，Offset 函数的行偏移值无意义，因为当前行号除以 3 的余数为 0，IF 函数的返回值为空串。

COLUMN 函数通过相对引用求出当前单元格的列号。当前单元格列号减 1，作为 Offset 函数的列偏移值。

2. 用 Index 函数

在工作簿中添加一个工作表，重命名为"用 Index 函数"。

选中 A1 单元格，输入以下公式。

=IF(MOD(ROW(),3),INDEX(工资表!\$A\$1:\$G\$5,MOD(ROW()−1,3)* INT((ROW()+2)/3) +1, COLUMN(A1)),"")

将 A1 单元格的公式向右、向下填充到 A1:G11 区域，得到如图 8-22 所示的工资条。改变"工资表"的内容，工资条的数据将随之变化。添加或删除"工资表"中的人数和数据项目后，将公式中"\$A\$1:\$G\$5"更改为新的单元格区域，将公式重新填充到特定的区域，会得到对应的工资条。

该公式同样用 ROW 函数求出当前行，用 MOD 函数求出当前行号除以 3 的余数。若余数为 0，则 IF 函数返回空串；若余数非 0，则 IF 函数返回以下表达式的值。

```
INDEX(工资表!$A$1:$G$5,MOD(ROW()-1,3)*INT((ROW()+2)/3)+1,COLUMN(A1))
```

INDEX 函数返回"工资表"工作表"\$A\$1:\$G\$5"区域中 MOD(ROW()−1,3)* INT((ROW()+2)/3)+1 行与 COLUMN(A1)列交叉处的单元格引用。

其中，INT 函数用于将数字向下舍入到最接近的整数。

"工资表"工作表区域"\$A\$1:\$G\$5"中的行号与当前工作表的行号对应关系见表 8-2。

表 8-2　区域中的行号与当前工作表的行号的对应关系

工作表的行号	A MOD(ROW()-1,3)	B INT((ROW()+2)/3)	A*B+1 区域中的行号
1	0	1	1
2	1	1	2
3	2	1	3
4	0	2	1
5	1	2	3
6	2	2	5
7	0	3	1
8	1	3	4
9	2	3	7
10	0	4	1
11	1	4	5

从表 8-2 中可以看出，当前工作表的行号为 1、4、7、10 时，Index 函数区域中的行号为 1，对应于工资表的标题行；当前行号为 2、5、8、11 时，Index 函数区域中的行号为 2、3、4、5，对应于工资表的数据行；当前行号为 3、6、9 时，Index 函数区域中的行号无意义，因为当前行号除以 3 的余数为 0，IF 函数的返回值为空串。

COLUMN 函数通过相对引用求出当前单元格的列号，直接作为 Index 函数区域中的列号。

3. 用 VBA 程序

在工作簿中添加一个工作表，重命名为"用 VBA 程序"。

在"开发工具"选项卡的"控件"选项组中单击"插入"按钮，在当前工作表中插入两个按钮（窗体控件），分别命名为"生成工资条"和"清除工资条"。

进入 VB 编辑环境，插入一个模块，编写一个"生成工资条"子程序，代码如下：

```
Sub 生成工资条()
  h = 1                                              '目标起始行
  rm = Sheets("工资表").Range("A1").End(xlDown).Row   '数据源最大行号
  For m = 2 To rm
    Sheets("工资表").Range("A1:G1").Copy Destination:=Range("A" & h & ":G"
& h)
    h = h + 1
    Sheets("工资表").Range("A" & m & ":G" & m).Copy Destination:=Range("A"
& h & ":G" & h)
    h = h + 2
  Next
End Sub
```

上述子程序首先设置目标起始行号 h 为 1，也就是要从当前工作表的第 1 行开始生成工资条。求出"工资表"工作表有效数据的最大行号。

然后对"工资表"工作表从第 2 行到最后一行进行循环。每次循环先将 A1:G1 区域数据（工资表的表头）复制到 h 行的 A～G 列，再将当前行 A～G 列的数据复制到 h+1 行的 A～G 列，形成一个员工的工资条。将 h+2 作为下一个工资条的起始行号。

为了清除该区域的内容和格式，编写一个"清除工资条"子程序，代码如下：

```
Sub 清除工资条()
  rm = Range("A1048576").End(xlUp).Row          '目标数据区最大行号
  Range("A1:G" & rm).Clear                       '清除内容和格式
End Sub
```

在"用 VBA 程序"工作表，分别右击"生成工资条"和"清除工资条"按钮，在弹出的快捷菜单中选择"指定宏"命令，将"生成工资条"和"清除工资条"子程序分别指定给对应的按钮。

单击"生成工资条"按钮，得到图 8-22 所示的结果。

单击"清除工资条"按钮，工资条区域的内容和格式将被清除。

8.5　制作九九乘法表

本节将在 Excel 中分别用单元格混合引用和 VBA 程序制作图 8-23 所示的九九乘法表。

	1	2	3	4	5	6	7	8	9
1	1*1=1								
2	1*2=2	2*2=4							
3	1*3=3	2*3=6	3*3=9						
4	1*4=4	2*4=8	3*4=12	4*4=16					
5	1*5=5	2*5=10	3*5=15	4*5=20	5*5=25				
6	1*6=6	2*6=12	3*6=18	4*6=24	5*6=30	6*6=36			
7	1*7=7	2*7=14	3*7=21	4*7=28	5*7=35	6*7=42	7*7=49		
8	1*8=8	2*8=16	3*8=24	4*8=32	5*8=40	6*8=48	7*8=56	8*8=64	
9	1*9=9	2*9=18	3*9=27	4*9=36	5*9=45	6*9=54	7*9=63	8*9=72	9*9=81

图 8-23　九九乘法表

1．混合引用法

创建一个 Excel 工作簿，保存为"制作九九乘法表.xlsm"。将 Sheet1 工作表重命名为"混合引用法"。

在"混合引用法"工作表中，选择全部单元格，设置"白色"背景。选中 A1:J10 区域，设置虚线边框。选中 B1:J1 单元格区域，按住 Ctrl 键，再选中 A1:A10 单元格区域，然后为选中单元格填充一种颜色。得到图 8-24 所示的工作表界面。

在 A2、A3 单元格分别输入 1 和 2，然后选中这两个单元格，向下填充到 A10 单元格，得到左表头。也可以在 A2 单元格输入公式"=ROW()−1"，然后向下填充到 A10 单元格，通过求当前行号得到左表头。

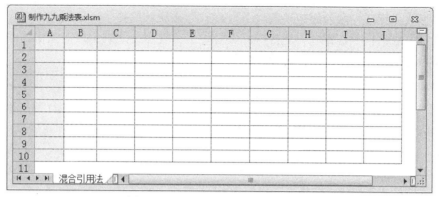

图 8-24 "混合引用法"工作表界面

在 B1、C1 单元格分别输入 1 和 2，然后选中这两个单元格，向右填充到 J1 单元格，得到上表头。也可以在 B1 单元格输入公式"=COLUMN()-1"，然后向下填充到 J1 单元格，通过求当前列号得到上表头。

选中 B2 单元格，在"开始"选项卡的"样式"选项组中单击"条件格式"按钮，选择"新建规则"命令。在"新建格式规则"对话框中，设置"选择规则类型"为"使用公式确定要设置格式的单元格"，设置公式为"=$A2<B$1"，格式为"白色"文字，如图 8-25 所示。

在 B2 单元格输入以下公式。

=B$1 & "*" & $A2 & "=" & B$1*$A2

然后用填充柄将 B2 单元格的公式和条件格式向下、向右填充到 B2:J10 区域，就会得到图 8-23 所示的九九乘法表。

B2 单元格的公式中使用了混合地址。其中，B$1 为列相对、行绝对引用，因此公式填充到其他单元格时，列标相对改变，而行号始终为 1。$A2 为列绝对、行相对引用，公式填充到其他单元格时，行号相对改变，而列标始终为 A。"&"为字符串连接运算符，双引号之间的字符"*"和"="为常量字符。

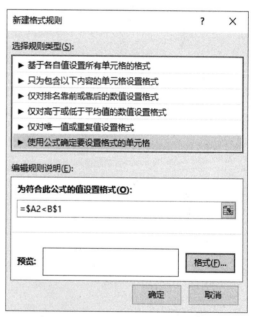

图 8-25 "新建格式规则"对话框

在 B2 单元格的条件格式公式中也使用了单元格的混合引用，因此，将条件格式填充到 B2:J10 区域后，若 A 列当前行的值小于当前列第 1 行的值，则设置文字为"白色"，与背景颜色相同，使其不可见，以保证 B2:J10 区域的上三角部分不被显示出来。

向 B2:J10 区域填写公式也可以采用如下方法：从 B2 开始选中 B2:J10 区域，在编辑栏中输入以下公式。

=B$1 & "*" & $A2 & "=" & B$1*$A2

然后按 Ctrl+Enter 组合键。

为 B2:J10 区域设置条件格式也可以采用如下方法：从 B2 开始选中 B2:J10 区域，在"开始”选项卡的“样式”选项组中单击“条件格式”按钮，选择“新建规则”命令。在“新建格式规则”对话框中，设置“选择规则类型”为“使用公式确定要设置格式的单元格”，设置公式为"=$A2<B$1"，格式为“白色”文字。

2. VBA 程序法 1

打开“制作九九乘法表”工作簿，在“混合引用法”工作表标签上右击，在弹出的快捷菜单中选择“移动或复制”命令，将该工作表复制到现有工作表的后面，并重命名为“VBA 程序法 1”。选中“VBA 程序法 1”工作表，单击工作表左上角的行列交叉处，选中所有单元格，按 Delete 键，删除工作表的全部数据和公式。在“开始”选项卡的“样式”选项组中单击“条件格式”按钮，选择“清除规则>清除整个工作表的规则”命令，清除先前设置的条件格式规则，得到图 8-24 所示的工作表界面。

在“开发工具”选项卡的“控件”选项组中单击“插入”按钮，在当前工作表适当的位置添加一个命令按钮（ActiveX 控件）。右击新添加的命令按钮，在弹出的快捷菜单中选择“属性”命令，设置其 Caption 属性为“方法 1”。右击命令按钮，在弹出的快捷菜单中选择“查看代码”命令，为该按钮的 Click 事件编写如下代码：

```
Private Sub CommandButton1_Click()
  Range("B1:J1").Value = Array(1, 2, 3, 4, 5, 6, 7, 8, 9)  '设置上表头
  Range("B1:J1").Copy
  Range("A2:A10").PasteSpecial Transpose:=True            '转置粘贴，设置左表头
  Application.CutCopyMode = False                         '退出复制状态
  kk = "=R1C & " & Chr(34) & "*" & Chr(34) & " & RC1 & " & _
  Chr(34) & "=" & Chr(34) & " & R1C*RC1"                  '形成公式
  For r = 2 To 10
    For c = 2 To r
      Cells(r, c).FormulaR1C1 = kk                        '填写公式
    Next
  Next
  Cells(1, 1).Select                                     '光标定位
End Sub
```

上述代码在单击“方法 1”命令按钮时被执行。首先向 B1:J1 单元格依次填充数值 1～9，将 B1:J1 区域的数据复制后转置粘贴至 A2:A10 单元格区域，退出复制状态，得到表格的上表头和左表头。然后，生成一个计算公式送给变量 kk，并用双重循环结构将公式填充到 2～10 行的下三角区域。

变量 kk 的值=RC1 & "*" & R1C & "=" & R1C*RC1，其中，RC1 表示当前行第 1 列单元格，R1C 表示当前列第 1 行单元格。

程序中用函数 Chr(34)返回双引号"""，以实现双引号的嵌套。

最后，将光标定位到 1 行 1 列单元格。

单击工作表上的“方法 1”命令按钮，得到图 8-23 所示的结果。

3. VBA 程序法 2

打开“制作九九乘法表”工作簿，右击“VBA 程序法 1”工作表标签，在弹出的快捷

菜单中选择"移动或复制"命令，将该工作表复制到现有工作表的后面，并重命名为"VBA程序法 2"。

　　在"开发工具"选项卡的"控件"选项组中单击"设计模式"按钮，进入设计模式。右击"方法 1"命令按钮，在弹出的快捷菜单中选择"属性"命令，设置其 Caption 属性为"方法 2"，名称为 CommandButton2。右击"方法 2"命令按钮，在弹出的快捷菜单中选择"查看代码"命令，为该按钮的 Click 事件编写如下代码：

```
Private Sub CommandButton2_Click()
  For r = 1 To 9                          '按行循环
    Cells(r + 1, 1) = r                   '填写左表头
    For c = 1 To r                        '按列循环
      Cells(1, c + 1) = c                 '填写上表头
      s = c & "*" & r & "=" & c * r       '形成等式字符串
      Cells(r + 1, c + 1).FormulaR1C1 = s '填写等式字符串
    Next
  Next
End Sub
```

　　上述代码在单击"方法 2"命令按钮时被执行，同样会得到图 8-23 所示的结果。

　　程序采用的是双重循环结构。外层循环让变量 r 从 1 到 9 进行循环，每次循环先在 r+1行、第 1 列单元格填写左表头，再用内层循环让变量 c 从 1 到 r 进行循环。每次内层循环先在第 1 行、c+1 列单元格填写上表头，再生成一个等式字符串送给变量 s 表示，并将 s的值填写到 r+1 行、c+1 列单元格。

上机练习

　　1. 用公式和编程两种方法，将当前工作表 A1～A3 单元格中的最大值填写到 A4 单元格，B1～B3 单元格中的最大值填写到 B4 单元格，在 C4 单元格显示两数据区最大值的比较结果。例如，给定图 8-26 所示的 A1～A3 和 B1～B3 单元格数据，应在 A4、B4、C4 单元格得到相应的结果。

	A	B	C
1	66	89	
2	89	6	
3	5	55	
4	89	89	A1～A3的最大值减去B1～B3的最大值：等于零

图 8-26　工作表结构和数据

　　2. 在图 8-27 所示的工作表中，编写一个 VBA 程序，将表格中 B 列、D 列内容重复的行删除。例如，在图 8-27 中，第 1 行与第 3 行的 B、D 列相同，第 2 行与第 4 行的 B、D列相同，第 5 行、第 6 行、第 8 行的 B、D 列相同，删除重复记录后得到图 8-28 所示的结果。

	A	B	C	D
1	序号	日期	时间	计算机名称
2	1	3月10日	4:00	D8
3	2	3月10日	8:00	L8
4	3	3月10日	12:00	D8
5	4	3月10日	16:00	L8
6	5	3月11日	20:00	D8
7	6	3月11日	4:00	D8
8	7	3月11日	8:00	L8
9	8	3月11日	12:00	D8

图 8-27   原始数据

	A	B	C	D
1	序号	日期	时间	计算机名称
2	1	3月10日	4:00	D8
3	2	3月10日	8:00	L8
4	5	3月11日	20:00	D8
5	7	3月11日	8:00	L8
6				
7				
8				
9				

图 8-28   删除重复记录后的结果

3. 在图 8-29 所示的 Excel 工作表中，编写一个 VBA 子程序并指定给"转存"按钮，将原始数据转存到目标数据区指定的位置。要求用循环语句实现。

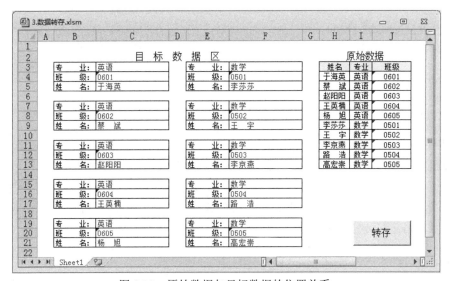

图 8-29   原始数据与目标数据的位置关系

4. 利用 Excel 工作表界面设计一个四则运算测验软件。要求能自动随机给出运算符、操作数，每次出 10 道题，每题 10 分，根据答案的正误评定分数。

第9章

排序与筛选

本章给出 4 个与排序和筛选有关的应用案例,前 3 个分别用非编程和编程的不同方法实现,最后一个用 VBA 程序实现。

9.1 用高级筛选实现区号邮编查询

本节介绍一个用 Excel 的高级筛选功能和 VBA 程序实现的区号邮编查询工具。涉及的主要技术包括:高级筛选功能的利用、模糊查询的实现、查询结果的刷新。

1. 工作表设计

创建一个 Excel 工作簿,保存为"用高级筛选实现区号邮编查询.xlsm"。

在 Sheet1 工作表中,单击左上角的行号、列标交叉处,选中所有单元格,填充"白色"背景。选中 A~D 列,设置虚线边框、水平居中对齐方式,调整适当的列宽。选中 C~D 列,在快捷菜单中选择"设置单元格格式"命令。在"设置单元格格式"对话框中,设置数字为文本格式。

选中 A1:D1 单元格区域,在"开始"选项卡的"对齐方式"选项组中单击"合并后居中"按钮,合并单元格。输入文字"条件区",设置适当的字体、字号、颜色。在第 2 行的 A~D 列,填充蓝色背景,输入列标志:"省""市""区号""邮编"。

选中 A4:D5 单元格区域,取消左、右和中间边框线。合并 A5:D5 单元格,输入文字"数据区",设置适当的字体、字号、颜色。将 A2:D2 单元格的内容和格式复制到 A6:D6 区域,得到同样的列标志。

在网上查找全国各省、市(县)的区号和邮编数据,导入或粘贴到当前工作表 A7:D2325 区域。最后得到图 9-1 所示的工作表界面与数据。

2. 高级筛选

设计这样的工作表界面是为了使用 Excel 的高级筛选功能,对数据区中的数据分别按省、市、区号、邮编进行筛选,从而达到查询目的。

例如,在"条件区"列标志"市"下面的单元格中键入"张"字,然后在"数据"选项卡的"排序和筛选"选项组中单击"高级"按钮。在图 9-2 所示的"高级筛选"对话框中指定"列表区域"为 A6:D2325,"条件区域"为 A2:D3,"方式"为"在原有区域显示筛选结果"。单击"确定"按钮,得到图 9-3 所示的筛选结果。

在"条件区"列标志"市"下面的单元格中将"张"改为"家",重新在"数据"选项卡的"排序和筛选"选项组中单击"高级"按钮,用同样的列表区域和条件区域进行筛选。

用高级筛选实现区号邮编查询.xlsm			
	A	B	C	D

	A	B	C	D
1		条件区		
2	省	市	区号	邮编
3				
4				
5		数据区		
6	省	市	区号	邮编
7	北京	北京	010	100000
8	北京	通县	010	101100
9	北京	昌平	010	102200
10	北京	大兴	010	102600
11	北京	密云	010	101500
12	北京	延庆	010	102100
13	北京	顺义	010	101300
14	北京	怀柔	010	101400
15	北京	平台	010	101200
16	上海	上海	021	200000
17	上海	上海县	021	201100
18	上海	嘉定	021	201800
19	上海	松江	021	201600
20	上海	南汇	021	201300

图 9-1　工作表界面与数据

图 9-2　"高级筛选"对话框

	A	B	C	D
1		条件区		
2	省	市	区号	邮编
3		*张		
4				
5		数据区		
6	省	市	区号	邮编
104	河北	张家口	0313	075000
108	河北	张北	0313	076400
782	江苏	张家港	0520	215600
1288	湖南	张家界	0744	416600
2089	甘肃	张掖	0936	734000
2107	甘肃	张家川	0938	741500
2326				

图 9-3　以"张"字开头的"市"筛选结果

此时可发现没有满足条件的记录，即，以"家"字开头的"市"名不存在。

而在"家"字的前面添加一个通配符"*"，再用同样的方式进行筛选，则会得到"市"名当中包含"家"字的筛选结果，如图 9-4 所示。

在此基础上，在"条件区""邮编"列标志下方的单元格中键入"*6"，并用同样的方式进行筛选，可得到"市"名当中包含"家"字，并且"邮编"当中包含数字"6"的筛选结果，如图 9-5 所示。

经以上实验和分析得知，在"条件区"对应的列标志下输入通配符和关键词，可以利用高级筛选功能实现查询。但要想得到新的筛选结果，需要重新执行高级筛选功能。而手动操作效率低，不够实用。

如果用 VBA 程序自动执行高级筛选功能，实用性将会大大提高。

图 9-4 "市"名当中包含"家"字的筛选结果

图 9-5 同时满足两个条件的筛选结果

3. 程序设计

进入 VB 编辑环境，在当前工程中，双击 Microsoft Excel 对象的 Sheet1 工作表。在代码编辑区上方的"对象"下拉列表中选择 Worksheet，在"过程"下拉列表中选择 Change，为工作表的 Change 事件编写如下代码：

```
Private Sub Worksheet_Change(ByVal Target As Range)
  If Target.Row = 3 And Target.Column <= 4 Then  '第 3 行的 1~4 列单元格内容改变
    v = Target.Value                             '取出当前单元格的值
    If v <> "" And InStr(v, "*") = 0 Then        '不空，并且不包含"*"
      Target.Value = "*" & v                     '在前面添加"*"
    End If
    Range("A6:D2325").AdvancedFilter Action:=xlFilterInPlace, _
    CriteriaRange:=Range("A2:D3")                 '高级筛选
  End If
End Sub
```

在 Sheet1 工作表中更改任意一个单元格的内容时，系统就会自动执行上述代码。

首先对当前单元格的位置进行判断，如果是第 3 行的 1～4 列，即单元格地址为 A3、B3、C3、D3，则进行以下操作：

（1）取出当前单元格的值，送给变量 v。

（2）如果 v 的值不为空，并且不包含"*"，则在前面添加一个"*"，重新填写到当前单元格，即在输入的关键词前面自动添加一个通配符，以实现模糊查询。

（3）用 AdvancedFilter 方法进行高级筛选。指定"列表区域"为 A6:D2325，"条件区域"为 A2:D3，在原有区域显示筛选结果。达到按指定的一个或多个关键词模糊查找目的。

4. 查询操作

打开"用高级筛选实现区号邮编查询.xlsm"文件。在"条件区"列标志"市"下面的 B3 单元格输入一个汉字"张"，按 Enter 键后，该单元格的内容被自动改为"*张"。同时，在数据区中得到与图 9-3 相同的筛选结果。

将 B3 单元格的内容改为"家"，按 Enter 键后，该单元格的内容被自动改为"*家"。同时，在数据区中得到与图 9-4 相同的筛选结果。

在此基础上，在"条件区""邮编"列标志下面的 D3 单元格中输入一个数字"6"，按

Enter 键后，该单元格的内容被自动改为“*6”。同时，在数据区中得到与图 9-5 相同的筛选结果。

这种方法与手动进行高级筛选结果相同，但操作简便、高效，更加实用。

例如，要查询“农安县”的区号和邮编，只需要在 B3 单元格输入“农安”二字后按 Enter 键即可。要查询区号为“0434”省市和邮编，只需要在 C3 单元格输入“0434”后按 Enter 键，即可得到需要的结果。

9.2 免试生筛选

某高校计算机系要对学生进行“软件开发能力”考核。规定：如果与软件开发相关的 8 门课程的考试成绩中，有 2 门以上（含 2 门）排在全年级前 10%以内，则“软件开发能力”成绩记为 A 等，不必另行参加考核，即可以免试。

假设这 8 门课成绩排在全年级前 10%以内的学生名单和相关信息已经分别保存到一个 Excel 工作簿“免试生筛选”的“课程 1”“课程 2”…“课程 8”工作表中，如图 9-6 所示。

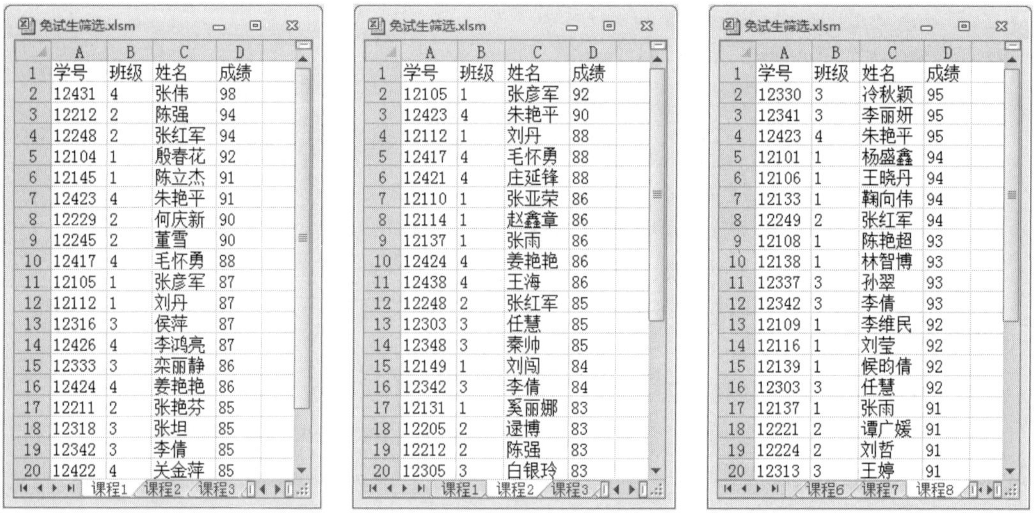

免试生筛选.xlsm（课程1）

	A	B	C	D
1	学号	班级	姓名	成绩
2	12431	4	张伟	98
3	12212	2	陈强	94
4	12248	2	张红军	94
5	12104	1	殷春花	92
6	12145	1	陈立杰	91
7	12423	4	朱艳平	91
8	12229	2	何庆新	90
9	12245	2	董雪	90
10	12417	4	毛怀勇	88
11	12105	1	张彦军	87
12	12112	1	刘丹	87
13	12316	3	侯萍	87
14	12426	4	李鸿亮	87
15	12333	3	栾丽静	86
16	12424	4	姜艳艳	86
17	12211	2	张艳芬	85
18	12318	3	张坦	85
19	12342	3	李倩	85
20	12422	4	关金萍	85

免试生筛选.xlsm（课程2）

	A	B	C	D
1	学号	班级	姓名	成绩
2	12105	1	张彦军	92
3	12423	4	朱艳平	90
4	12112	1	刘丹	88
5	12417	4	毛怀勇	88
6	12421	4	庄延锋	88
7	12110	1	张亚荣	86
8	12114	1	赵鑫章	86
9	12137	1	张雨	86
10	12424	4	姜艳艳	86
11	12438	4	王海	86
12	12248	2	张红军	85
13	12303	3	任慧	85
14	12348	3	秦帅	85
15	12149	1	刘闯	84
16	12342	3	李倩	84
17	12131	1	奚丽娜	83
18	12205	2	逯博	83
19	12212	2	陈强	83
20	12305	3	白银玲	83

免试生筛选.xlsm（课程8）

	A	B	C	D
1	学号	班级	姓名	成绩
2	12330	3	冷秋颖	95
3	12341	3	李丽妍	95
4	12423	4	朱艳平	95
5	12101	1	杨盛鑫	94
6	12106	1	王晓丹	94
7	12133	1	鞠向伟	94
8	12249	2	张红军	94
9	12108	1	陈艳超	93
10	12138	1	林智博	93
11	12337	3	孙翠	93
12	12342	3	李倩	93
13	12109	1	李维民	92
14	12116	1	刘莹	92
15	12139	1	候昀倩	92
16	12303	3	任慧	92
17	12137	1	张雨	91
18	12221	2	谭广媛	91
19	12224	2	刘哲	91
20	12313	3	王婷	91

图 9-6 排在全年级前 10%的单科成绩信息

要求列出符合免试条件的学生名单。

下面分别给出手动操作和 VBA 程序的实现方法。

9.2.1 手动操作

1. 将学生名单集中到一个工作表

在“免试生筛选”工作簿中添加一个工作表，命名为“手工筛选结果”。将“课程 1”“课程 2”…“课程 8”工作表的数据依次复制到“手工筛选结果”工作表中，将这些数据集中在一起。除保留“课程 1”工作表的“学号”“班级”“姓名”标题外，其余工作表的标题行不要复制。

也可以在“手工筛选结果”工作表中选中 A1 单元格，输入公式“=课程 1!A1”，并将公式向右、向下填充，得到“课程 1”工作表每个学生的“学号”“班级”“姓名”信息。用同样的方法，在后续单元格区域中得到“课程 2”“课程 3”…“课程 8”工作表的信息，如图 9-7 所示。

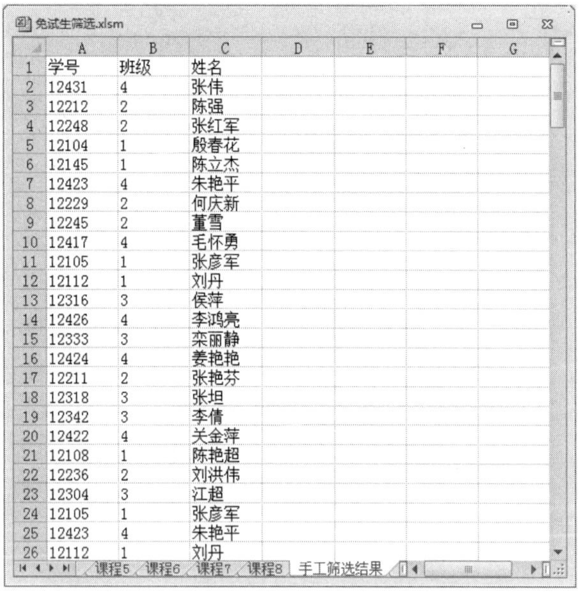

	A	B	C	D	E	F	G
1	学号	班级	姓名				
2	12431	4	张伟				
3	12212	2	陈强				
4	12248	2	张红军				
5	12104	1	殷春花				
6	12145	1	陈立杰				
7	12423	4	朱艳平				
8	12229	2	何庆新				
9	12245	2	董雪				
10	12417	4	毛怀勇				
11	12105	1	张彦军				
12	12112	1	刘丹				
13	12316	3	侯萍				
14	12426	4	李鸿亮				
15	12333	3	栾丽静				
16	12424	4	姜艳艳				
17	12211	2	张艳芬				
18	12318	3	张坦				
19	12342	3	李倩				
20	12422	4	关金萍				
21	12108	1	陈艳超				
22	12236	2	刘洪伟				
23	12304	3	江超				
24	12105	1	张彦军				
25	12423	4	朱艳平				
26	12112	1	刘丹				

图 9-7　“手工筛选结果”工作表中的数据

2. 求每个学号在工作表中出现的次数

选中“手工筛选结果”工作表的 D1 单元格，输入公式“=COUNTIF(A:A,A1)”，然后将公式向下填充到数据区的最后一行，在 D 列得到 A 列每个单元格内容出现的次数，即每个学号在当前工作表中出现的次数，如图 9-8 所示。

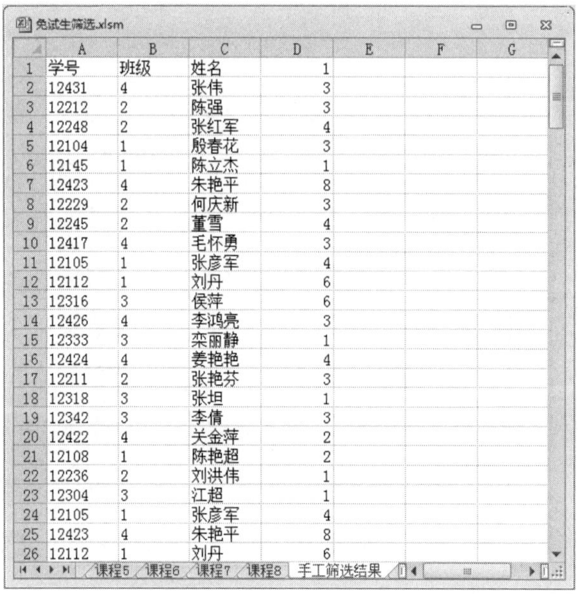

	A	B	C	D	E	F	G
1	学号	班级	姓名	1			
2	12431	4	张伟	3			
3	12212	2	陈强	3			
4	12248	2	张红军	4			
5	12104	1	殷春花	3			
6	12145	1	陈立杰	1			
7	12423	4	朱艳平	8			
8	12229	2	何庆新	3			
9	12245	2	董雪	4			
10	12417	4	毛怀勇	3			
11	12105	1	张彦军	4			
12	12112	1	刘丹	6			
13	12316	3	侯萍	6			
14	12426	4	李鸿亮	3			
15	12333	3	栾丽静	1			
16	12424	4	姜艳艳	4			
17	12211	2	张艳芬	3			
18	12318	3	张坦	1			
19	12342	3	李倩	3			
20	12422	4	关金萍	2			
21	12108	1	陈艳超	2			
22	12236	2	刘洪伟	1			
23	12304	3	江超	1			
24	12105	1	张彦军	4			
25	12423	4	朱艳平	8			
26	12112	1	刘丹	6			

图 9-8　D 列的值为每个学号在工作表中出现的次数

工作簿函数 COUNTIF 用于计算区域中满足给定条件的单元格的个数。这里，COUNTIF(A:A,A1)求出 A 列中与 A1 单元格内容相同的单元格个数。

由于函数中单元格用的是相对地址，因此填充到 D2 单元格时，将变为 COUNTIF(A:A,A2)，即求出 A 列中与 A2 单元格内容相同的单元格个数，以此类推。

3. 删除出现次数小于 2 的学生信息

在"手工筛选结果"工作表中选中 D1 单元格，在"数据"选项卡的"排序和筛选"选项组中单击"降序"按钮 ，将数据区的数据按 D 列降序排列。删除出现次数小于 2 的学号所对应的数据行，之后删除 D 列。

4. 删除内容重复的数据行

在"手工筛选结果"工作表中选中 A1 单元格，在"数据"选项卡的"排序和筛选"选项组中单击"升序"按钮 ，将数据区的数据按 A 列升序排列。

选中 D1 单元格，输入公式"=IF(A1<>A2,1)"，然后将公式向下填充到数据区的最后一行。由于公式中单元格用的是相对地址，因此填充到 D2 单元格时，将变为"=IF(A2<>A3,1)"。这样，如果 A 列单元格与它下方相邻单元格内容不重复，则 D 列相应单元格的值为 1，否则为 FALSE。或者说，D 列某单元格的值为 FALSE，表示对应的学号是重复的，如图 9-9 所示。

若要删除 D 列值为 FALSE 的单元格所在行，可进行如下操作：

（1）选中 D 列，在"开始"选项卡的"编辑"选项组中单击"查找和选择"按钮，选择"定位条件"命令。在"定位条件"对话框中选择"公式"的"逻辑值"复选框，如图 9-10 所示。

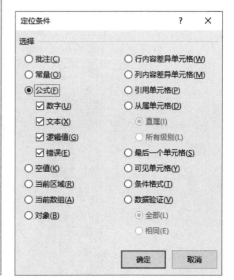

图 9-9　D 列单元格的值为 FALSE 表示学号重复   图 9-10　"定位条件"对话框

单击"确定"按钮后，系统自动选中 D 列所有值为 FALSE 的单元格。

（2）右击选定区域，在弹出的快捷菜单中选择“删除”命令，然后在“删除”对话框中选择“整行”单选按钮，单击“确定”按钮，这些数据行就被删除了。

（3）选中 D 列，右击，在弹出的快捷菜单中选择“删除”命令，删除这一辅助列。最后得到图 9-11 所示的免试生名单。

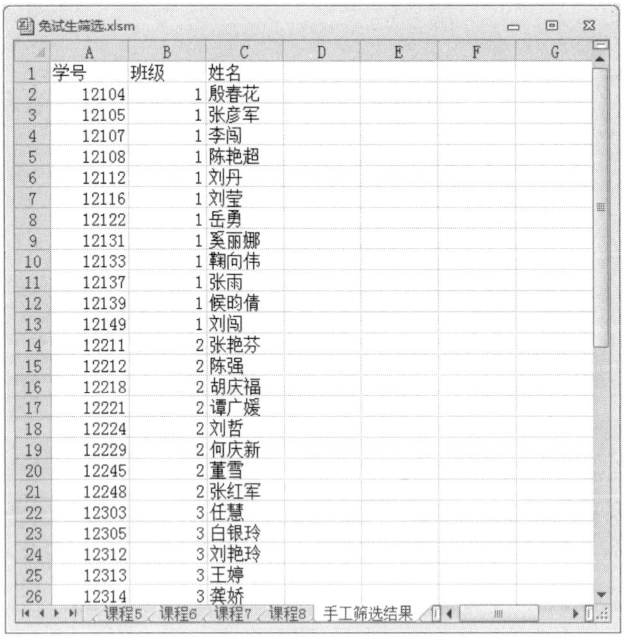

	A	B	C	D	E	F	G
1	学号	班级	姓名				
2	12104	1	殷春花				
3	12105	1	张彦军				
4	12107	1	李闯				
5	12108	1	陈艳超				
6	12112	1	刘丹				
7	12116	1	刘莹				
8	12122	1	岳勇				
9	12131	1	奚丽娜				
10	12133	1	鞠向伟				
11	12137	1	张雨				
12	12139	1	候昀倩				
13	12149	1	刘闯				
14	12211	2	张艳芬				
15	12212	2	陈强				
16	12218	2	胡庆福				
17	12221	2	谭广媛				
18	12224	2	刘哲				
19	12229	2	何庆新				
20	12245	2	董雪				
21	12248	2	张红军				
22	12303	3	任慧				
23	12305	3	白银玲				
24	12312	3	刘艳玲				
25	12313	3	王婷				
26	12314	3	龚娇				

图 9-11　最后的免试生名单

9.2.2　用 VBA 程序实现

在“免试生筛选”工作簿中添加一个工作表，命名为“VBA 筛选结果”。在“开发工具”选项卡的“控件”选项组中单击“插入”按钮，在当前工作表中添加一个命令按钮（ActiveX 控件）。设置命令按钮的 Caption 属性为“筛选”。右击“筛选”命令按钮，在弹出的快捷菜单中选择“查看代码”命令，进入 VB 编辑环境，为命令按钮的 Click 事件编写如下代码：

```
Private Sub CommandButton1_Click()
  Columns("A:D").ClearContents                          '删除原有数据
  Sheets("课程 1").Cells(1, 1).Resize(1, 3).Copy Cells(1, 1) '复制标题
  r = 2                                                 '当前工作表数据起始行号
  For P = 1 To 8                                        '对 8 个工作表循环
    Set sts = Worksheets("课程" & P)                    '用变量表示源工作表
    j = 2                                               '源工作表行号初值
    Do While sts.Cells(j, 1) <> ""                      '未超过数据区
      Set b = Columns(1).Find(sts.Cells(j, 1))          '在目标工作表查找“学号”
      If b Is Nothing Then                              '没找到
        sts.Cells(j, 1).Resize(1, 3).Copy Cells(r, 1) '复制到目标工作表
        Cells(r, 4) = 1                                 '计数器置 1
        r = r + 1                                       '目标工作表行号加 1
      Else
```

```
          Cells(b.Row, 4) - Cells(b.Row, 4) + 1        '计数器加 1
       End If
       j = j + 1                                       '源工作表行号加 1
     Loop
   Next P
   rm = Cells(1, 1).End(xlDown).Row                    '求有效数据最大行号
   For r = rm To 2 Step -1
     If Cells(r, 4) < 2 Then
        Rows(r).Delete                                 '删除不符合免试条件的数据行
     End If
   Next
   Columns("A:D").Sort Key1:=Range("A2"), Header:=xlGuess    '按学号升序排序
   Columns("D").ClearContents                          '删除辅助列内容
End Sub
```

上述代码在单击"筛选"命令按钮时被执行，并完成以下几部分操作：

（1）删除当前工作表 A～D 列的原有数据，把"课程 1"工作表的数据标题复制到当前工作表，设置当前工作表的数据起始行号。

（2）用 For 循环语句对 8 门课程对应的工作表进行处理。对每个工作表从第 2 行到数据区的最后一行进行扫描。如果学号在当前工作表中不存在，则把该学号以及对应的班级、姓名数据复制到当前工作表原有数据区的后面，并将对应的第 4 列单元格设置为 1，否则在当前工作表对应学号的第 4 列单元格加 1，求出每个学号在当前工作表中出现的次数。

（3）用 For 循环语句扫描当前工作表数据区的每一行，删除第 4 列值小于 2 的单元格所对应的数据行，即删除所有不符合免试条件的数据行。

（4）对当前工作表的数据按学号升序排序，删除第 4 列（辅助列）的内容。

退出设计模式，在当前工作表中单击"筛选"命令按钮，同样会得到图 9-11 所示的结果。

9.3 考试座位随机编排

在学生考试期间，通常需要随机安排座位。本节将在 Excel 中，分别用公式和 VBA 程序实现随机排座。

1. 用公式实现随机排座

创建一个带有 3 个工作表的 Excel 工作簿，保存为"考试座位随机编排.xlsm"。将 3 个工作表分别重命名为"学生名单""随机座位(公式法)"和"随机座位(VBA 法)"。

在"学生名单"工作表中选择全部单元格，设置"白色"背景。选中 A～F 列，设置虚线边框。在第 1 行的 A～F 列输入表格标题，设置"浅绿"背景。设置 E 列的数字为文本格式。在 E、F 列输入 30 个用于测试的学生学号和姓名。选中 D2:D31 单元格区域，在编辑栏中输入公式"=RAND()"，然后按 Ctrl+Enter 组合键，向区域的每个单元格填入一个随机数。选中 C2:C31 单元格区域，在编辑栏中输入公式"=RANK(D2,$D$2:$D$31)"，然后按 Ctrl+Enter 组合键，向区域的每个单元格填入一个 RANK 函数值。这时，可以得到图 9-12 所示的工作表界面和数据。

	A	B	C	D	E	F
1	VBA序号	VBA随机数	公式序号	公式随机数	学号	姓名
2			18	0.515404664	0712101	攀登
3			12	0.63720323	0712102	张阳
4			6	0.8365849	0712103	黄晓敏
5			23	0.381005902	0712104	李帅
6			10	0.64657076	0712105	张月月
7			15	0.605811864	0712106	龚丽新
8			5	0.867756669	0712107	宋晶
9			27	0.1194737	0712108	薛生超
10			17	0.523689076	0712109	李超
11			26	0.137075548	0712110	冯超
12			1	0.935185078	0712111	刘晓琴
13			7	0.789384897	0712112	余武
14			29	0.051815838	0712113	郝桐帆
15			28	0.117667264	0712114	曹鑫
16			13	0.635278758	0712115	毕岩岩
17			30	0.029314002	0712116	孙继宇
18			19	0.495908117	0712117	董平
19			8	0.784476281	0712118	李春雨
20			25	0.148293567	0712119	林爽
21			24	0.241497251	0712120	张国权
22			14	0.627087658	0712121	吕艳红
23			20	0.456159316	0712122	高琦
24			2	0.930507238	0712123	王东旭
25			4	0.91976157	0712124	周晓宁
26			16	0.535999622	0712125	李鹏
27			11	0.645009873	0712126	张琳琳
28			21	0.436383147	0712127	郭坚
29			9	0.679320874	0712128	李冰雪
30			3	0.920891952	0712129	李国华
31			22	0.434045221	0712130	李龙
32						

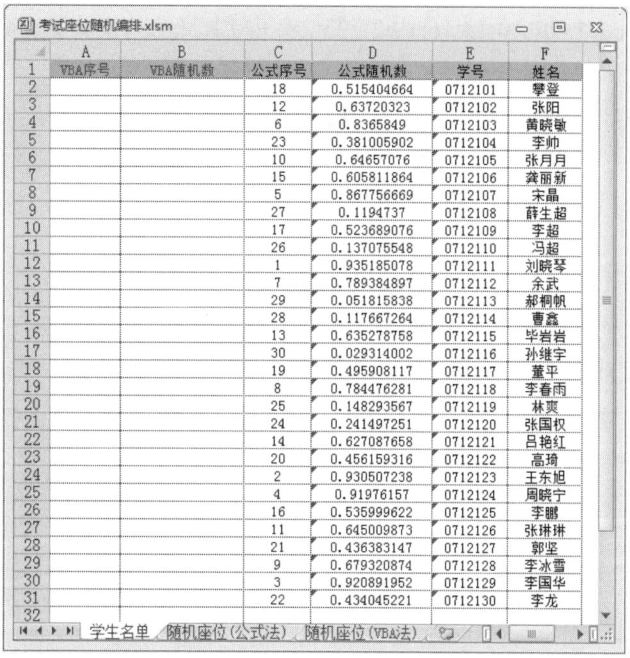

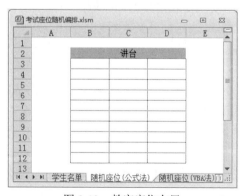

图 9-12 “学生名单”工作表界面和数据

其中，在 C2 单元格的公式中，RANK 函数返回 D2 单元格的数字在 D2:D31 区域数字列表中的排位。在 C3 单元格的公式中，RANK 函数返回 D3 单元格的数字在 D2:D31 区域数字列表中的排位，以此类推。

在“随机座位(公式法)”工作表中，选择全部单元格，设置“白色”背景。选中 B3:D12 单元格区域，设置虚线边框。合并 B2:D2 单元格，输入“讲台”二字，设置“浅绿”背景，得到图 9-13 所示的教室座位布局。

选中 B3:D12 单元格区域，在编辑栏中输入数组公式。

=VLOOKUP({1;4;7;10;13;16;19;22;25;28}+{0,1,2},学生名单!$C:$F,4,FALSE)

然后按 Ctrl+Shift+Enter 组合键，可以得到图 9-14 所示的随机排座结果。

图 9-13　教室座位布局

	A	B	C	D	E
1					
2		讲台			
3		李超	董平	薛生超	
4		张阳	李龙	李冰雪	
5		冯超	攀登	张国权	
6		高琦	刘晓琴	郭坚	
7		黄晓敏	曹鑫	孙继宇	
8		李帅	宋晶	张月月	
9		李鹏	王东旭	林爽	
10		周晓宁	龚丽新	李国华	
11		毕岩岩	余武	张琳琳	
12		郝桐帆	吕艳红	李春雨	
13					

图 9-14　随机排座结果

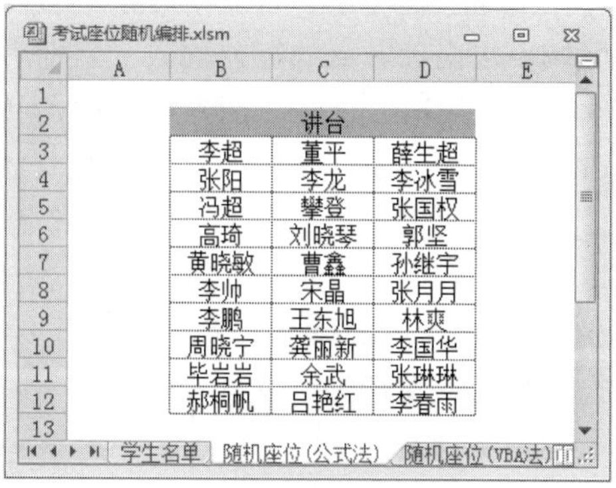

重新选中 B3:D12 单元格区域，将光标定位到编辑栏，再按 Ctrl+Shift+Enter 组合键，将会刷新随机排座结果。

在数组公式中，{1;4;7;10;13;16;19;22;25;28}+{0,1,2}的结果为如下一个 10 行 3 列的二维数组（逗号分隔列，分号分隔行）。

{1,2,3;4,5,6;7,8,9;10,11,12;13,14,15;16,17,18;19,20,21;22,23,24;25,26,27;28,29,30}

VLOOKUP 函数用来在"学生名单"工作表的 C 列分别查找 1、2、3、…、29、30 这30 个排位序号，返回 F 列对应的学生姓名。函数中最后一个参数用 FALSE 表示 C 列数据可以是任意顺序。

VLOOKUP 函数求出的这些学生姓名作为一个 10 行 3 列二维数组，填写到 B3:D12 单元格区域，得到需要的随机排座结果。

2. 用 VBA 程序实现随机排座

在"随机座位(VBA 法)"工作表中，选择全部单元格，设置"白色"背景。设计一个与图 9-13 相同的教室座位布局区域。

进入 VB 编辑环境，插入一个模块，在模块中编写一个子程序，代码如下：

```
Sub 重新排座()
  Set Rng = ActiveSheet.UsedRange          '用对象变量表示当前工作表已使用的区域
  rn = Rng.Rows.Count                      '求区域的行数
  cn = Rng.Columns.Count                   '求区域的列数
  Rng.Cells(cn + 1).Resize(rn - 1, cn).ClearContents   '清除区域中原有的内容
  Set sh = Sheets("学生名单")               '将"学生名单"工作表用变量 sh 表示
  rm = sh.Range("F1").End(xlDown).Row      '求 sh 工作表有效数据最大行号
  For r = 2 To rm                          '向 sh 工作表第 2 列和第 1 列填写随机数和公式
    sh.Cells(r, 2) = Rnd
    sh.Cells(r, 1).Formula = "=RANK(B" & r & ",$B$2:$B$" & rm & ")"
  Next
  For k = 1 To rm - 1                      '向区域中标题行之后的单元格填写公式
    Rng.Cells(cn + k).Formula = "=VLOOKUP(" & k & ",学生名单!A:F,6,)"
  Next
End Sub
```

在上述子程序中，首先用对象变量 Rng 表示当前工作表已使用的区域，即教室座位布局区域。求出该区域的行、列数，分别用变量 rn 和 cn 表示。然后进行以下操作：

（1）在区域 Rng 中，清除标题行之后的原有内容。其中，标题行占 cn 个单元格，从第 cn+1 个单元格开始的 rn−1 行 cn 列为具体的座位区。

（2）在"学生名单"工作表从第 2 行到最后一个数据行的区域中，在第 2 列用 Rnd 函数填写随机数，第 1 列填写公式，通过工作表函数 RANK 求出该行 B 列单元格的数字在整个 B 列数据区中的排位。为便于引用，将"学生名单"工作表用变量 sh 表示，工作表 F 列有效数据最大行号用变量 rm 表示。

（3）用 For 循环语句，向区域 Rng 标题行之后的 rm−1 个单元格填写公式，通过 VLOOKUP 函数求出排位序号为 k 的学生姓名，填写到区域 Rng 第 cn+k 个单元格中。

这里，rn、cn、rm 的值分别为 11、3、31。For 循环语句将向区域 Rng 第 4 个单元格填写排位序号为 1 的学生姓名，第 5 个单元格填写排位序号为 2 的学生姓名，…，第 33 个单元格填写排位序号为 30 的学生姓名。

由于排位序号是按随机数产生的，因此座位的排列也是随机的。

上述子程序每执行一次，都会得到一个新的随机排座结果。

为便于操作，可在“随机座位(VBA 法)”工作表中添加一个按钮（窗体控件），将“重新排座”子程序指定给该按钮。

与第 1 种方法相比，这种方法的最大优点是适应性强。在教室座位布局区域增、删行列，在“学生名单”工作表中增、减学生人数，程序都能自动适应。

例如，在“学生名单”工作表 E、F 列原有数据的基础上添加 5 个学生的学号和姓名，在“随机座位(VBA 法)”工作表的教室座位布局区域中增加一列，执行“重新排座”程序后，将会得到图 9-15 所示的随机排座结果。

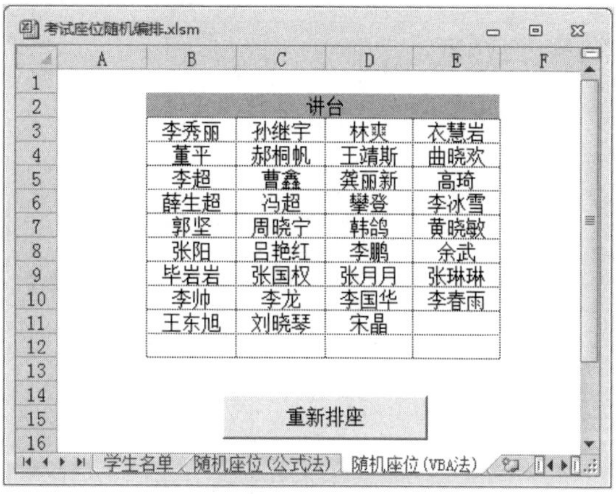

李秀丽	孙继宇	林爽	衣慧岩
董平	郝桐帆	王靖斯	曲晓欢
李超	曹鑫	龚丽新	高琦
薛生超	冯超	攀登	李冰雪
郭坚	周晓宁	韩鸽	黄晓敏
张阳	吕艳红	李鹏	余武
毕岩岩	张国权	张月月	张琳琳
李帅	李龙	李国华	李春雨
王东旭	刘晓琴	宋晶	

图 9-15　改变座位布局和人数后的随机排座结果

此时，“学生名单”工作表的数据如图 9-16 所示。

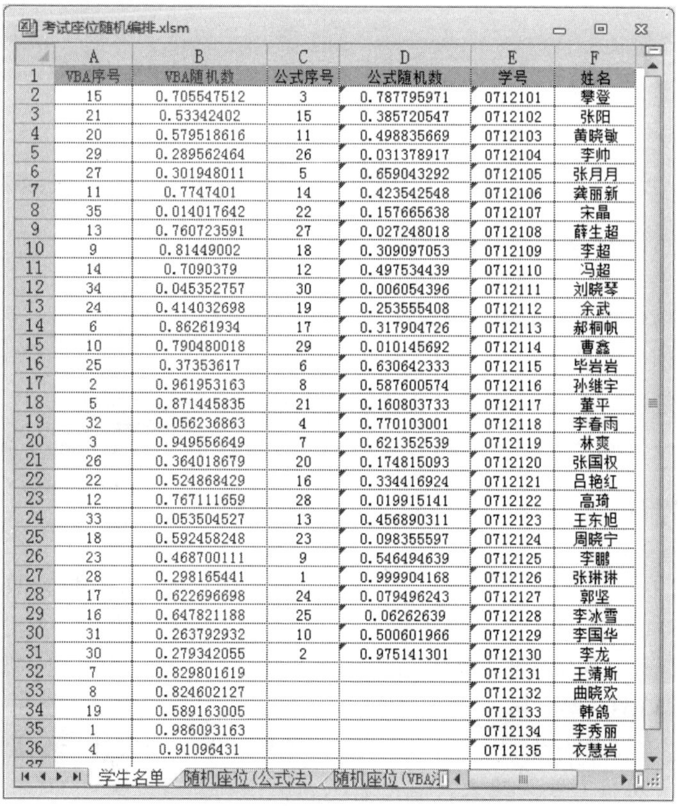

	A	B	C	D	E	F
1	VBA序号	VBA随机数	公式序号	公式随机数	学号	姓名
2	15	0.705547512	3	0.787795971	0712101	攀登
3	21	0.53342402	15	0.385720547	0712102	张阳
4	20	0.579518616	11	0.498835669	0712103	黄晓敏
5	29	0.289562464	26	0.031378917	0712104	李帅
6	27	0.301948011	5	0.659043292	0712105	张月月
7	11	0.7747401	14	0.423542548	0712106	龚丽新
8	35	0.014017642	22	0.157665638	0712107	宋晶
9	13	0.760723591	27	0.027248018	0712108	薛生超
10	9	0.81449002	18	0.309097053	0712109	李超
11	14	0.7090379	12	0.497534439	0712110	冯超
12	34	0.045352757	30	0.006054396	0712111	刘晓琴
13	24	0.414032698	19	0.253555408	0712112	余武
14	6	0.86261934	17	0.317904726	0712113	郝桐帆
15	10	0.790480018	29	0.010145692	0712114	曹鑫
16	25	0.37353617	6	0.630642333	0712115	毕岩岩
17	2	0.961953163	8	0.587600574	0712116	孙继宇
18	5	0.871445835	21	0.160803733	0712117	董平
19	32	0.056236863	4	0.770103001	0712118	李春雨
20	3	0.949556649	7	0.621352539	0712119	林爽
21	26	0.364018679	20	0.174815093	0712120	张国权
22	22	0.524868429	16	0.334416924	0712121	吕艳红
23	12	0.767111659	28	0.019915141	0712122	高琦
24	33	0.053504527	13	0.456890311	0712123	王东旭
25	18	0.592458248	23	0.098355597	0712124	周晓宁
26	23	0.468700111	9	0.546494639	0712125	李鹏
27	28	0.298165441	1	0.999904168	0712126	张琳琳
28	17	0.622696698	24	0.079496243	0712127	郭坚
29	16	0.647821188	25	0.06262639	0712128	李冰雪
30	31	0.263792932	10	0.500601966	0712129	李国华
31	30	0.279342055	2	0.975141301	0712130	李龙
32	7	0.829801619			0712131	王靖斯
33	8	0.824602127			0712132	曲晓欢
34	19	0.589163005			0712133	韩鸽
35	1	0.986093163			0712134	李秀丽
36	4	0.91096431			0712135	衣慧岩

图 9-16　增加人数后的工作表数据

而在第 1 种方法中，如果改变座位布局，或者增、减学生人数，则需要修改并重新填写公式。

9.4 销售额统计与排位

假设有一个 Excel 工作表，其中包含某公司“2021 年二季度部分城市销售情况”数据，工作表结构和内容如图 9-17 所示。

	A	B	C	D	E	F	G	H
1	2021年二季度部分城市销售情况							
2	城市	销售额/元	城市	销售额/元	城市	销售额/元	城市	销售额/元
3	北京	3260000	重庆	1832040	呼和浩特	325230	大庆	325920
4	天津	2860000	绵阳	912260	昆明	523750	武汉	1332550
5	石家庄	2215000	乌鲁木齐	1235360	合肥	823500	厦门	1623950
6	承德	620000	贵阳	972390	拉萨	517000	海口	1123520
7	上海	3872000	柳州	983570	银川	512980	义乌	723650
8	苏州	2285700	深圳	1975620	长沙	1032590	温州	823650
9	杭州	2474200	广州	1862300	南宁	327250	郑州	972300
10	大连	2135300	济南	522070	香港	1402750	开封	223950
11	徐州	1289480	南昌	823570	澳门	1102370		
12	西安	1833690	哈尔滨	1170230	南京	1272370		
13	太原	1639000	福州	231610	长春	923750		
14	侯马	923890	西宁	752320	沈阳	823690		
15	成都	2523000	兰州	734780	大理	223950		

图 9-17 工作表结构和数据

要求：

（1）统计出销售额大于 100 万元的城市数。

（2）计算出各城市的平均销售额。

（3）对销售冠军、亚军、季军以及最差的城市做出相应的标记。

（4）当选择一个城市或者一个销售额单元格时，显示出相应的排位数。

9.4.1 工作表设计

创建一个 Excel 工作簿，保存为“销售额统计与排位.xlsm”。将 Sheet1 工作表重命名为“销售表”。

在“销售表”工作表中，单击左上角的行号、列表交叉处，选中所有单元格，填充“白色”背景。合并 A1:H1 单元格，填充“浅青绿”背景，输入表格标题：“2021 年二季度部分城市销售情况”，设置需要的字体、字号。在表格标题下面设计一个表格，设置边框线，设置字体、字号、对齐方式，输入各城市名称和销售额。

在表格下面设计出“平均销售额/元”和“销售额过百万元的城市数”结果单元格区域，设置必要的边框、背景颜色和对齐方式。在表格的右下角放置 3 个按钮（窗体控件），将按钮的文字分别设置为“清除标注”“方法 1”和“方法 2”，用来执行相应的子程序。

最后得到的工作表界面如图 9-18 所示。

	A	B	C	D	E	F	G	H
1	\multicolumn{8}{c}{**2021年二季度部分城市销售情况**}
2	**城市**	**销售额**	**城市**	**销售额**	**城市**	**销售额**	**城市**	**销售额**
3	北京	3260000	重庆	1832040	呼和浩特	325230	大庆	325920
4	天津	2860000	绵阳	912260	昆明	523750	武汉	1332550
5	石家庄	2215000	乌鲁木齐	1235360	合肥	823500	厦门	1623950
6	承德	620000	贵阳	972390	拉萨	517000	海口	1123520
7	上海	3872000	柳州	983570	银川	512980	义乌	723650
8	苏州	2285700	深圳	1975620	长沙	1032590	温州	823650
9	杭州	2474200	广州	1862300	南宁	327250	郑州	972300
10	大连	2135300	济南	522070	香港	1402750	开封	223950
11	徐州	1289480	南昌	823570	澳门	1102370	清除标注	
12	西安	1833690	哈尔滨	1170230	南京	1272370		
13	太原	1639000	福州	231610	长春	923750	方法1	
14	侯马	923890	西宁	752320	沈阳	823690		
15	成都	2523000	兰州	734780	大理	223950	方法2	
16								
17	\multicolumn{3}{c}{平均销售额/元：}		\multicolumn{3}{c}{销售额过百万元的城市数：}		

图 9-18 工作表界面

9.4.2 用辅助区域进行统计

从图 9-17 或图 9-18 可以看出，表格中有 47 个城市名称及对应的销售额数据，分放在多列中。这样不便于对数据进行排序和求名次。

为此，将工作表 K～N 列（即 11～14 列）的 1～47 行作为辅助区域，每行表示一个城市，11～14 列分别表示该城市销售额单元格的行号、列号、数值、排位号。

先将各销售额单元格的行号、列号、数值放到辅助区域，再进行排序、确定排位号，就能够比较容易对销售冠军、亚军、季军以及最差的城市做出相应的标记。当选择一个城市或者一个销售额单元格时，也能够方便地显示出相应的排位数。

为不影响工作表的界面效果，可以选中 K～N 列，在快捷菜单中选择"隐藏"命令，把这些列隐藏起来。

进入 VB 编辑环境，插入一个"模块 1"，创建如下子程序：

```
Sub 方法1()
 '填写平均销售额、销售额过百万的城市数
 Cells(17, 4) = WorksheetFunction.Average(Range("A3:H15"))
 Cells(17, 8) = WorksheetFunction.CountIf(Range("A3:H15"), ">1000000")
 '设置销售额区域对象变量
 Set rg = Range("B3:B15,D3:D15,F3:F15,H3:H10")
 '将各销售额单元格的行号、列号、数值、排位初值填入辅助区域
 Range("K1:N47").ClearContents
 For Each c In rg
```

```
    k = k + 1
    Cells(k, 11) = c.Row
    Cells(k, 12) = c.Column
    Cells(k, 13) = c.Value
    Cells(k, 14) = 0
Next
'对辅助区的数据按销售额降序排列
Cells(1, 11).CurrentRegion.Sort Key1:=Cells(1, 13), Order1:=xlDescending
'填写排位(考虑并列问题)
zf0 = -1                        '销售额初值
For k = 1 To 47                 '按行循环
  zf1 = Cells(k, 13)            '取出一个销售额
   If zf1 <> zf0 Then           '与前一个销售额不同
     mc = k                     '确定排位
   End If
   Cells(k, 14) = mc            '填写排位
   zf0 = zf1                    '保存当前销售额
Next
'标注前三名（可能有并列的）
For Each c In [N1:N47]
    Select Case c.Value
      Case 1
        pz = "销售冠军"
      Case 2
        pz = "销售亚军"
      Case 3
        pz = "销售季军"
      Case Else
        Exit For
    End Select
    rr = c.Offset(0, -3)
    cc = c.Offset(0, -2)
    With Cells(rr, cc - 1)      '在对应的城市单元格添加批注
      .AddComment
      .Comment.Text Text:=pz
    End With
Next
'标注最后一名（可能有多个）
r = 47
mc0 = Cells(r, 14)
Do
  rr = Cells(r, 11)
  cc = Cells(r, 12)
  With Cells(rr, cc - 1)        '在对应的城市单元格添加批注
    .AddComment
    .Comment.Text Text:="销售最差"
```

```
   End With
   r = r - 1
   mc1 = Cells(r, 14)
  Loop While mc0 = mc1
  '设置批注的宽度、高度
  For Each c In ActiveSheet.Comments
   c.Shape.Width = 40
   c.Shape.Height = 12
  Next
 End Sub
```

在上述子程序中，首先用工作表函数 Average 和 CountIf 求出 A3:H15 区域中平均销售额、销售额过百万元的城市数，分别填写到指定的单元格。用对象变量 rg 表示销售额区域。然后进行以下操作：

（1）用 For Each 循环语句，将各销售额单元格的行号、列号、数值、排位初值填入辅助区域 K1:N47。

（2）对辅助区的数据按销售额降序排列。

（3）用 For 循环语句和 Select 多分支选择语句在辅助区域中填写每个销售额的排位。这里可能有并列的问题，例如有 2 个并列第 1 位，之后就应该是第 3 位，而没有第 2 位。

（4）在销售额排位 1、2、3 对应的城市单元格中分别添加批注："销售冠军""销售亚军"和""销售季军"，以此来标注前 3 名。方法是根据辅助区域的销售额排位确定批注文字，从辅助区域中取出该销售额所在单元格的行、列号，进而获得对应城市名单元格的行、列号，将批注添加到该城市名单元格。

（5）用类似的方法标注最后排位。由于排在最后的可能有多个销售额相同的城市，因此用 Do 循环语句，在辅助区中找到排在最后的所有销售额相同的城市名单元格，添加"销售最差"批注。

（6）为所有批注设置相同的宽度和高度。

若要在当前工作簿中始终显示批注的内容和批注的标识符，可对工作簿的 Open 事件编写如下代码：

```
Private Sub Workbook_Open()
  Application.DisplayCommentIndicator = xlCommentAndIndicator
End Sub
```

关闭工作簿后，若要恢复批注的默认显示方式，即只显示标识符，且只有当鼠标移到带有批注的单元格时，才显示批注内容，可对工作簿的 BeforeClose 事件编写如下代码：

```
Private Sub Workbook_BeforeClose(Cancel As Boolean)
  Application.DisplayCommentIndicator = xlCommentIndicatorOnly
End Sub
```

为便于执行"方法 1"子程序，可在工作表中右击"方法 1"按钮，在弹出的快捷菜单中选择"指定宏"命令，将"方法 1"子程序（宏）指定给该按钮。

单击"方法 1"按钮，将得到图 9-19 所示的结果。

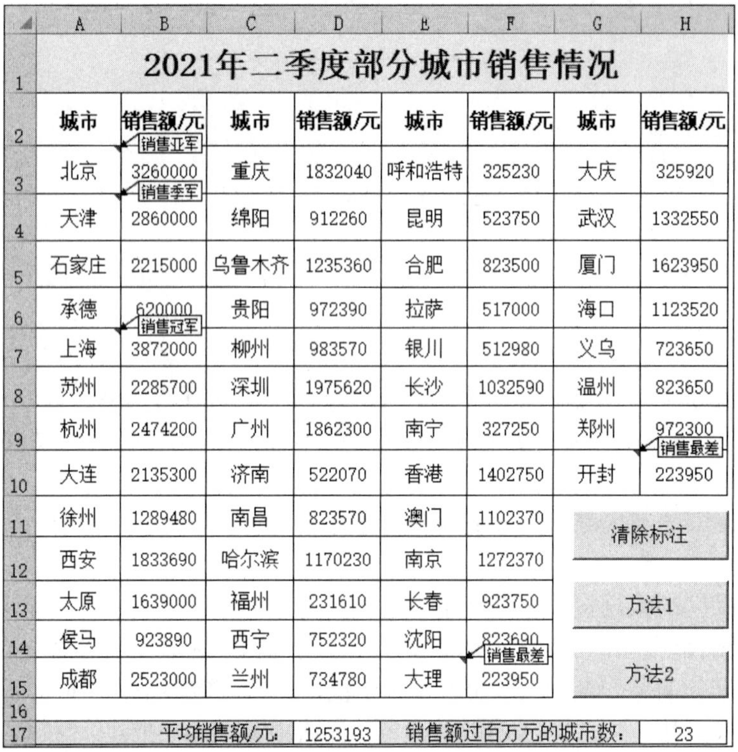

	A	B	C	D	E	F	G	H
1	2021年二季度部分城市销售情况							
2	城市	销售额/元	城市	销售额/元	城市	销售额/元	城市	销售额/元
3	北京	3260000	重庆	1832040	呼和浩特	325230	大庆	325920
4	天津	2860000	绵阳	912260	昆明	523750	武汉	1332550
5	石家庄	2215000	乌鲁木齐	1235360	合肥	823500	厦门	1623950
6	承德	620000	贵阳	972390	拉萨	517000	海口	1123520
7	上海	3872000	柳州	983570	银川	512980	义乌	723650
8	苏州	2285700	深圳	1975620	长沙	1032590	温州	823650
9	杭州	2474200	广州	1862300	南宁	327250	郑州	972300
10	大连	2135300	济南	522070	香港	1402750	开封	223950
11	徐州	1289480	南昌	823570	澳门	1102370		
12	西安	1833690	哈尔滨	1170230	南京	1272370		
13	太原	1639000	福州	231610	长春	923750		
14	侯马	923890	西宁	752320	沈阳	823690		
15	成都	2523000	兰州	734780	大理	223950		
16								
17		平均销售额/元:		1253193	销售额过百万元的城市数:			23

图 9-19　程序运行结果

9.4.3　清除标注

若要清除当前工作表的所有批注，删除“平均销售额”和“销售额过百万的城市数”结果单元格内容，可在“模块 1”中编写如下子程序：

```
Sub 清除标注()
  Range("D17,H17").ClearContents     '清除统计结果
  Cells.ClearComments                '清除当前工作表的所有批注
End Sub
```

然后在工作表中右击“清除标注”按钮，在弹出的快捷菜单中选择“指定宏”命令，将“清除标注”子程序指定给该按钮。

单击“清除标注”按钮，将清除当前工作表的所有批注以及“平均销售额”和“销售额过百万元的城市数”结果单元格的内容。

9.4.4　显示销售额对应的排位

若要在当前工作表中选择一个城市或者一个销售额单元格时，显示出相应的排位数，需要对“销售表”工作表的 SelectionChange 事件编写程序。

方法是：进入 VB 编辑环境，在当前工程中展开 MicroSoft Excel 对象，双击“销售表”工作表对象，在“过程”下拉列表中选择 SelectionChange 事件，编写如下代码。

```
Private Sub Worksheet_SelectionChange(ByVal Target As Range)
```

```
'取当前单元格行、列号
r = Target.Row
c = Target.Column
'调整列号到销售额单元格
If c Mod 2 = 1 Then c = c + 1
'若不是销售额单元格,则退出子程序
If r > 15 Or r < 3 Then Exit Sub
If c > 8 Then Exit Sub
If c = 8 And r > 10 Then Exit Sub
'清除所有单元格的批注
Cells.ClearComments
'从辅助区域中取出当前单元格销售额对应的排位
k = 0
Do
  k = k + 1
  rr = Cells(k, 11)
  cc = Cells(k, 12)
  mc = Cells(k, 14)
Loop Until r = rr And c = cc
'也可以用下面这条语句求出当前单元格销售额对应的排位
'mc = WorksheetFunction.Rank(Cells(r, c), [A3:H15])
'添加批注、设置批注宽度和高度
With ActiveCell
  .AddComment
  .Comment.Text Text:="排位: " & mc
  .Comment.Shape.Width = 40
  .Comment.Shape.Height = 12
End With
End Sub
```

在"销售表"工作表中,当选中的单元格发生改变时,将执行上述代码。

首先取出当前单元格的行、列号。将奇数列调整为偶数列,若不是销售额单元格,则直接退出子程序,不做任何操作。

如果当前单元格或者当前单元格的右边相邻的是销售额单元格,则进行以下操作。

(1)清除所有单元格的批注。

(2)确定当前销售额对应的排位。方法有两种:用 Do 循环语句从辅助区域中根据行、列号取出当前销售额对应的排位;用工作表函数 Rank 在 A3:H15 区域中直接求出当前销售额的排位号。

(3)在当前单元格添加批注显示排位,设置批注的宽度和高度。

9.4.5 用 Large 函数进行统计

下面再介绍一种统计销售额的方法。该方法使用工作表函数 Large 求区域中第 n 个最大值,省去了辅助区,简化了程序,具有更强的技巧性。

在"模块 1"中编写如下子程序:

```
Sub 方法 2()
  '设置区域变量
  Set rg = [A3:H15]
  '填写平均销售额、销售额过百万元的城市数
  Cells(17, 4) = WorksheetFunction.Average(rg)
  Cells(17, 8) = WorksheetFunction.CountIf(rg, ">1000000")
  '标注前三名和最后一名
  e = WorksheetFunction.Large(rg, 1)      '求区域中第 1 个最大值
  etoc rg, e, "销售冠军"
  e = WorksheetFunction.Large(rg, 2)      '求区域中第 2 个最大值
  etoc rg, e, "销售亚军"
  e = WorksheetFunction.Large(rg, 3)      '求区域中第 3 个最大值
  etoc rg, e, "销售季军"
  e = WorksheetFunction.Large(rg, 47)     '求区域中第 47 个最大值
  etoc rg, e, "销售最差"
  '设置批注的宽度、高度
  For Each c In ActiveSheet.Comments
    c.Shape.Width = 40
    c.Shape.Height = 12
  Next
End Sub
```

上述子程序首先将单元格区域 A3:H15 用变量 rg 表示，用工作表函数 Average 和 CountIf 求出 rg 区域中平均销售额、销售额过百万元的城市数，分别填写到指定的单元格。

然后用工作表函数 Large 分别求区域 rg 中第 1 个、第 2 个、第 3 个和第 47 个最大销售额，并分别调用子程序 etoc 在区域 rg 中为该销售额对应的城市单元格添加批注："销售冠军""销售亚军""销售季军""销售最差"。

最后设置所有批注的宽度和高度。

子程序 etoc 代码如下：

```
Sub etoc(rg, e, pz)
  On Error Resume Next                 '忽略错误
  Set c = rg.Find(e)                   '在区域 rg 中查找销售额 e 所在单元格
  fAddr = c.Address                    '保存第 1 次找到的单元格地址
  Do
    With c.Offset(0, -1)               '在对应的城市单元格添加批注
      .AddComment
      .Comment.Text Text:=pz
    End With
    Set c = rg.FindNext(c)             '在单元格 c 之后继续查找
  Loop While c.Address <> fAddr        '单元格地址没重复
  On Error GoTo 0                      '恢复错误处理
End Sub
```

上述子程序使用了 3 个形参，功能是在区域 rg 中向销售额为 e 对应的城市单元格添加批注 pz。

首先用 Find 方法在区域 rg 中查找销售额 e 所在单元格,并保存第 1 次找到的单元格地址。然后用 Do 循环语句,为每 1 个销售额为 e 对应的城市单元格添加批注 pz。

其中,语句 On Error Resume Next 的作用是忽略由于重复向某个单元格添加批注而产生的错误,最后的 On Error GoTo 0 用于恢复错误处理。

在工作表中右击"方法 2"按钮,在弹出的快捷菜单中选择"指定宏"命令,将"方法 2"子程序指定给该按钮。

单击"方法 2"按钮,同样会得到图 9-19 所示的结果。

上机练习

1. 对图 9-20 所示的中学考试成绩进行筛选。要求通过选择自定义工具栏中组合框的列表项,列出总分前 5 名、后 5 名、600 分以上、501~600 分、401~500 分、301~400 分、300 分及以下的学生名单,筛选结果放在原数据区的左下方。图中给出了总分前 5 名的筛选结果。

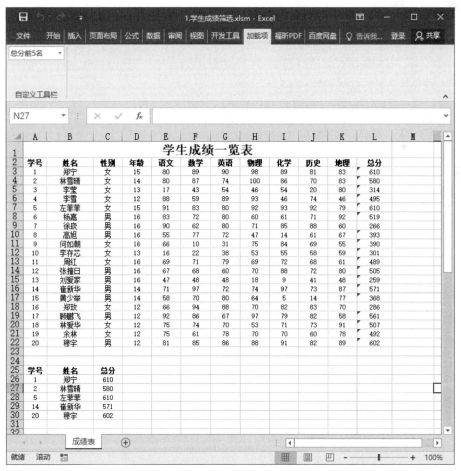

图 9-20 学生成绩一览表及筛选结果

2. 用 Excel 和 VBA 设计一个图 9-21 所示的学生电话、寝室号查询工具。

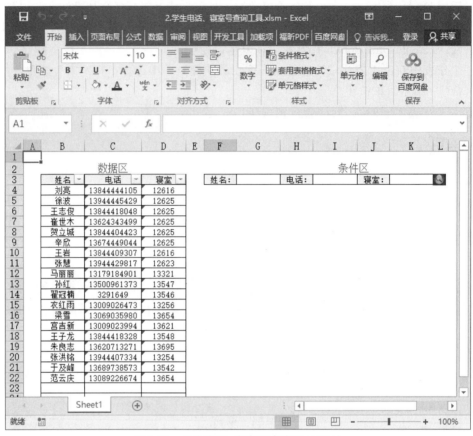

图 9-21   学生电话、寝室号查询工具界面

要求： 在条件区输入姓名、电话或寝室的任意字符，单击右侧的图形按钮![按钮]，则在数据区中筛选出满足条件的记录。

第 10 章

日期与时间

本章给出 4 个与日期时间有关的应用案例，前 3 个分别用非编程和编程的不同方法实现，最后一个用 VBA 程序实现。

10.1 由身份证号求性别、年龄、生日和地址

本节设计一个 Excel 表格，表格中包含若干员工的"姓名"和"身份证号"信息。然后分别用 Excel 工作簿函数和 VBA 自定义函数两种方法，根据身份证号获取"性别""出生日期""年龄""身份证地址"信息。

10.1.1 用 Excel 工作簿函数

首先创建一个 Excel 工作簿，保存为"由身份证号求性别、年龄、生日、地址.xlsm"，然后进行以下操作。

1．"代码对照表"工作表设计

若要基于身份证号获取身份证地址，可从国家统计局网站查找最新县及县以上行政区划代码信息，复制到当前工作簿的第 1 张工作表中，并将该工作表重命名为"代码对照表"。

经过简单处理，可以将代码和对应的行政区名分别放到该工作表的 A、B 列，并去掉文本中的半角和全角空格，得到更加规整和有效的信息。

为了便于信息查找和处理，可用以下方法将 A 列的数据转换为文本型：

选中 A 列，在"数据"选项卡的"数据工具"选项组中单击"分列"按钮。在"文本分列向导"对话框中两次单击"下一步"按钮，在图 10-1 所示的对话框中设置"列数据格式"为"文本"。单击"完成"按钮。

对"代码对照表"工作表的数据按 A 列升序排序。最后得到图 10-2 所示的结果。

2．"用工作簿函数"工作表设计

在"由身份证号求性别、年龄、生日、地址"工作簿中，添加一个工作表，重命名为"用工作簿函数"。

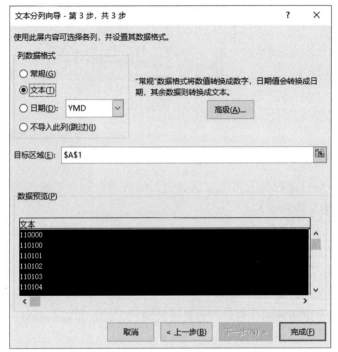

图 10-1 "文本分列向导"对话框

图 10-2 "代码对照表"工作表结构和部分数据

在"用工作簿函数"工作表中设计一个图 10-3 所示的表格，根据需要设置字体、字号、表头、边框，其中"身份证号"列的单元格格式要设为文本，然后输入若干身份证号和姓名，以进行测试。

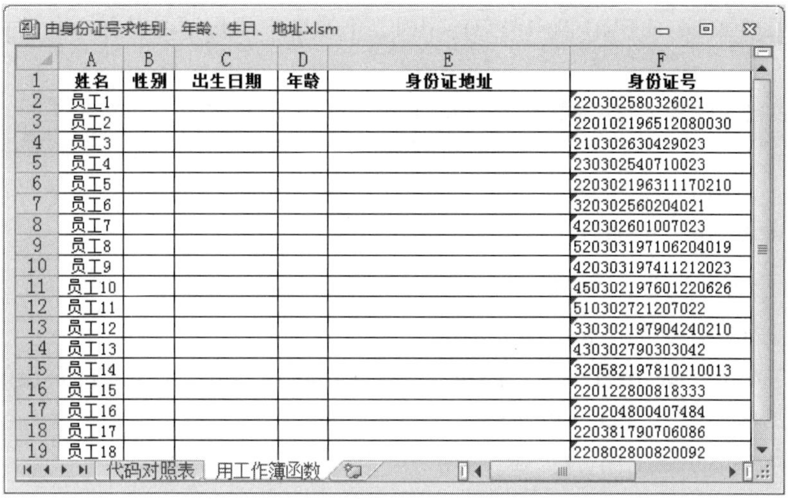

	A	B	C	D	E	F
1	姓名	性别	出生日期	年龄	身份证地址	身份证号
2	员工1					220302580326021
3	员工2					220102196512080030
4	员工3					210302630429023
5	员工4					230302540710023
6	员工5					220302196311170210
7	员工6					320302560204021
8	员工7					420302601007023
9	员工8					520303197106204019
10	员工9					420303197411212023
11	员工10					450302197601220626
12	员工11					510302721207022
13	员工12					330302197904240210
14	员工13					430302790303042
15	员工14					320582197810210013
16	员工15					220122800818333
17	员工16					220204800407484
18	员工17					220381790706086
19	员工18					220802800820092

图 10-3 “用工作簿函数”工作表及测试数据

3. 由身份证号求性别

在“用工作簿函数”工作表中，选中 B2 单元格，输入以下公式。

=IF(MOD(RIGHT(LEFT(F2,17)),2),"男","女")

并将公式向下填充到 B19 单元格，得到每个人的性别信息。

根据身份证号的编码规则，18 位身份证号的倒数第 2 位是性别标志位，15 位身份证号的最后一位是性别标志位。性别标志位的数值为奇数表示男性，偶数表示女性。

在 B2 单元格的公式中，RIGHT(LEFT(F2,17))取出 F2 单元格内容（身份证号）左边 17 个字符的最后一位。对于 18 位身份证号来说，取出的是倒数第 2 位。对于 15 位身份证号来说，由于长度不足 17，因此取出的是左边 15 个字符的最后一位。也就是说，不论 18 位还是 15 位身份证号，取出的都是性别标志位。

MOD 函数求出“性别标志”除以 2 的余数。如果余数为 1，用 IF 函数返回“男”，否则返回“女”。

由于公式中单元格为相对引用，因此填充到 B3 时，F2 将变为 F3，以此类推。

4. 由身份证号求出生日期

在“用工作簿函数”工作表中，选中 C 列并右击，在弹出的快捷菜单中选择“设置单元格格式”命令，在“设置单元格格式”对话框的“数字”选项卡中，设置数字为“日期”格式。

选中 C2 单元格，输入以下公式。

=--TEXT(MID(F2,7,6+(LEN(F2)=18)*2),"0-00-00")

并将公式向下填充到 C19 单元格，得到每个人的出生日期信息。

在身份证号中，从第 7 位开始的 8 位（18 位身份证号）或 6 位（15 位身份证号）数字，代表出生的年月日。

在 C2 单元格的公式中，若 F2 单元格中的身份证号为 18 位，则 LEN(F2)=18 的值为 1，6+(LEN(F2)=18)*2)的值为 8；若 F2 单元格中的身份证号为 15 位，则 LEN(F2)=18 的值为 0，6+(LEN(F2)=18)*2)的值为 6。

函数 MID(F2,7,6+(LEN(F2)=18)*2)取出 F2 单元格中身份证号从第 7 位开始的 8 位或 6 位数字。

函数 TEXT 将数值转换为特定格式的文本。

"--"为减负操作，将文本型数据转换为日期型数据。

由于公式中的单元格为相对引用，单元格地址会随公式位置相对改变，因此可求出每个身份证号对应的出生日期。

5. 由身份证号求当前年龄

在"用工作簿函数"工作表中，选中 D2 单元格，输入以下公式。

=YEAR(NOW())−(IF(LEN(F2)=15,19,"") & MID(F2,7,2+(LEN(F2)=18)*2))

并将公式向下填充到 D19 单元格，得到每个人的当前年龄。

在 D2 单元格的公式中，YEAR(NOW())求出系统的当前年份。

如果 F2 单元格的身份证号为 15 位，则表达式 IF(LEN(F2)=15,19,"") & MID(F2,7,2+(LEN(F2)=18)*2)返回"19"与身份证号中 2 位出生年份拼接后的 4 位年份值，否则直接返回身份证号中的 4 位出生年份值。

系统的当前年份减去身份证号的出生年份，得到的就是当前年龄。

6. 由身份证号求身份证地址

在"用工作簿函数"工作表中，选中 E2 单元格。

在"公式"选项卡的"定义的名称"选项组中单击"定义名称"按钮。在图 10-4 所示的"新建名称"对话框中，设置"引用位置"为

=LEFT(用工作簿函数!$F2,2) & "0000"

定义名称为 ide，单击"确定"按钮。

图 10-4 "新建名称"对话框

用同样的方法，定义名称 ids 的引用位置为

=LEFT(用工作簿函数!$F2,4) & "00"

定义名称 idl 的引用位置为

=LEFT(用工作簿函数!$F2,6)

定义名称 rg 的引用位置为

=代码对照表!A:B

名称 ide 取出 F2 单元格身份证号的左边 2 个字符，拼上"0000"，得到 6 位代表省、

直辖市代码。

名称 ids 取出 F2 单元格身份证号的左边 4 个字符，拼上“00”，得到 6 位代表地级市代码。

名称 idl 取出 F2 单元格身份证号的左边 6 个字符，得到 6 位代表县、县级市（区）代码。

以上名称中的单元格为混合引用，F 列固定，行号随引用位置而变。

名称 rg 用来表示“代码对照表”工作表的 A、B 列。

在 E2 单元格输入以下公式。

=VLOOKUP(ide,rg,2) & VLOOKUP(ids,rg,2) & VLOOKUP(idl,rg,2)

然后，将公式向下填充到 E19 单元格，得到每个身份证号对应的地址。

该公式用函数 VLOOKUP 在“代码对照表”工作表的 A、B 列分别查找名称 ide、ids 及 idl 的值，返回 B 列对应的行政区名。再将它们拼接成一个字符串，得到一个包含省（直辖市）、地级市、县（县级市、区）的行政区名。

B、C、D、E 列的公式填充之后，最后得到图 10-5 所示的结果。

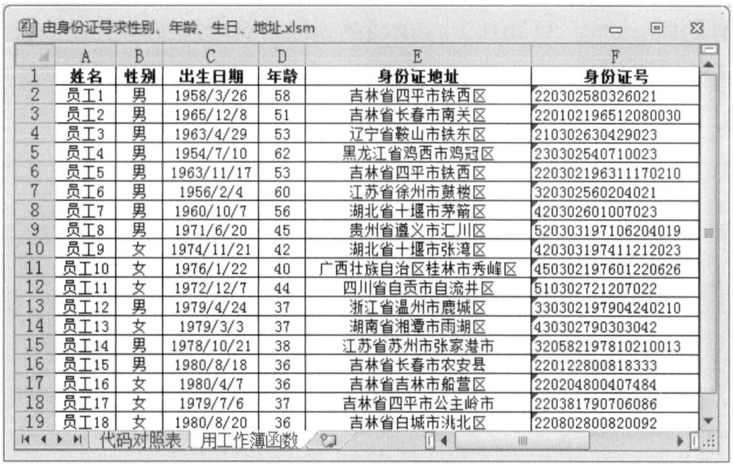
由身份证号求性别、年龄、生日、地址.xlsm

	A	B	C	D	E	F
1	姓名	性别	出生日期	年龄	身份证地址	身份证号
2	员工1	男	1958/3/26	58	吉林省四平市铁西区	220302580326021
3	员工2	男	1965/12/8	51	吉林省长春市南关区	220102196512080030
4	员工3	男	1963/4/29	53	辽宁省鞍山市铁东区	210302630429023
5	员工4	男	1954/7/10	62	黑龙江省鸡西市鸡冠区	230302540710023
6	员工5	男	1963/11/17	53	吉林省四平市铁西区	220302196311170210
7	员工6	男	1956/2/4	60	江苏省徐州市鼓楼区	320302560204021
8	员工7	男	1960/10/7	56	湖北省十堰市茅箭区	420302601007023
9	员工8	男	1971/6/20	45	贵州省遵义市汇川区	520303197106204019
10	员工9	女	1974/11/21	42	湖北省十堰市张湾区	420303197411212023
11	员工10	女	1976/1/22	40	广西壮族自治区桂林市秀峰区	450302197601220626
12	员工11	女	1972/12/7	44	四川省自贡市自流井区	510302721207022
13	员工12	男	1979/4/24	37	浙江省温州市鹿城区	330302197904240210
14	员工13	女	1979/3/3	37	湖南省湘潭市雨湖区	430302790303042
15	员工14	男	1978/10/21	38	江苏省苏州市张家港市	320582197810210013
16	员工15	男	1980/8/18	36	吉林省长春市农安县	220122800818333
17	员工16	女	1980/4/7	36	吉林省吉林市船营区	220204800407484
18	员工17	女	1979/7/6	37	吉林省四平市公主岭市	220381790706086
19	员工18	女	1980/8/20	36	吉林省白城市洮北区	220802800820092

代码对照表　用工作簿函数

图 10-5　用工作簿函数求出的结果

10.1.2　用 VBA 自定义函数

打开“由身份证号求性别、年龄、生日、地址”工作簿，右击“用工作簿函数”工作表标签，在弹出的快捷菜单中选择“移动或复制”命令，将该工作表复制到当前工作簿所有工作表的最后，并重命名为“用 VBA 自定义函数”。

在“用 VBA 自定义函数”工作表中，选中 B3:E19 单元格区域，按 Delete 键将区域的公式清除，得到图 10-3 所示的界面。

1.“由身份证号求地址”函数设计

进入 VB 编辑环境，在当前工程中插入一个模块，在模块中编写一个自定义函数 addr，代码如下：

```
Function addr(id As String)
```

```
    id = Trim(id)
    id2 = Left(id, 2) + "0000"
    id4 = Left(id, 4) + "00"
    id6 = Left(id, 6)
    r = Sheets("代码对照表").Cells.Find(id2).Row
    q = Sheets("代码对照表").Cells(r, 2)
    r = Sheets("代码对照表").Cells.Find(id4).Row
    q = q + Sheets("代码对照表").Cells(r, 2)
    r = Sheets("代码对照表").Cells.Find(id6).Row
    addr = q + Sheets("代码对照表").Cells(r, 2)
End Function
```

函数的形参 id 为身份证号，返回值为对应的身份证地址。

其中，变量 id2、id4、id6 分别为身份证号中代表省（直辖市）、地级市、县（县级市、区）的编码。

函数使用 Find 方法，在"代码对照表"工作表的所有单元格中，分别查找省（直辖市）、地级市、县（县级市、区）的编码，将对应的行政区名拼接在一起，形成一个字符串返回。例如，身份证号的前 6 位为"130102"，函数的返回值为"河北省石家庄市长安区"。

2．"由身份证号求性别"函数设计

在模块中编写一个自定义函数 sex，代码如下：

```
Function sex(id As String)
    id = Trim(id)
    If Len(id) = 18 Then
        n = Val(Mid(id, 17, 1))
    Else
        n = Val(Mid(id, 15, 1))
    End If
    If n Mod 2 = 0 Then
        sex = "女"
    Else
        sex = "男"
    End If
End Function
```

函数的形参 id 为身份证号，返回值为该居民的性别信息。

在 18 位身份证号中，倒数第 2 位是性别标志位；在 15 位身份证号中，最后一位是性别标志位。奇数标志位表示性别为男，偶数则表示性别为女。

3．"由身份证号求出生日期"函数设计

在模块中编写一个自定义函数 bd，代码如下：

```
Function bd(id As String)
    id = Trim(id)
    If Len(id) = 18 Then
        yy = Mid(id, 7, 4)
```

```
    mm = Val(Mid(id, 11, 2))
    dd = Val(Mid(id, 13, 2))
  Else
    yy = "19" & Mid(id, 7, 2)
    mm = Val(Mid(id, 9, 2))
    dd = Val(Mid(id, 11, 2))
  End If
  bd = yy & "/" & mm & "/" & dd
End Function
```

函数的形参 id 为身份证号，返回值为该居民的出生日期。

分别为 18 位和 15 位身份证号确定出生年月日的位置，用 Mid 函数取出对应的数据，用 Val 函数转换为数值，在两位年份前面加"19"，拼接成统一格式的日期字符串返回。

4．"由身份证号求年龄"函数设计

在模块中编写一个自定义函数 age，代码如下：

```
Function age(id As String)
  id = Trim(id)
  If Len(id) = 18 Then
    age = Year(Date) - Val(Mid(id, 7, 4))
  Else
    age = Year(Date) - Val("19" + Mid(id, 7, 2))
  End If
End Function
```

函数的形参 id 为身份证号，返回值为该居民的当前年龄。

若身份证号为 18 位，则出生年份用 4 位数字表示，由系统日期的年份减去出生年份得到年龄；若身份证号为 15 位，则出生年份用 2 位数字表示，在前面添加"19"后，再与系统当前年份求差得到年龄。

5．调用自定义函数

在"用 VBA 自定义函数"工作表中选中 B2 单元格，输入公式"=sex(F2)"，并向下填充到 B19 单元格，这些单元格将自动填入对应的性别信息；选中 C2 单元格，输入公式"=bd(F2)"，并向下填充到 C19 单元格，这些单元格将自动填入对应的出生日期信息；选中 D2 单元格，输入公式"=age(F2)"，并向下填充到 D19 单元格，这些单元格将自动填入对应的年龄信息；选中 E2 单元格，输入公式"=addr(F2)"，并向下填充到 E19 单元格，这些单元格将自动填入对应的身份证地址信息。最后同样得到图 10-5 所示的结果。

10.2　计算年龄并标识退休人员

在一个 Excel 工作表中，有图 10-6 所示的大量员工信息（图中只给出了一部分）。要求做以下 2 件事：

（1）根据每个人的出生日期计算并填写当前年龄（精确到日）；

（2）如果员工达到或超过退休年龄（男 60 周岁、女 55 周岁），则将对应的性别、出生日期、年龄单元格填充为浅绿色。

	A	B	C	D	E
1	员工序号	姓名	性别	出生日期	年龄
2	1	员工1	男	1972/2/7	
3	2	员工2	男	1949/6/10	
4	3	员工3	男	1956/6/2	
5	4	员工4	男	1969/1/6	
6	5	员工5	女	1958/12/21	
7	6	员工6	女	1982/6/16	
8	7	员工7	女	1977/10/2	
9	8	员工8	女	1959/4/6.	
10	9	员工9	女	1954/2/26	
11	10	员工10	女	1964/2/7	
12	11	员工11	女	1980/1/1	
13	12	员工12	女	1978-10-02	
14	13	员工13	男	1956/2/4	
15	14	员工14	男	1978/10/30	
16	15	员工15	男	1955/10/19	
17	16	员工16	男	1980/3/28	
18	17	员工17	男	1958/5/15	
19	18	员工18	女	1954/2/18	

图 10-6   员工信息表

下面分别给出用公式和 VBA 代码实现的方法。

10.2.1   用公式实现

1. 填写计算年龄的公式

选中 E2 单元格，输入以下公式。

=YEAR(TODAY())−YEAR(D2)−IF(MONTH(TODAY())<MONTH(D2),1,IF(AND(MONTH(TODAY())=MONTH(D2),DAY(TODAY())<DAY(D2)),1,0))

该公式先用 TODAY 函数求出系统当前日期，用 YEAR(TODAY())−YEAR(D2)求出系统当前日期与 D2 单元格中出生日期的年份差，即该员工的虚年龄。然后用嵌套的 IF 函数得到一个修正值 1 或 0。如果系统当前月份小于出生月份则修正值为 1；如果系统当前月份等于出生月份，并且系统当前日小于出生日，则修正值为 1；否则修正值为 0。最后，用虚年龄减去修正值得到实年龄。

其中，函数 MONTH 用来求日期的月份值，DAY 函数用来求日期数据的日数，AND 函数用来进行"与"运算。

由于公式中单元格 D2 用的是相对地址，因此将这个公式向下填充，就可以得到每个员工的当前年龄。

若要在工作表中正确显示年龄数值，可以选中 E 列，设置单元格的数字格式为"常规"。

2. 计算年龄公式的其他形式

计算年龄的公式可以改为

=YEAR(TODAY())−YEAR(D2)−IF(TODAY() < DATE(YEAR(TODAY()), MONTH(D2), DAY(D2)),1,0)

其中，用 IF(TODAY() < DATE(YEAR(TODAY()), MONTH(D2), DAY(D2)),1,0)求修正值。如果系统当前日期小于当前年份与出生月、日构成的日期，则修正值为 1，否则修正值为 0。函数 DATE 可把指定的年、月、日数值组成一个日期型数据。

计算年龄的公式还可以用

=YEAR(NOW())−YEAR(D2)−IF(NOW()<DATE(YEAR(NOW()), MONTH(D2), DAY(D2)), 1,0)

与前一个公式不同的是用 NOW 函数代替了 TODAY 函数。NOW 函数可以求出系统当前日期和时间，再用 YEAR 函数求出年份值，得到与 TODAY 函数相同的结果。

3. 标识退休人员

将光标定位到 A1 单元格，在"数据"选项卡的"排序和筛选"选项组中单击"筛选"按钮，设置自动筛选功能。在工作表第 1 行"年龄"下拉列表中选择"数字筛选"的"大于或等于"项。在"自定义自动筛选方式"对话框中设置筛选条件为"年龄大于或等于 60"，如图 10-7 所示。然后单击"确定"按钮。

图 10-7　"自定义自动筛选方式"对话框

对筛选后的 C～E 列填充"浅绿"背景。

在"年龄"下拉列表中再次选择"数字筛选"的"大于或等于"项。在"自定义自动筛选方式"对话框中设置筛选条件为"年龄大于或等于 55"，单击"确定"按钮。然后，在"性别"下拉列表中选择"女"。把满足上述两个条件的数据筛选出来。同样对筛选后的 C～E 列填充"浅绿"背景。

在"数据"选项卡的"排序和筛选"选项组中再次单击"筛选"按钮，取消自动筛选功能。这时，将得到最终需要的结果，如图 10-8 所示。

图 10-8　最终结果

10.2.2　用 VBA 代码实现

将图 10-6 所示的员工信息表复制一份到当前工作簿。在"开发工具"选项卡的"控件"选项组中单击"插入"按钮，在当前工作表中添加一个命令按钮（ActiveX 控件）。设置命令按钮的 Caption 属性为"计算、标识"。右击命令按钮，在弹出的快捷菜单中选择"查看代码"命令，进入 VB 编辑环境，为命令按钮的 Click 事件编写如下代码：

```
Private Sub CommandButton1_Click()
```

```
'求出数据行数
rowc = Cells(1, 4).End(xlDown).Row
For Each cs In Range("D2:D" & rowc)
  '求出虚年龄
  AgeC = DateDiff("yyyy", cs, Now)
  '如果月、日未满，则年龄减1，得到实年龄
  If Now < DateSerial(Year(Now), Month(cs), Day(cs)) Then
    AgeC = AgeC - 1
  End If
  '填写年龄
  cs.Offset(0, 1).Value = AgeC
  '如果达到退休年龄，则单元格填充颜色
  If cs.Offset(0, 1).Value >= 55 And cs.Offset(0, -1).Value = "女" _
    Or cs.Offset(0, 1).Value >= 60 Then
    cs.Offset(0, -1).Resize(1, 3).Interior.ColorIndex = 35
  End If
Next
End Sub
```

上述代码在单击命令按钮时被执行。

首先求出当前工作表有效数据的行数，然后用 For Each 语句对 D 列从第 2 行到最后一行的每个单元格进行如下操作：

（1）用函数 DateDiff 求出系统当前日期与当前单元格中出生日期的年份差，即该员工的虚年龄。函数 Now 可求出系统当前日期和时间。

（2）如果系统当前日期小于当前年份与出生月、日构成的日期，则虚年龄减 1，得到实年龄。函数 DateSerial 把指定的年、月、日数值组成一个日期型数据，Year 求出一个日期的年份值，Month 求出一个日期的月份值，Day 函数求出一个日期数据的日数。

（3）在当前单元格右边的相邻单元格中填写实年龄。

（4）用 If 语句对当前单元格所在行的数据进行判断。如果"年龄大于或等于 55 并且为女性"或者"年龄大于或等于 60"，则对当前行的 C～E 列单元格填充"浅绿"背景。

退出设计模式，在当前工作表中单击"计算、标识"命令按钮，得到图 10-8 所示的结果。

10.3　计算退休日期

在一个 Excel 工作表中，有图 10-9 所示的员工信息。要求做以下 2 件事：

（1）根据每个人的出生日期计算并填写"退休日期"。假设退休年龄为：男 60 周岁、女 55 周岁。

（2）根据当前日期和退休日期，计算并填写每位员工"距退休时间"，用"×年×个月×天"的形式表达。如果达到或超过退休日期，则填写"已退休×年×个月×天"字样，并在相应的单元格中填充特殊颜色。

	A	B	C	D	E
1	姓名	性别	出生日期	退休日期	距退休时间
2	员工1	男	1952/6/28		
3	员工2	男	1956/3/25		
4	员工3	男	1976/5/31		
5	员工4	男	1949/1/6		
6	员工5	女	1984/6/8		
7	员工6	女	1958/9/13		
8	员工7	女	1977/10/17		
9	员工8	女	1962/8/6		
10	员工9	女	1960/10/17		
11	员工10	女	1955/2/7		
12	员工11	女	1970/12/31		
13	员工12	男	1949/2/17		
14	员工13	男	1949/9/29		
15	员工14	男	1965/10/19		
16	员工15	女	1953/9/28		
17	员工16	男	1958/5/17		
18	员工17	女	1952/2/17		
19	员工18	男	1958/10/19		
20	员工19	男	1969/10/17		
21	员工20	男	1949/12/17		

图 10-9　员工信息表

下面分别给出用 VBA 程序和 Excel 公式实现的方法。

10.3.1　用 VBA 程序实现

这种方法的主要技术包括：日期数据格式的转换，日期数据的拆分与合并，从日期差数据中求出年数、月数和天数。

1. 工作表设计

创建一个 Excel 工作簿，保存为“计算退休日期.xlsm”。将 Sheet1 工作表重命名为“用 VBA”。

在“用 VBA”工作表中，设计一个表格，输入若干用于测试的员工信息（姓名、性别、出生日期）。其中，C、D 列单元格数字设置为日期格式。A～E 设置“虚线”边框，水平居中对齐。表格的标题部分填充“浅绿”，其余部分填充“白色”。设置适当的字体、字号、列宽和行高。在 F2 单元格输入文字“当前日期”，在 F3 单元格输入公式“=TODAY()”。在表格的右侧添加 2 个按钮（窗体控件），分别命名为“计算”和“清除”，用来执行相应的子程序。最后得到图 10-10 所示的工作表界面和测试数据。

2.“计算”子程序

进入 VB 编辑环境，插入一个“模块 1”，编写一个“计算”子程序，代码如下：

```
Sub 计算()
  rm = Range("C1048576").End(xlUp).Row                    '求数据区最大行号
  For r = 2 To rm                                         '从第 2 行到最后一行循环
    xb = Cells(r, 2)                                      '性别
    sr = WorksheetFunction.Text(Cells(r, 3), "yyyymmdd") '出生日期转换为文本
    n = IIf(xb = "男", 60, 55)                            '根据性别确定退休年龄
    y = Left(sr, 4) + n                                   '退休年
    m = Mid(sr, 5, 2)                                     '出生月
    d = Right(sr, 2)                                      '出生日
    tr = DateSerial(y, m, d) + 1                          '退休日期
    Cells(r, 4) = tr                                      '填写退休日期
```

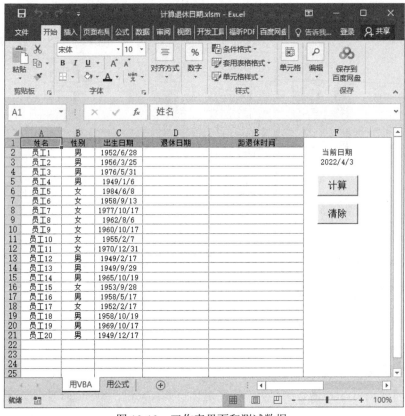

图 10-10　工作表界面和测试数据

```
md = DateSerial(Year(Date), Month(tr), Day(tr))      '当前年、退休月日
If Date < tr Then                                     '当前日期小于退休日期
  dt1 = Date                                          '当前日期
  dt2 = tr                                            '退休日期
  qz = ""                                             '距退休时间字符串前缀
  ts = 2                                              '填充颜色（白色）
  xz = IIf(md < Date, 1, 0)                           '年份修正值
Else                                                  '当前日期大于或等于退休日期
  dt2 = Date                                          '当前日期
  dt1 = tr                                            '退休日期
  qz = "已退休"                                       '距退休时间字符串前缀
  ts = 35                                             '填充颜色（浅绿）
  xz = IIf(md > Date, 1, 0)                           '年份修正值
End If
zn = DateDiff("yyyy", dt1, dt2) - xz                  '日期差（年数）
ys = IIf(zn <= 0, "", zn & "年")                      '退休年字符串
m1 = DateDiff("m", dt1, dt2)                          '日期差（月数）
dt3 = DateAdd("m", m1, dt1)                           'dt1 加上月数得到 dt3
dd = DateDiff("d", dt3, dt2)                          '不足一个月的剩余天数
If dd < 0 Then
  m1 = m1 - 1                                         '调整月数
```

```
        dt3 = DateAdd("m", m1, dt1)                        '重新计算 dt3
        dd = DateDiff("d", dt3, dt2)                       '重新计算剩余天数
      End If
      mm = m1 - Val(ys) * 12                              '不足一年的剩余月数
      ms = IIf(mm = 0, "", mm & "个月")                    '剩余月数字符串
      ds = IIf(dd = 0, "", dd & "天")                      '剩余天数字符串
      Cells(r, 5) = qz & ys & ms & ds                     '填写"距退休时间"字符串
      Cells(r, 5).Interior.ColorIndex = ts                '填充颜色
    Next
  End Sub
```

上述子程序先求出 C 列有效数据的最大行号，然后用 For 语句从第 2 行到最后一个数据行进行如下操作：

（1）从第 2 列单元格取出员工的性别信息，根据性别确定退休年龄为 60 或 55。

（2）从第 3 列单元格取出员工的出生日期数据，用工作表函数 Text 将其转换为"yyyymmdd"格式的文本，分解出年、月、日，用出生年份加上退休年龄得到退休年份。用 DateSerial 函数将退休年份与出生月、日合并，得到退休日期，填写到第 4 列单元格，同时送给变量 tr。

（3）用 DateSerial 函数，将系统当前年份与退休月、日合并得到一个日期，用变量 md 表示。

（4）如果当前日期小于退休日期，则将当前日期作为起始日期送给变量 dt1，退休日期作为截止日期送给变量 dt2，距退休时间字符串前缀变量 qz 设置为空串，单元格要填充的颜色值 2（白色）送给变量 ts，并根据日期 md 是否小于当前日期，设置年份修正值变量为 1 或 0。

（5）如果当前日期大于或等于退休日期，则将当前日期作为截止日期送给变量 dt2，退休日期作为起始日期送给变量 dt1，距退休时间字符串前缀变量 qz 设置为"已退休"，单元格要填充的颜色值 35（浅绿色）送给变量 ts，并根据日期 md 是否大于当前日期，设置年份修正值变量为 1 或 0。

（6）用 DateDiff 函数求出截止日期 dt2 减去起始日期 dt1 的日期差，再减去年份修正值 1 或 0，得到距退休或已退休的年数 zn。根据 zn 是否小于等于零，设置变量 ys 的值为空串或"×年"。

（7）用 DateDiff 函数求出截止日期 dt2 减去起始日期 dt1 的月数差送给变量 m1。用 DateAdd 函数将起始日期 dt1 加上月数 m1 得到一个日期 dt3。再用 DateDiff 函数求出截止日期 dt2 与日期 dt3 相差的天数，即不足一个月的剩余天数。若剩余天数为负数，则将月数 m1 减去 1，再重新计算 dt3 和剩余天数，以保证剩余天数为正数。

（8）求出不足一年的剩余月数，并根据其值是否为零，设置变量 ms 的值为空串或"×个月"。根据不足一个月的剩余天数是否为零，设置变量 ds 的值为空串或"×天"。

（9）在第 5 列单元格填写"距退休时间"字符串，并为单元格设置背景填充颜色值 ts（白色或浅绿色）。在"距退休时间"字符串中，年数、月数、天数当中的任意一项为零，则省略该项。例如："0 年 9 个月 11 天"表示为"9 个月 11 天"，"23 年 0 月 0 天"表示

为"23 年","0 年 8 个月 0 天"表示为"8 个月"。

3."清除"子程序

在"模块 1"中编写一个"清除"子程序，代码如下：

```
Sub 清除()
  rm = Range("C1048576").End(xlUp).Row      '求数据区最大行号
  With Cells(2, 4).Resize(rm, 2)            '清除结果数据、背景颜色
    .ClearContents
    .Interior.ColorIndex = 2
  End With
End Sub
```

上述子程序先求出 C 列有效数据的最大行号送给变量 rm，然后清除 2 行 4 列单元格开始的 rm 行 2 列单元格区域的内容、设置"白色"背景。

4. 运行程序

在工作表中，右击"计算"按钮，在弹出的快捷菜单中选择"指定宏"命令，将"计算"子程序指定给该按钮。用同样的方法将"清除"子程序指定给对应的按钮。

单击"计算"按钮，将会得到图 10-11 所示的结果。

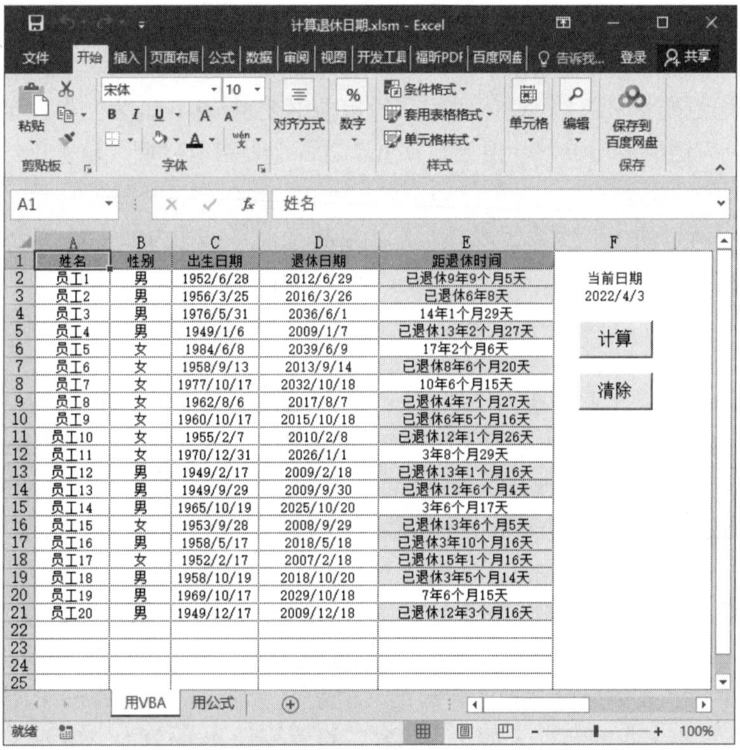

图 10-11　程序运行结果

单击"清除"按钮清除计算结果和单元格背景颜色，恢复到图 10-10 所示的界面。

10.3.2　用 Excel 公式实现

这种方法的主要技术包括：名称的定义与应用，工作簿函数 DATE、YEAR、MONTH、DAY、TEXT、SUM、DATEDIF 的应用，数组及运算。

1．准备工作表

打开工作簿文件"计算退休日期.xlsm"，在"用 VBA"工作表中单击"清除"按钮，清除计算结果和单元格背景颜色。右击工作表标签，在弹出的快捷菜单中选择"移动或复制"命令，将该工作表复制到现有工作表的后面，并重命名为"用公式"。在"用公式"工作表中，删除"计算"和"清除"两个按钮。

2．填写退休日期

在"用公式"工作表中，选中 D2 单元格，输入以下公式。

$$=DATE(YEAR(C2)+55+5*(B2="男"),MONTH(C2),DAY(C2))+1$$

并把公式向下填充到 D21 单元格，得到每个员工的退休日期。

其中，函数 YEAR、MONTH、DAY 分别求出 C2 单元格出生日期的年、月、日。

如果 B2 单元格的性别信息为"男"，则表达式 B2="男"的值为 TRUE，"5*TRUE"的值为 5，"55+5"等于 60，出生年份加 60 为退休年份。

如果 B2 单元格的性别信息为"女"，则表达式 B2="男"的值为 FALSE，"5*FALSE"的值为 0，"55+0"等于 55，出生年份加 55 为退休年份。

用 DATE 函数将退休年、出生月、出生日合成一个日期，再加上 1 天，得到的就是退休日期。

由于公式中 C2、B2 单元格使用的是相对地址，因此向下填充到其他单元格时，地址会相对变化，求出每个员工的退休日期。

3．定义名称

选中 E2 单元格，在"公式"选项卡的"定义的名称"选项组中单击"定义名称"按钮，在图 10-12 所示的"新建名称"对话框中，定义名称 date1 的引用位置如下：

$$=IF(TODAY()<用公式!D2,TODAY(),用公式!D2)$$

定义名称 date2 的引用位置如下：

$$=IF(TODAY()>=用公式!D2,TODAY(),用公式!D2)$$

图 10-12　"新建名称"对话框

定义名称 prs 的引用位置如下：

=IF(TODAY()<用公式!D2,"","已退休")

这样，在 E2 单元格引用 date1、date2、prs 名称时，如果系统当前日期小于 D2 单元格的退休日期，则 date1 表示当前日期、date2 表示退休日期、prs 为空串；如果系统当前日期大于或等于 D2 单元格的退休日期，则 date1 表示退休日期、date2 表示当前日期、prs 为字符串"已退休"。

由于 D2 单元格用的是相对地址，因此在其他位置引用 date1、date2、prs 名称时，地址会相对改变。

4. 填写距退休时间

选中 E2 单元格，输入以下公式。

=TEXT(SUM(DATEDIF(date1,date2,{"y","ym","md"})*{10000,100,1}),prs & "0 年 00 个月 00 天")

然后，把公式向下填充到 E21 单元格，就会得到每个员工的"距退休时间"，用"×年××个月××天"的形式表达。如果达到或超过退休日期，则填写"已退休×年××个月××天"。

公式中，DATEDIF 用来求两个日期的差。函数的第 3 个参数可选用"y""m""d""ym""md"等，分别用来求两个日期相差的年数、月数、天数、忽略年份的月数、忽略年份和月份的天数。

例如，date1 和 date2 的值分别为"2016 年 3 月 7 日"和"2036 年 6 月 1 日"，则 DATEDIF(date1,date2,{"y","ym","md"})的值为数组{20,2,25}，数组中 3 个元素表示这 2 个日期的差为 20 年 2 个月 25 天。

为了得到对应的字符串"20 年 02 个月 25 天"，将数组{20,2,25}与数组{10000,100,1}对应元素相乘，得到数组{200000,200,25}。再用 SUM 函数将数组{200000,200,25}的各元素相加，得到数值 200225。最后用 TEXT 函数，将数值 200225 转换为特定格式的文本"20 年 02 个月 25 天"。

格式控制字符串"prs & "0 年 00 个月 00 天""中的 0 为数字占位符，其中，"天"数占 2 位、"月"数占 2 位，其余为"年"数。

5. 设置条件格式

选中 E2:E21 单元格区域，在"开始"选项卡的"样式"选项组中单击"条件格式"按钮，然后选择"突出显示单元格规则>文本包含"命令。在图 10-13 所示的"文本中包含"对话框中，为包含文本"已退休"的单元格设置"绿填充色深绿色文本"格式。对已退休的时间做出特殊标识。

图 10-13 "文本中包含"对话框

最后得到图 10-14 所示的结果。

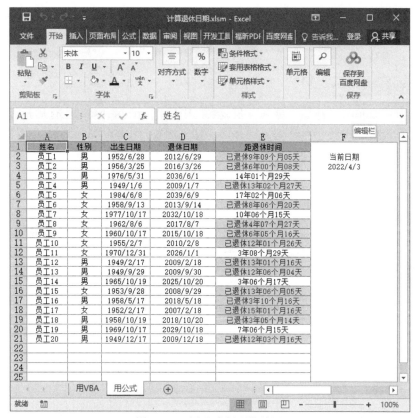

图 10-14　用公式得到的结果

10.4　用机记录浏览与统计

本节介绍一种自动获取计算机开机时间和关机时间的方法，并在此基础上计算每次用机时长，统计用机的总日数、总时数、日均时数、开机总次数、平均用机时长，帮助用户随时了解计算机的使用情况和利用率。

涉及的主要技术包括：文本文件操作，单元格的格式和颜色控制，求日期差、时间差、时间求和等。

10.4.1　保存开关机记录

在 Windows 10 操作系统中，为了让计算机自动记录开机、关机的日期和时间，可以采用以下方法。

（1）在硬盘 D 区根目录建立一个"用机记录"文件夹。在该文件夹中新建一个文本文件，命名为"启动.bat"。右击该文件，在弹出的快捷菜单中选择"编辑"命令，输入下面内容：

```
@echo off
```

```
echo %date% %time% 开机 >>D:\用机记录\日志.txt
```

（2）再新建一个文本文件，命名为"关机.bat"。右击该文件，在弹出的快捷菜单中选择"编辑"命令，输入下面内容：

```
@echo off
echo %date% %time% 关机 >>D:\用机记录\日志.txt
```

（3）单击 Windows"开始"菜单，在搜索栏中输入 gpedit.msc，运行后打开图 10-15 所示的"本地组策略编辑器"对话框。展开"计算机配置"中的"Windows 设置"，选中"脚本（启动/关机）"项。

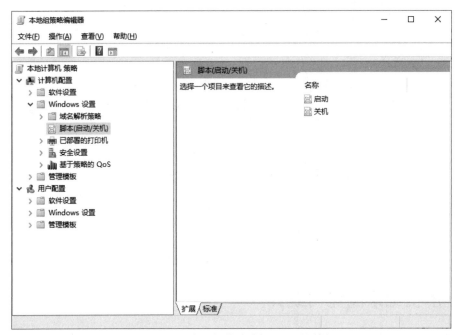

图 10-15 "本地组策略编辑器"对话框

（4）双击"本地组策略编辑器"对话框右侧的"启动"项，打开"启动 属性"对话框。在对话框中单击"添加"按钮，通过"浏览"命令将 D 区"用机记录"文件夹下的"启动.bat"文件添加到启动脚本中。

（5）双击"本地组策略编辑器"对话框右侧的"关机"项，用同样方法将 D 区"用机记录"文件夹下的"关机.bat"文件添加到关机脚本中。

经过以上操作，当 Windows 启动时，会自动执行批处理文件"启动.bat"，将系统当前日期、时间等信息保存到 D 区"用机记录"文件夹下的文本文件"日志.txt"中；关机时，Windows 自动执行"关机.bat"批处理文件，将系统当前日期、时间等信息追加到"日志.txt"中。

这样，每次开机、关机都会在日志文件中添加一条信息，达到自动保存开关机记录目的。文件"日志.txt"的内容和格式如图 10-16 所示。

如果用程序打开"日志.txt"文件，然后按顺序读取每行文本，再提取日期、时间数据，就可以在 Excel 中生成一个"用机记录表"，以进行浏览和统计。

图 10-16　"日志.txt"的内容和格式

10.4.2　工作表设计

创建一个 Excel 工作簿，保存为"用机记录浏览与统计.xlsm"。在 Sheet1 工作表中设计一个图 10-17 所示的界面。

图 10-17　Excel 工作表界面

设计要点如下：

（1）选中所有单元格，设置"白色"背景。

（2）同时选中 A 列和 D 列，在快捷菜单中选择"设置单元格格式"命令，设置单元格的数字为日期格式。同时选中 C、B、E、F 列，设置单元格的数字为文本格式。同时选中 A2、D2 单元格，设置单元格的数字为常规格式。同时选中 C2、E2 单元格，设置单元格的数字为时间格式。同时选中 G 列和 B2 单元格，设置单元格的数字为"自定义"格式"[h]:mm:ss"，如图 10-18 所示。

（3）在指定的单元格输入汇总信息标题和表格标题，设置适当的背景颜色。

（4）设置适当的字体、字号、列宽、行高、对齐方式和边框线。

（5）选中 A5 单元格，在"视图"选项卡的"窗口"选项组中单击"冻结窗格"按钮，选择"冻结窗格"命令。这样，当拖动滚动条浏览表格数据时，汇总区和表格标题始终显示在工作表的顶部。

（6）在"开发工具"选项卡的"控件"选项组中单击"插入"按钮，在表格的右上方添加 2 个按钮（窗体控件），命名为"刷新"和"清除"，分别用来刷新和清除数据。

图 10-18 "设置单元格格式"对话框

10.4.3　程序设计与运行

为了实现对数据的刷新和清除，进入 VB 编辑环境，插入一个模块，在模块中编写 2 个子程序："刷新"和"清除"，并分别指定给对应的按钮。

1．"刷新"子程序

"刷新"子程序代码如下：

```
Sub 刷新()
  '读取文本文件信息，填入单元格，设置背景颜色
  Open "D:\用机记录\日志.TXT" For Input As #1           '打开日志文件
  r = 5                                                 '目标行号初值
  Do While Not EOF(1)                                   '文件未结束，循环
    Line Input #1, s_in                                 '读取一行数据
    If InStr(s_in, "开机") > 0 Then                      '包含开机标志
      r = r + 1                                         '调整目标行号
      Cells(r, 1) = Left(s_in, 10)                      '填写"日期"
      Cells(r, 2) = Mid(s_in, 13, 1)                    '填写"星期"
      Cells(r, 3) = Mid(s_in, 15, 8)                    '填写"开机时间"
      If Cells(r, 1) <> Cells(r - 1, 1) Then            '日期发生变化
        c = Not c                                       '逻辑值取"非"
      End If
      fc = IIf(c, 35, 36)                               '确定颜色值
      Cells(r, 1).Resize(1, 6).Interior.ColorIndex = fc '设置背景颜色
```

```
      Else                                              '包含关机标志
        Cells(r, 4) = Left(s_in, 10)                    '填写"日期"
        Cells(r, 5) = Mid(s_in, 13, 1)                  '填写"星期"
        Cells(r, 6) = Mid(s_in, 15, 8)                  '填写"关机时间"
      End If
    Loop
    Cells(r, 4) = Date                                  '填写"日期"
    Cells(r, 6) = WorksheetFunction.Text(Time, "h:mm:ss") '填写"关机时间"
    Close #1                                            '关闭日志文件
    '填写"用机时长",设置背景、字体颜色
    rm = Range("A1048576").End(xlUp).Row                '求数据区最大行号
    For r = 5 To rm
      If Cells(r, 3) <> "" And Cells(r, 6) <> "" Then   '开关机时间均不空
        t1 = Cells(r, 1) & " " & Cells(r, 3)            '开机日期、时间
        t2 = Cells(r, 4) & " " & Cells(r, 6)            '关机日期、时间
        sc = CDate(t2) - CDate(t1)                      '用机时长
        dd = Int(sc)                                    '天数
        hh = Hour(sc) + dd * 24                         '时数
        mm = Minute(sc)                                 '分数
        ss = Second(sc)                                 '秒数
        If hh >= 1 Then                                 '1 小时以上
          fc = 3                                        '红色
        ElseIf mm >= 30 Then                            '0.5 小时以上
          fc = 5                                        '蓝色
        Else                                            '0.5 小时以下
          fc = 10                                       '绿色
        End If
        With Cells(r, 7)
          .Value = hh & ":" & mm & ":" & ss             '填写用机时长
          .Interior.ColorIndex = 37                     '设置背景颜色
          .Font.ColorIndex = fc                         '设置字体颜色
        End With
      End If
    Next
    '填写汇总数据
    Cells(2, 1).Formula = "=MAX(A5:A" & rm & ")-MIN(A5:A" & rm & ")+1" '总日数
    Cells(2, 2).Formula = "=SUM(G5:G" & rm & ")"        '总时数
    Cells(2, 3).Formula = "=B2/A2"                      '日均时数
    Cells(2, 4).Formula = "=COUNTA(G5:G" & rm & ")"     '总次数
    Cells(2, 5).Formula = "=B2/D2"                      '次均时长
    Cells(rm + 1, 7).Select                             '定位光标
End Sub
```

上述子程序包括以下几部分：

（1）读取日志文件信息，填写到 Excel 当前工作表中，按日期交替设置单元格的背景颜色。

首先，用以卜语句打开 D 区"用机记录"文件夹下的日志文件用于读操作，文件代号为 1。

```
Open "D:\用机记录\日志.TXT" For Input As #1
```

接下来，用 Do 循环语句，读取文件的每一行，从中提取开关机的日期、星期和时间，填写到当前工作表从第 5 行开始的 1～6 列中，并按日期交替设置单元格的背景颜色。

最后把系统日期和时间填入工作表（以统计本次用机时长），关闭日志文件。

（2）在数据区第 7 列填写"用机时长"，设置单元格的背景颜色和不同的字体颜色。

用 For 语句，从第 5 行开始，对每个数据行进行处理。

如果该行中"开机时间"与"关机时间"均不空，则利用关机日期时间和开机日期时间求出用机时长，从中分解出天数、时数、分数和秒数，按 1 小时以上、0.5 小时到 1 小时和 0.5 小时以下分别设置不同的颜色值，在当前行第 7 列填写用机时长、设置背景颜色和字体颜色。

（3）填写汇总数据。

分别在第 2 行的 1～5 列输入公式，求"总日数""总时数""日均时长""总次数"和"次均时长"。

其中，以下公式求出 A 列从第 5 行到数据区最后一行数据的最大值与最小值之差，即日期之差。

$$\text{MAX(A5:A" \& rm \& ")-MIN(A5:A" \& rm \& ")+1"}$$

以下公式求出 G 列从第 5 行到数据区最后一行的时间数据之和，即总的时间值，在单元格中以"[h]:mm:ss"格式显示出来。

$$\text{SUM(G5:G" \& rm \& ")"}$$

以下公式求出 G 列从第 5 行到数据区最后一行所有非空单元格的个数，即有效的开机次数。

$$\text{COUNTA(G5:G" \& rm \& ")"}$$

最后，将光标定位到数据区末尾，以便直接查看最近开机记录。

2．"清除"子程序

"清除"子程序代码如下：

```
Sub 清除()
  rm = Range("A1048576").End(xlUp).Row          '求数据区最大行号
  If rm >= 5 Then
    Rows("5:" & rm).Delete Shift:=xlUp           '删除数据行
  End If
  Range("A2:E2").ClearContents                   '清除汇总区公式
End Sub
```

上述子程序首先删除当前工作表第 5 行以后的所有数据行，然后清除汇总区的所有公式，达到初始化目的。

3. 运行程序

打开"用机记录浏览与统计"工作簿，单击"刷新"按钮，会得到与图 10-19 类似的结果。具体数据取决于当前计算机的使用情况。

	A	B	C	D	E	F	G
	总日数	总时数	日均时长	总次数	次均时长	刷新	清除
2	135	483:58:48	3:35:06	220	2:12:00		
3			开机			关机	用机时长
4	日期	星期	时间	日期	星期	时间	
211	2016/3/1	二	13:35:47	2016/3/1	二	16:58:19	3:22:32
212	2016/3/2	三	7:54:25	2016/3/2	三	11:35:06	3:40:41
213	2016/3/2	三	13:29:38	2016/3/2	三	16:54:46	3:25:08
214	2016/3/3	四	7:50:51	2016/3/3	四	9:08:02	1:17:11
215	2016/3/3	四	9:08:46	2016/3/3	四	11:42:20	2:33:34
216	2016/3/3	四	13:25:01	2016/3/3	四	15:20:44	1:55:43
217	2016/3/3	四	15:22:00	2016/3/3	四	17:01:18	1:39:18
218	2016/3/4	五	7:47:38	2016/3/4	五	11:39:05	3:51:27
219	2016/3/4	五	13:32:31	2016/3/4	五	14:08:59	0:36:28
220	2016/3/4	五	14:09:46	2016/3/4	五	17:20:04	3:10:18
221	2016/3/5	六	8:14:30	2016/3/5	六	8:33:45	0:19:15
222	2016/3/5	六	8:34:27	2016/3/5	六	9:33:06	0:58:39
223	2016/3/5	六	9:53:48	2016/3/5	六	10:51:30	0:57:42
224	2016/3/6	日	8:21:56	2016/3/6	日	10:52:29	2:30:33
225	2016/3/6	日	13:36:44	2016/3/6	日	13:56:56	0:20:12
226	2016/3/6	日	14:11:50	2016/3/6	日	17:21:26	3:09:36
227	2016/3/7	一	7:40:05	2016/3/7	一	10:56:46	3:16:41
228	2016/3/7	一	13:22:56	2016/3/7	一	17:44:31	4:21:35

图 10-19　单击"刷新"按钮后的结果

通过工作表右边的滚动条，可以上下浏览用机记录，但汇总区、表格标题始终显示在工作表的顶部。

汇总区数据是用公式求出的。选中单元格，可以在编辑栏中查看相应的公式。在 Excel "公式"选项卡的"公式审核"选项组中单击"显示公式"按钮，可以把每个单元格的公式显示出来。

单击工作表中的"清除"按钮，将删除第 5 行以后的所有数据行，并清除汇总区的所有公式，使工作表初始化。

上机练习

1. 在 Excel 中建立图 10-20 所示的表格，请分别用 VBA 自定义函数和公式实现以下功能：当在 B5 单元格中输入任意一个日期后，系统自动求出对应的干支、生肖、星座、年龄，并填写到相应的单元格中。

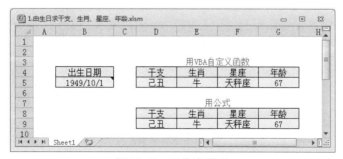

图 10-20　工作表界面

2. 用 Excel 和 VBA 设计一个图 10-21 所示的工具软件，实现出生年份、生肖和年龄互查。

要求： 在工作表上放置 3 个选项按钮。当选择"年份"项时，在指定的单元格中输入一个出生年份，单击"查询"按钮，显示出对应的年龄和生肖（见图 10-21）；当选择"年龄"项时，在指定的单元格中输入一个年龄，单击"查询"按钮，显示出对应的出生年份和生肖；当选择"生肖"项时，指定一个生肖，单击"查询"按钮，显示出与其对应的若干个出生年份和年龄（见图 10-22）。

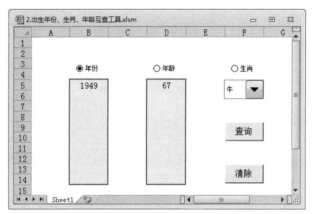

图 10-21　按年份查询

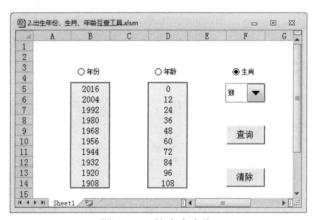

图 10-22　按生肖查询

第 11 章

文 件 管 理

本章给出 4 个用 Excel 和 VBA 开发的应用软件，用于文件管理。涉及的主要技术包括：文件对话框对象、文件系统对象、文件夹对象的应用，递归程序设计，二进制文件管理。

11.1 列出指定路径下全部子文件夹和文件名

本节要在 Excel 中编写 VBA 程序，列出指定路径下的全部子文件夹和文件名。实现方法是使用文件系统对象 FileSystemObject，结合递归程序来完成。

1."列目录"子程序

创建一个 Excel 工作簿，保存为"列出全部子文件夹和文件名.xlsm"。

进入 VB 编辑环境，在"工具"菜单中选择"引用"命令。在"可使用的引用"列表框中选择 Microsoft Scripting Runtime 复选框，然后单击"确定"按钮。

插入一个模块，创建如下子程序：

```
Sub 列目录()
  Columns("A:D").Delete Shift:=xlToLeft          '删除 1~4 列
  Set fd = Application.FileDialog(msoFileDialogFolderPicker) '创建对象
  k = fd.Show                                    '打开文件对话框
  If k = 0 Then Exit Sub                         '在对话框中单击了"取消"按钮
  dn = fd.SelectedItems.Item(1)                  '取出选中的文件夹名
  Call getf(dn)                                  '调用递归子程序
  Cells.Columns.AutoFit                          '自动调整列宽
End Sub
```

上述子程序首先删除当前工作表的 1~4 列，目的是删除这 4 列的原有信息并使用默认列宽。

然后创建一个文件对话框对象，用变量 fd 表示。用 Show 方法显示文件对话框，以选择文件夹。如果用户在对话框中单击了"取消"按钮，则退出子程序；否则，从文件对话框对象的 SelectedItems 集合中取出被选中的文件夹路径名送给变量 dn。

最后，以当前文件夹路径名为实参，调用递归子程序 getf，将文件夹路径名和该文件夹下的所有文件名填写到 Excel 当前工作表中，并自动调整列宽。

2. 递归子程序 getf

子程序 getf 将当前文件夹路径名和该文件夹下的所有文件名填写到 Excel 工作表，再递归调用自身，对当前文件夹下的所有子文件夹进行同样的操作，从而列出每个子文件夹路径名以及子文件夹下的所有文件名。

子程序 getf 代码如下：

```
Sub getf(path)
  Dim fs As New FileSystemObject              '创建文件系统对象
  r = Range("A1048576").End(xlUp).Row + 1     '空白区起始行号
  With Range(Cells(r, 1), Cells(r, 4))
    .Merge                                    '合并单元格
    .Interior.ColorIndex = 35                 '填充颜色
    .Value = path                             '填写当前路径名
  End With
  Set fd = fs.GetFolder(path)                 '创建文件夹对象
  For Each f In fd.Files                      '对文件夹中的所有文件进行操作
    r = r + 1                                 '调整行号
    Cells(r, 1) = f.Name                      '填写目录信息
    Cells(r, 2) = f.Size
    Cells(r, 3) = f.Type
    Cells(r, 4) = f.DateLastModified
  Next
  For Each s In fd.SubFolders                 '对当前文件夹下的所有子文件夹进行操作
    Call getf(s.path)
  Next
End Sub
```

上述子程序的形参 path 为指定的文件夹路径名。

子程序首先创建一个文件系统对象，用变量 fs 表示。求出当前工作表 A 列空白区起始行号，用变量 r 表示。将 r 行 1～4 列合并，填写当前文件夹路径名，并填充"浅绿"背景，以便区分文件名和文件夹路径名。

然后，用 GetFolder 方法创建指定的文件夹对象，并把该文件夹中的每个文件名、大小、类型、修改日期依次填入当前工作表 r+1 行的 1～4 列。

最后，递归调用 getf 自身，对指定文件夹下的每个子文件夹进行同样的操作。即：填写文件夹路径名，填写该文件夹每个文件信息，再递归调用 getf，对下一级的每个子文件夹进行同样的操作。

3. 运行程序

打开"列出全部子文件夹和文件名.xlsm"工作簿文件，运行"列目录"子程序，系统会弹出一个文件夹选择对话框。

选择一个文件夹，单击"确定"按钮后，在 Excel 当前工作表中列出指定文件夹下的所有文件夹、子文件夹的路径名以及所有文件名等信息，其中文件夹路径名所在单元格用"浅绿"颜色标识，得到图 11-1 所示的结果。

图 11-1　工作表中的文件夹和文件信息

11.2　批量重命名文件

下面在 Excel 中编写一个 VBA 程序，对指定文件夹下的文件进行批量重命名。

1. 创建工作簿和自定义工具栏

创建一个 Excel 工作簿，保存为"批量重命名文件.xlsm"。

在 Sheet1 工作表中，选中所有单元格，设置"白色"背景。选中 A～D 列，设置虚线边框，水平居中对齐方式。在 A1:D1 单元格区域中填写表头，设置"浅绿"背景。得到图 11-2 所示的工作表结构。

图 11-2　Sheet1 工作表结构

进入 VB 编辑环境，在"工具"菜单中选择"引用"命令，选中 Microsoft Scripting Runtime

复选框。

为工作簿的 Open 事件编写如下代码：

```
Private Sub Workbook_Open()
  Set tbar = Application.CommandBars.Add(Temporary:=True)
  tbar.Visible = True
  Set butt1 = tbar.Controls.Add(Type:=msoControlButton)
  With butt1
    .Caption = "选文件夹"
    .Style = msoButtonCaption
    .OnAction = "wjj"
  End With
  Set butt2 = tbar.Controls.Add(Type:=msoControlButton)
  With butt2
    .Caption = "重新命名"
    .Style = msoButtonCaption
    .OnAction = "cmm"
    .Enabled = False
  End With
End Sub
```

打开工作簿时，上述程序会建立一个临时自定义工具栏，使其可见，并在工具栏中添加两个按钮：“选文件夹”和“重新命名”，分别用来执行 wjj 和 cmm 子程序。“重新命名”按钮的初始状态设置为不可用。

2. 子程序 wjj

在 VB 编辑环境中，插入一个模块。在模块的顶部用以下语句声明两个全局对象变量 butt1、butt2，用来保存工具栏按钮对象。声明一个全局字符串变量 dn，用来保存选定的文件夹名。

```
Public butt1, butt2 As Object
Public dn As String
```

在模块中，编写一个子程序 wjj，代码如下：

```
Sub wjj()
  Set fd = Application.FileDialog(msoFileDialogFolderPicker)
  If fd.Show = 0 Then Exit Sub
  rm = Range("A1048576").End(xlUp).Row + 1
  Range("A2:D" & rm).ClearContents
  dn = fd.SelectedItems.Item(1)
  Dim fs As New FileSystemObject
  Set ff = fs.GetFolder(dn)
  r = 2
  For Each f In ff.Files
    p = InStrRev(f.Name, ".")
    If p > 0 Then
```

```
    Cells(r, 1) = Left(f.Name, p - 1)
    Cells(r, 3) = Left(f.Name, p - 1)
    Cells(r, 2) = Mid(f.Name, p + 1)
    Cells(r, 4) = Mid(f.Name, p + 1)
  Else
    Cells(r, 1) = f.Name
    Cells(r, 3) = f.Name
  End If
  r = r + 1
Next
Cells.Columns.AutoFit
rm = Range("A1048576").End(xlUp).Row
Range("A1:D" & rm).Sort Key1:=Range("B2"), Order1:=xlAscending, _
Key2:=Range("A2"), Order2:=xlAscending, Header:=xlGuess
Cells(2, 3).Select
butt1.Enabled = False
butt2.Enabled = True
End Sub
```

　　上述子程序用来选择文件夹，并将该文件夹下所有文件名、扩展名填写到当前工作表的数据区。

　　首先用 Application 的 FileDialog 属性返回一个文件对话框对象，用 Show 方法显示文件对话框。如果用户在对话框中单击了"取消"按钮，则退出子程序；否则，进行以下操作：

　　（1）求出当前工作表 A 列空白区起始行号，用变量 rm 表示。清除 A～D 列第 1 行以外的数据区，目的是清除原有数据。

　　（2）从文件对话框对象的 SelectedItems 集合中取出选中的文件夹名，送给全局变量 dn。

　　（3）创建一个文件系统对象，用变量 fs 表示。

　　（4）使用文件系统对象的 GetFolder 方法，由文件夹名 dn 创建一个文件夹对象，用变量 ff 表示。

　　（5）设置目标起始行号，用变量 r 表示。

　　（6）用 For…Each 循环语句，对文件夹中的每个文件进行处理。如果文件全名中包含小数点"."，说明该文件有扩展名，则将文件名填写到 r 行的 1、3 列，扩展名填写到 r 行的 2、4 列。如果文件全名中不含小数点"."，说明该文件无扩展名，则只将文件名填写到 r 行的 1、3 列。每填写一行信息后，都调整目标行号 r 的值。

　　（7）对所有单元格设置最适合的列宽。

　　（8）取出数据区最大行号，对数据区按扩展名、文件名排序。将光标定位到 2 行 3 列单元格。让工具栏中的"选文件夹"按钮不可用、"重新命名"可用。

3. 子程序 cmm

　　在模块中，编写一个子程序 cmm，代码如下：

```
Sub cmm()
```

```
rm = Range("A1048576").End(xlUp).Row          '取出数据区最大行号
For r = 2 To rm                               '循环
  sf = dn & "\" & Cells(r, 1) & "." & Cells(r, 2)    '源文件全路径名
  df = dn & "\" & Cells(r, 3) & "." & Cells(r, 4)    '目标文件全路径名
  Name sf As df                               '重新命名
Next
MsgBox "文件重命名成功!"
butt1.Enabled = True                          '设置工具栏按钮的可用性
butt2.Enabled = False
End Sub
```

上述子程序的功能是：将当前工作表以 A、B 列为文件名、扩展名的所有文件，改为
C、D 列指定的文件名、扩展名。

首先取出数据区最大行号，然后用 For 语句从第 2 行到最后一个数据行循环。从每行
的 1、2 列取出源文件名、扩展名，拼接成文件全名，保存到变量 sf 中。从 3、4 列取出新
文件名、扩展名，拼接成文件全名，保存到变量 df 中。用 Name 语句源文件名改为新文
件名。

循环结束后，提示"文件重命名成功!"，让工具栏按钮"选文件夹"可用、"重新命名"
不可用。

4. 运行与测试

打开"批量重命名文件"工作簿，单击自定义工具栏中的"选文件夹"按钮，在对话
框中选择一个文件夹，单击"确定"按钮后，得到图 11-3 所示的结果。

将 C2 单元格的内容改为"01"，并向下以序列方式填充，得到图 11-4 所示的结果。

	A	B	C	D
1	原文件名	原扩展名	新文件名	新扩展名
2	0433101	jpg	0433101	jpg
3	0433102	jpg	0433102	jpg
4	0433103	jpg	0433103	jpg
5	0433104	jpg	0433104	jpg
6	0433105	jpg	0433105	jpg
7	0433106	jpg	0433106	jpg
8	0433107	jpg	0433107	jpg
9	0433108	jpg	0433108	jpg
10	0433109	jpg	0433109	jpg
11	0433110	jpg	0433110	jpg
12	0433111	jpg	0433111	jpg
13	0433112	jpg	0433112	jpg

图 11-3　打开文件夹时的工作表信息

	A	B	C	D
1	原文件名	原扩展名	新文件名	新扩展名
2	0433101	jpg	01	jpg
3	0433102	jpg	02	jpg
4	0433103	jpg	03	jpg
5	0433104	jpg	04	jpg
6	0433105	jpg	05	jpg
7	0433106	jpg	06	jpg
8	0433107	jpg	07	jpg
9	0433108	jpg	08	jpg
10	0433109	jpg	09	jpg
11	0433110	jpg	10	jpg
12	0433111	jpg	11	jpg
13	0433112	jpg	12	jpg

图 11-4　修改新文件名后的工作表信息

这时，单击自定义工具栏中的"重新命名"按钮，该文件夹下的所有文件就被改成新
文件名了。通过设置工作表内容，可以灵活地修改部分文件名或扩展名。

11.3　提取汉字点阵信息

本节给出一个从 16 点阵字库中提取汉字点阵信息的应用。该应用能够在图 11-5 所示
的 Excel 工作表中显示任意一个汉字的点阵信息。

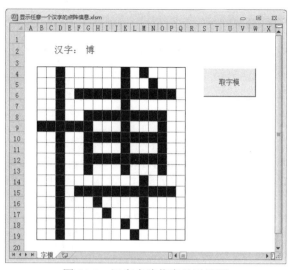

图 11-5　汉字点阵信息显示界面

1．工作表设计

创建一个文件夹，将一个宋体 16 点阵汉字库文件 hzk16 复制到该文件夹。然后创建一个 Excel 工作簿，将其保存到该文件夹，命名为"显示任意一个汉字的点阵信息.xlsm"。

在工作簿中，将工作表重命名为"字模"。选中所有单元格，设置填充"白色"背景。选中 B～Q 列，在"开始"选项卡"单元格"选项组中单击"格式"按钮，选择"列宽"命令并设置"列宽"为 2。选中 4～19 行，用同样的方式设置"行高"为 18。选中 B4:Q19 区域，设置虚线边框。将 B2:F2 单元格区域合并后居中，输入文字"汉字:"。合并 G2:Q2 单元格区域，设置左对齐方式，输入一个汉字。

在"开发工具"选项卡"控件"选项组中单击"插入"按钮，在工作表上放置一个按钮（窗体控件），设置标题为"取字模"。得到图 11-6 所示的工作表结构。

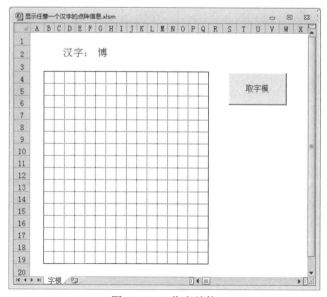

图 11-6　工作表结构

2．子程序设计

在当前工程中插入一个模块，在模块中编写一个子程序 qzm，代码如下：

```
Sub qzm()
  Dim Hz(0 To 31) As Byte                              '存放 1 个汉字 32 字节的字模数据
  Range("4:19").Interior.ColorIndex = 2                '设置区域背景为"白色"
  tt = Range("G2").Value                               '取出汉字
  zk = ThisWorkbook.Path & "\hzk16"                    '形成字库全路径名
  Open zk For Binary Access Read As #1                 '打开字库文件用于读
  nm = Hex(Asc(tt))                                    '汉字内码，十六进制
  nm_h = "&H" & Left(nm, 2)                            '高两位
  nm_l = "&H" & Right(nm, 2)                           '低两位
  C1 = nm_h - &HA1                                     '区码
  C2 = nm_l - &HA1                                     '位码
  rec = C1 * 94 + C2                                   '记录号
  Location = CLng(rec) * 32 + 1                        '该汉字字模在字库中的起始位置
  Get #1, Location, Hz                                 '读取该汉字在字库中的字模送给数组 Hz
  For k = 0 To 31                                      '按字节循环
    For p = 7 To 0 Step -1                             '按二进制位循环
      bit = Hz(k) And 2 ^ p                            '取第 p 位
      If bit Then                                      '该位为 1，对应单元格填充红色
        Cells(4 + k \ 2, 8 * (k Mod 2) + 9 - p).Interior.ColorIndex = 3
      End If
    Next p
  Next k
  Close #1                                             '关闭文件
End Sub
```

上述子程序通过"取字模"按钮来执行，其功能是从字库 hzk16 中提取指定汉字的字模，即组成这个汉字的点阵信息，在 Excel 当前工作表特定的单元格区域中显示出用红色背景组成的汉字。

由于选用的是 16×16 点阵汉字库，每个汉字的字形由 16×16 个点组成，每个点用一个二进制位表示，每个汉字的字形码需要 32 个字节的存储空间。因此，程序中声明了一个字节型数组 Hz(0 To 31)，用于存放从字库中取出的一个汉字的 32 个字节点阵数据。

程序首先设置 4～19 行的背景为"白色"，从当前工作表的 G2 单元格中取出汉字，然后进行如下操作：

（1）打开当前文件夹的字库文件 hzk16，取出汉字的内码（4 位十六进制数），拆分为高位字节和低位字节，进而求出区码和位码，算出记录号，根据记录号求出该汉字的字形码在 16×16 点阵字库的起始位置，读取该汉字在字库中的字模送给数组 Hz。

（2）用循环程序，对汉字的 32 个字节字形码，用逻辑"与"分别取出每个二进制位，如果该位是 1，则在 Excel 工作表对应的单元格中填充红色背景，组成一个汉字的字形。

其中，汉字字模数据中第 k 个字节、第 p 个二进制位对应于 Excel 单元格的行号为"4+k\2"、列号为"8*(k Mod 2)+9-p"。

最后，关闭字库文件。

3．运行与测试

右击当前工作表的"取字模"按钮，在弹出的快捷菜单中选择"指定宏"命令，将子程序 qzm 指定给按钮。

在 G2 单元格输入任意一个汉字，例如"博"字，单击"取字模"按钮，将会得到图 11-5 所示的结果。输入其他汉字，同样会得到相应的结果。

11.4　标记并删除重复文件

很多人的计算机中都存有大量重复的文件，既浪费存储空间，又增加了管理上的负担。本节的任务是：用 Excel 和 VBA 设计一个小软件，能够提取指定路径所有文件夹和子文件夹下的文件名、大小、修改时间，对重复文件进行标识，删除选定的文件。

1．工作表和工具栏设计

创建一个 Excel 工作簿，保存为"标记、删除重复文件.xlsm"。

在工作簿中，将工作表重命名为"文件目录"。选中所有单元格，设置"白色"背景。选中 A～D 列，设置虚线边框。在 A1:D1 单元格区域中填写表头，设置适当的背景颜色。分别为 E1、F1 单元格设置另外两种不同的背景颜色，用于显示文件总数和重复文件数，得到图 11-7 所示的工作表结构。

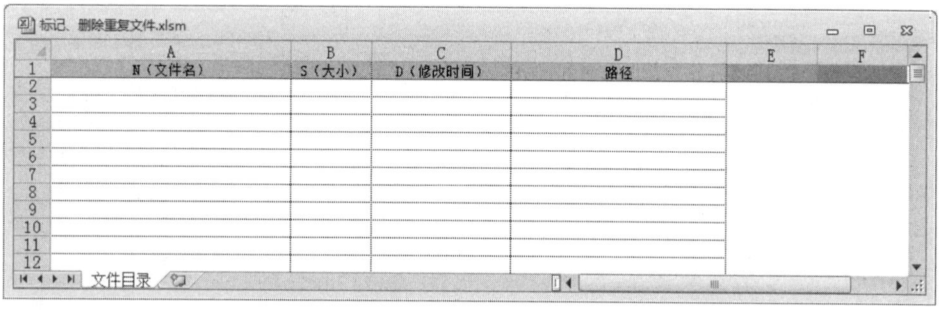

图 11-7　工作表结构

进入 VB 编辑环境，为工作簿的 Open 事件编写如下代码：

```
Private Sub Workbook_Open()
  Set tbar = Application.CommandBars.Add(Temporary:=True)
  With tbar.Controls.Add(Type:=msoControlButton)
    .Caption = "列出文件目录"
    .Style = msoButtonCaption
    .OnAction = "dir"
  End With
  With tbar.Controls.Add(Type:=msoControlButton)
    .Caption = "标记重复文件"
    .Style = msoButtonCaption
    .OnAction = "nsd"
```

```
        End With
        With tbar.Controls.Add(Type:=msoControlButton)
            .Caption = "删除选定文件"
            .Style = msoButtonCaption
            .OnAction = "del"
        End With
        tbar.Visible = True
    End Sub
```

打开工作簿时，上述程序会建立一个临时自定义工具栏，并在工具栏中添加 3 个按钮
"列出文件目录""标记重复文件"和"删除选定文件"，分别为它们指定要执行的子程序：
dir、nsd 和 del。最后，让工具栏可见。

2．列出文件目录子程序 dir

进入 VB 编辑环境，在"工具"菜单中选择"引用"命令。在"可使用的引用"列表
框中选择"Microsoft Scripting Runtime"，然后单击"确定"按钮。

插入一个模块，创建如下子程序：

```
Sub dir()
    With Range("A2:D1048576")                                    '清理数据区
        .ClearContents
        .Interior.ColorIndex = 2
    End With
    Range("E1:F1").ClearContents                                 '清理信息区
    Set fd = Application.FileDialog(msoFileDialogFolderPicker)   '创建对象
    k = fd.Show                                                  '打开文件对话框
    If k = 0 Then Exit Sub                                       '单击了"取消"按钮
    dn = fd.SelectedItems.Item(1)                               '取出选中的文件夹名
    Call getf(dn)                                                '调用递归子程序
    r = Range("A1048576").End(xlUp).Row - 1                     '求数据区最大行号
    Cells(1, 5) = "文件数:" & r                                  '显示文件总数
    Cells.Columns.AutoFit                                       '自动调整列宽
    Range("A1").Select                                          '光标定位
End Sub
```

上述子程序首先清除 1～4 列第 2 行以后的内容，设置白色背景，再清除 E1:F1 区域
内容。

然后创建一个文件对话框对象，用变量 fd 表示。用 Show 方法显示文件对话框，以选
择文件夹。如果用户在对话框中单击了"取消"按钮，则退出子程序；否则，从文件对话
框对象的 SelectedItems 集合中取出被选中的文件夹路径名送给变量 dn。

接下来，以当前文件夹路径名为实参，调用递归子程序 getf，将当前文件夹以及子文
件夹下的所有文件目录信息填写到 Excel 当前工作表中。

最后，在 E1 单元格显示文件总数，自动调整列宽，将光标定位到 A1 单元格。

3. 递归子程序 getf

子程序 getf 将当前文件夹下的所有文件目录信息填写到 Excel 工作表，再递归调用自身，对当前文件夹下的所有子文件夹进行同样操作。

子程序 getf 的代码如下：

```
Sub getf(path)
  Dim fs As New FileSystemObject            '创建文件系统对象
  On Error Resume Next                       '忽略错误
  r = Range("A1048576").End(xlUp).Row + 1    '空白区起始行号
  Set fd = fs.GetFolder(path)                '创建文件夹对象
  For Each f In fd.Files                      '对文件夹的每个文件进行操作
    Cells(r, 1) = f.Name                      '填写目录信息
    Cells(r, 2) = f.Size
    Cells(r, 3) = f.DateLastModified
    Cells(r, 4) = path
    r = r + 1                                 '调整行号
  Next
  For Each sf In fd.SubFolders                '对所有子文件夹进行操作
    Call getf(sf.path)
  Next
End Sub
```

上述子程序的形参 path 为指定的文件夹路径名。

子程序首先创建一个文件系统对象，用变量 fs 表示。求出当前工作表 A 列空白区起始行号，用变量 r 表示。

然后，用 GetFolder 方法创建指定的文件夹对象，并把该文件夹中的每个文件名、大小、修改时间、路径名依次填入当前工作表的 1～4 列。

最后，递归调用 getf 自身，对指定文件夹下的每个子文件夹进行同样的操作。

4. 标记重复文件子程序 nsd

子程序 nsd 用来对文件名、大小、修改时间完全相同的文件做出标记。代码如下：

```
Sub nsd()
  k = 0                                              '计数器初值
  Range("A1").Sort Key1:=Range("A2"), Key2:=Range("B2"), _
  Key3:=Range("C2"), Header:=xlGuess                 '按 n、s、d 排序
  rm = Range("A1048576").End(xlUp).Row               '有效数据最大行号
  Cells(2, 1).Resize(rm, 4).Interior.ColorIndex = 2  '清数据区背景颜色
  For r = 2 To rm
    a1 = Cells(r, 1)
    b1 = Cells(r, 2)
    c1 = Cells(r, 3)
    If a1 = a0 And b1 = b0 And c1 = c0 Then           '与上一行相同
      Cells(r - 1, 1).Resize(2, 4).Interior.ColorIndex = clr '设置背景颜色
      k = k + 1                                       '计数
```

```
    Else
      clr = IIf(clr = 34, 35, 34)                  '交换颜色值
    End If
    a0 = a1: b0 = b1: c0 = c1                       '保存 n、s、d
  Next
  Cells(1, 6) = "重复数:" & k                       '显示重复文件数
End Sub
```

在上述子程序中，首先设置重复文件计数器 k 的初值，对 A1 单元格对应的数据区按文件名、大小、修改时间排序，求出有效数据最大行号，将表头以外的数据区背景颜色清除为白色。

然后，用 For 循环语句遍历表头以外的每一数据行。在每个数据中分别取出文件名、大小、修改时间。如果与上一行的文件名、大小、修改时间相同，则设置上一行背景颜色，计数器加 1。否则交换背景颜色值，以保证相邻行、不同文件背景颜色不同。

最后，在 F1 单元格显示重复文件数。

5. 删除选定文件子程序 del

子程序 del 用来删除在 Excel 工作表中选中的所有文件。代码如下：

```
Sub del()
  msg = "确实要删除选定的文件吗？"                    '定义提示信息
  Style = vbYesNo + vbQuestion + vbDefaultButton1    '定义按钮
  Title = "提示"                                     '定义标题
  Response = MsgBox(msg, Style, Title)               '显示对话框
  If Response = vbYes Then                           '用户选择"是"
    On Error Resume Next                             '忽略错误
    For Each c In Selection                          '对选定的每个文件进行操作
      r = c.Row
      fn = Cells(r, 4) & "\"                         '取出文件路径
      fn = fn & Cells(r, 1)                          '形成文件全路径名
      Kill fn                                        '删除文件
    Next
  End If
End Sub
```

在上述子程序中，首先用 MsgBox 函数显示一个对话框，提示"确实要删除选定的文件吗？"。

如果用户选择"是"，则用 For Each 语句删除选定的每个文件。具体方法是：

从 Excel 工作表每个被选中行的第 4 列去除文件路径名，与该行第 1 列的文件名拼接，形成文件的全路径名，用 Kill 命令删除文件。

6. 运行和测试

打开"标记、删除重复文件"工作簿，在"加载项"选项卡中可以看到"自定义工具栏"选项组。

单击"列出文件目录"按钮，选定文件夹，将得到图 11-8 所示的文件目录信息。

标记、删除重复文件.xlsm

	A	B	C	D	E	F
1	N（文件名）	S（大小）	D（修改时间）	路径	文件数:12	
2	填充颜色.xlsm	17121	2014/3/16 10:01	C:\Users\Administrator\Documents\在Excel工作表中插入多个图片		
3	插入图片.xlsm	13871	2014/3/15 16:19	C:\Users\Administrator\Documents\在Excel工作表中插入多个图片		
4	0433101.jpg	61365	2004/6/6 14:13	C:\Users\Administrator\Documents\在Excel工作表中插入多个图片\照片		
5	0433102.jpg	24478	2006/3/27 23:06	C:\Users\Administrator\Documents\在Excel工作表中插入多个图片\照片		
6	0433103.jpg	25090	2006/3/27 23:04	C:\Users\Administrator\Documents\在Excel工作表中插入多个图片\照片		
7	0433104.jpg	25528	2006/3/27 23:04	C:\Users\Administrator\Documents\在Excel工作表中插入多个图片\照片		
8	0433105.jpg	11689	2004/2/18 16:01	C:\Users\Administrator\Documents\在Excel工作表中插入多个图片\照片		
9	0433106.jpg	34037	2002/1/15 10:12	C:\Users\Administrator\Documents\在Excel工作表中插入多个图片\照片		
10	0433107.jpg	50511	2004/6/6 14:13	C:\Users\Administrator\Documents\在Excel工作表中插入多个图片\照片		
11	0433108.jpg	42239	2002/10/11 15:45	C:\Users\Administrator\Documents\在Excel工作表中插入多个图片\照片		
12	填充颜色.xlsm	17121	2014/3/16 10:01	C:\Users\Administrator\Documents\在Excel工作表中插入多个图片\照片		
13	插入图片.xlsm	13871	2014/3/15 16:19	C:\Users\Administrator\Documents\在Excel工作表中插入多个图片\照片		
14						
15						

文件目录

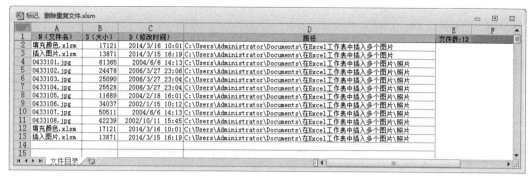

图 11-8　文件目录信息

单击“标记重复文件”按钮，得到图 11-9 所示的结果。可以看出，有两个重复文件，每组重复文件用相同的背景颜色标识，相邻行、不同组的重复文件背景颜色不同。

标记、删除重复文件.xlsm

	A	B	C	D	E	F
1	N（文件名）	S（大小）	D（修改时间）	路径	文件数:12	重复数:2
2	0433101.jpg	61365	2004/6/6 14:13	C:\Users\Administrator\Documents\在Excel工作表中插入多个图片\照片		
3	0433102.jpg	24478	2006/3/27 23:06	C:\Users\Administrator\Documents\在Excel工作表中插入多个图片\照片		
4	0433103.jpg	25090	2006/3/27 23:04	C:\Users\Administrator\Documents\在Excel工作表中插入多个图片\照片		
5	0433104.jpg	25528	2006/3/27 23:04	C:\Users\Administrator\Documents\在Excel工作表中插入多个图片\照片		
6	0433105.jpg	11689	2004/2/18 16:01	C:\Users\Administrator\Documents\在Excel工作表中插入多个图片\照片		
7	0433106.jpg	34037	2002/1/15 10:12	C:\Users\Administrator\Documents\在Excel工作表中插入多个图片\照片		
8	0433107.jpg	50511	2004/6/6 14:13	C:\Users\Administrator\Documents\在Excel工作表中插入多个图片\照片		
9	0433108.jpg	42239	2002/10/11 15:45	C:\Users\Administrator\Documents\在Excel工作表中插入多个图片\照片		
10	插入图片.xlsm	13871	2014/3/15 16:19	C:\Users\Administrator\Documents\在Excel工作表中插入多个图片		
11	插入图片.xlsm	13871	2014/3/15 16:19	C:\Users\Administrator\Documents\在Excel工作表中插入多个图片\照片		
12	填充颜色.xlsm	17121	2014/3/16 10:01	C:\Users\Administrator\Documents\在Excel工作表中插入多个图片		
13	填充颜色.xlsm	17121	2014/3/16 10:01	C:\Users\Administrator\Documents\在Excel工作表中插入多个图片\照片		
14						
15						

文件目录

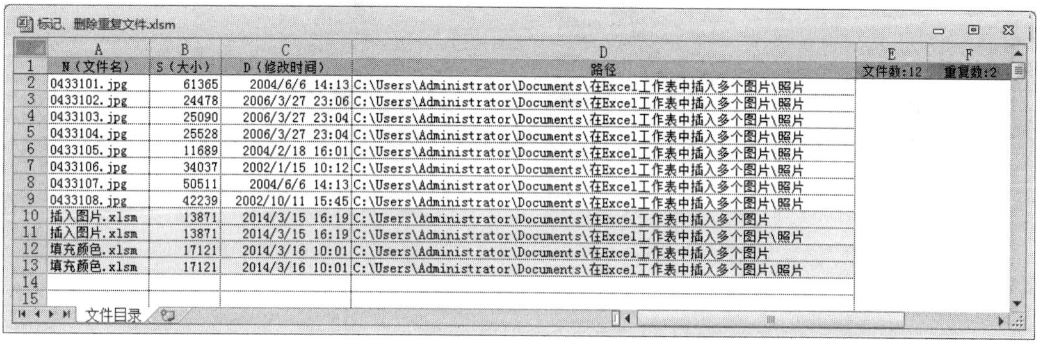

图 11-9　标识相同文件

在工作表中，同时选中第 11 行、第 13 行，单击“删除选定文件”按钮，确认后对应的文件将被删除。

再次单击“列出文件目录”“标记重复文件”按钮，得到图 11-10 所示的结果。

标记、删除重复文件.xlsm

	A	B	C	D	E	F
1	N（文件名）	S（大小）	D（修改时间）	路径	文件数:10	重复数:0
2	0433101.jpg	61365	2004/6/6 14:13	C:\Users\Administrator\Documents\在Excel工作表中插入多个图片\照片		
3	0433102.jpg	24478	2006/3/27 23:06	C:\Users\Administrator\Documents\在Excel工作表中插入多个图片\照片		
4	0433103.jpg	25090	2006/3/27 23:04	C:\Users\Administrator\Documents\在Excel工作表中插入多个图片\照片		
5	0433104.jpg	25528	2006/3/27 23:04	C:\Users\Administrator\Documents\在Excel工作表中插入多个图片\照片		
6	0433105.jpg	11689	2004/2/18 16:01	C:\Users\Administrator\Documents\在Excel工作表中插入多个图片\照片		
7	0433106.jpg	34037	2002/1/15 10:12	C:\Users\Administrator\Documents\在Excel工作表中插入多个图片\照片		
8	0433107.jpg	50511	2004/6/6 14:13	C:\Users\Administrator\Documents\在Excel工作表中插入多个图片\照片		
9	0433108.jpg	42239	2002/10/11 15:45	C:\Users\Administrator\Documents\在Excel工作表中插入多个图片\照片		
10	插入图片.xlsm	13871	2014/3/15 16:19	C:\Users\Administrator\Documents\在Excel工作表中插入多个图片		
11	填充颜色.xlsm	17121	2014/3/16 10:01	C:\Users\Administrator\Documents\在Excel工作表中插入多个图片		
12						
13						
14						
15						

文件目录

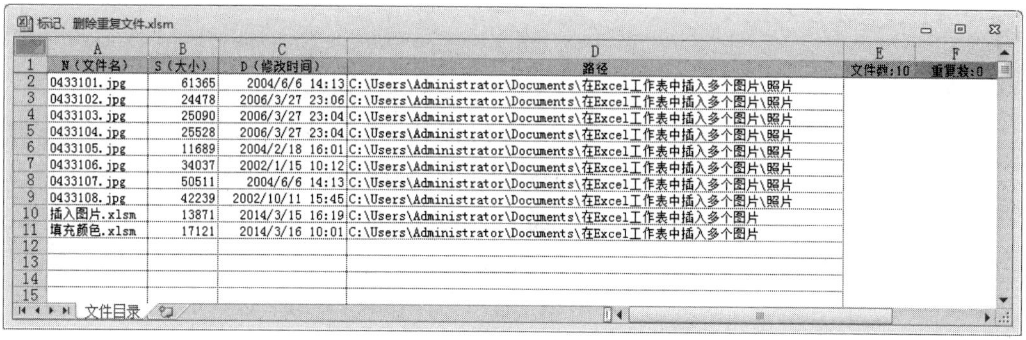

图 11-10　删除重复文件后的情形

上机练习

1. 参考图 11-11 所示的界面，在 Excel 中用 VBA 编写程序，生成任意一个汉字的 24×24 点阵字模。

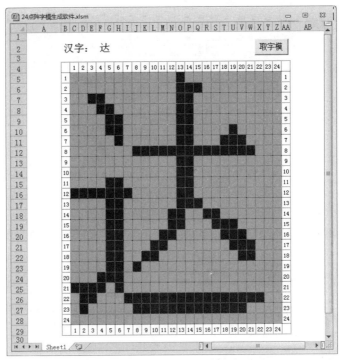

图 11-11　点阵字模生成软件界面

2. 创建一个 Excel 工作簿，编写 VBA 程序实现以下功能：

（1）打开工作簿时，程序自动在 Excel 功能区的"加载项"选项卡中添加一个临时自定义工具栏，上面放置两个按钮"列出文件目录"和"复制到指定文件夹"。

（2）单击"列出文件目录"按钮时，打开一个选择文件夹对话框。选定文件夹后，自动将该文件夹及其子文件夹下的所有文件目录信息填写到当前工作表。

（3）单击"复制到指定文件夹"按钮时，再次打开选择文件夹对话框。选定文件夹后，自动将所有文件复制到指定位置。

图 11-12　"2014-04-03 学生作业"
文件夹目录结构

例如，D 盘根目录有一个文件夹"2014-04-03 学生作业"，目录结构如图 11-12 所示。

其中，ZF01\101 下有一个文件"101 王婧怡.rar"，ZF01\102 下有一个文件"102 韩明卿.rar"，ZF02 下有一个文件"103 张愉.rar"，ZF03 下有两个文件"104 陈薪竹.rar"和"105 戴胜达.rar"。

单击"列出文件目录"按钮，选定文件夹"2014-04-03 学生作业"后，当前工作表应得到图 11-13 所示的结果。

单击"复制到指定文件夹"按钮，选定文件夹为 D 区根目录，所有文件将被复制到指定的位置。

提示：复制文件可以用 FileCopy 命令。

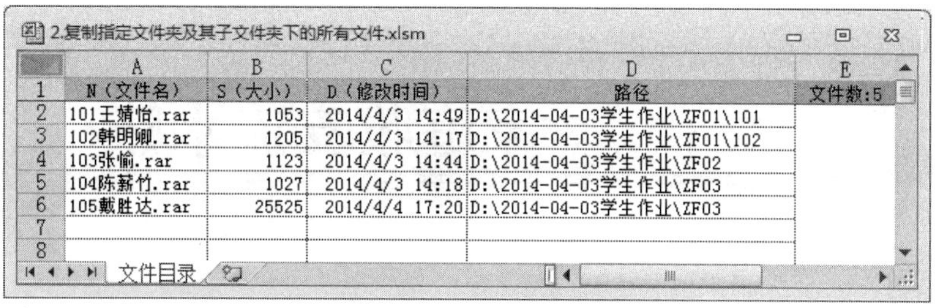
2.复制指定文件夹及其子文件夹下的所有文件.xlsm

	A	B	C	D	E
1	N（文件名）	S（大小）	D（修改时间）	路径	文件数:5
2	101王婧怡.rar	1053	2014/4/3 14:49	D:\2014-04-03学生作业\ZF01\101	
3	102韩明卿.rar	1205	2014/4/3 14:17	D:\2014-04-03学生作业\ZF01\102	
4	103张愉.rar	1123	2014/4/3 14:44	D:\2014-04-03学生作业\ZF02	
5	104陈苏竹.rar	1027	2014/4/3 14:18	D:\2014-04-03学生作业\ZF03	
6	105戴胜达.rar	25525	2014/4/4 17:20	D:\2014-04-03学生作业\ZF03	
7					
8					

文件目录

图 11-13 文件目录信息

第12章

家庭收支流水账

本章的任务是用 Excel 和 VBA 制作一个家庭收支流水账，实现数据输入、统计、汇总和分析等功能。

基本目标：

（1）简单实用，操作方便；

（2）能够自动进行数据统计和标识；

（3）收支类型可随时定义和修改，输入或修改基本收支数据时，可由一位数字替换为对应的收支类型名，提高效率；

（4）以表格和柱形图两种形式输出分类汇总数据。

涉及的主要技术：

（1）表名称、公式、条件格式和表格样式的应用；

（2）单元格批注内容的动态更新与显示；

（3）直接代换式输入方法的实现；

（4）数据有效性和光标焦点控制；

（5）下拉列表项的动态更新；

（6）分级显示控制；

（7）分类汇总数据的筛选与图表化。

12.1 工作簿设计

本软件用于家庭收支管理，主要功能包括收支类型定义、基本收支数据输入或修改、按年度和收支类型制作统计表和统计图。

创建一个 Excel 工作簿，保存为"家庭收支流水账.xlsm"。将工作簿的 3 张工作表分别命名为"收支项目""基本数据"和"统计图表"。

1. "收支项目"工作表

在"收支项目"工作表中选中所有单元格，设置"白色"背景，设置"宋体"、11 号字。选中 A～C 列，设置"虚线"边框，水平"居中"对齐，设置适当的列宽和行高。在 A1～C1 单元格中输入表格标题"代码""收支标志"和"收支类型"，设置适当的背景颜色。

输入需要的"收支类型""收支标志"以及对应"代码"数据。其中，收支标志用"S"表示收入项、"Z"表示支出项，代码用 1～9 当中的一位数字。为便于区分，可对收入项目和支出项目对应的单元格区域分别填充不同的背景颜色。最后得到图 12-1 所示的工作表结构和数据。

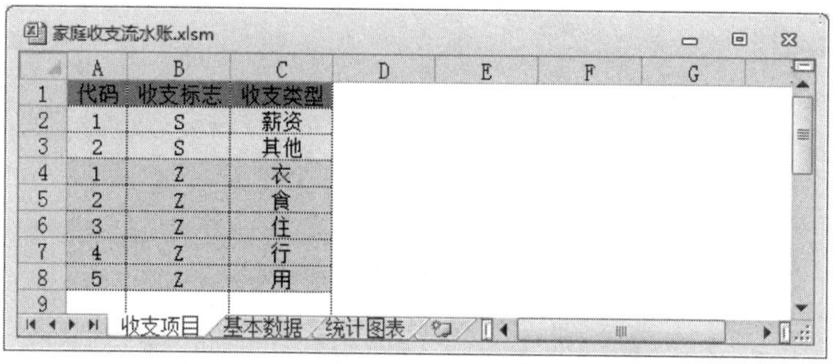

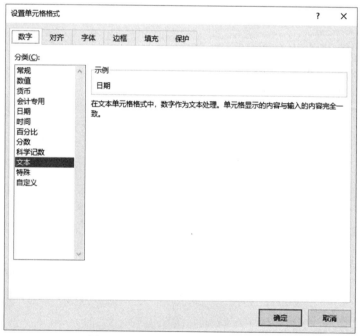

图 12-1　"收支项目"工作表结构和数据

根据需要，收支项目可随时添加、删除、修改和排序。

2．"基本数据"工作表

在"基本数据"工作表第 1 行，从 A 列开始，依次输入以下表格标题："日期""收入金额""支出金额""余额""收支类型""收支摘要""工行卡""建行卡""交行卡""支付宝""现金"以及"合计"。

选中 A 列，按 Ctrl+1 快捷键，在图 12-2 所示的"设置单元格格式"对话框中，设置"数字"为"文本"格式。

图 12-2　"设置单元格格式"对话框

从第 2 行开始输入若干用于测试的数据，得到图 12-3 所示的结果。

选中 D3 单元格，输入公式"=D2+B3−C3"，向下填充到 D9 单元格。

选中 L2 单元格，输入公式"=SUM(G2:K2)"，向下填充到 L9 单元格。

图 12-3　工作表结构和测试数据

图 12-4　"新建格式规则"对话框

选中 G3 单元格，输入公式"=G2"，向右填充到 K3 单元格。选中 G3:K3 单元格区域，向下填充到第 9 行。

选中 L2:L9 单元格区域，在"开始"选项卡的"样式"选项组中单击"条件格式"按钮，选择"新建规则"命令。在图 12-4 所示的"新建格式规则"对话框中，设置"选择规则类型"为"使用公式确定要设置格式的单元格"，设置公式为"=$D2<>$L2"，并为符合此公式的值设置黄色单元格背景。

在 Excel "文件"选项卡中选择"选项"命令。在图 12-5 所示的"Excel 选项"对话框的左边单击"高级"项，右边找到"此工作表的显示选项"，取消"在具有零值的单元格中显示零"复选框的选择，隐藏该工作表的零值。

图 12-5　"Excel 选项"对话框

在“视图”选项卡的“窗口”选项组中单击“冻结窗格”按钮，选择“冻结首行”命令，冻结表格标题行。

选中 A1:L9 单元格区域，在“插入”选项卡的“表格”选项组中单击“表格”按钮。创建一个名称为“表 1”的表格。在“表格工具 设计”选项卡的“表格样式”选项组中选择“中等深浅 13”样式。

从第 2 行开始，依次输入 G～K 列各部分金额，系统自动求出合计数据。如果“合计”数据与对应的“余额”不同，则合计数据单元格用黄色背景标识，说明账面不平衡，需要纠错。

经过以上处理，得到图 12-6 所示的工作表。

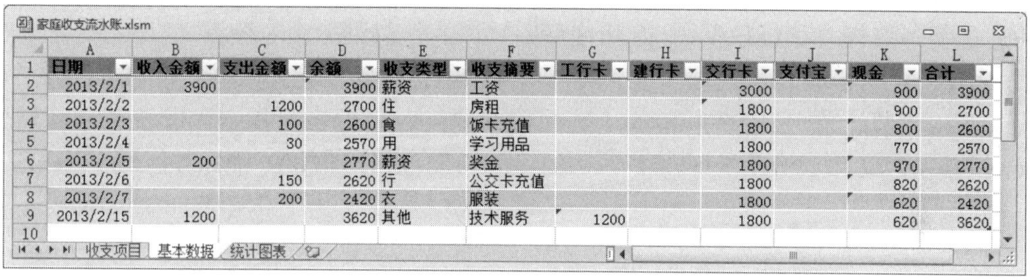

	A	B	C	D	E	F	G	H	I	J	K	L
1	日期	收入金额	支出金额	余额	收支类型	收支摘要	工行卡	建行卡	交行卡	支付宝	现金	合计
2	2013/2/1	3900		3900	薪资	工资			3000		900	3900
3	2013/2/2		1200	2700	住	房租			1800		900	2700
4	2013/2/3		100	2600	食	饭卡充值			1800		800	2600
5	2013/2/4		30	2570	用	学习用品			1800		770	2570
6	2013/2/5	200		2770	薪资	奖金			1800		970	2770
7	2013/2/6		150	2620	行	公交卡充值			1800		820	2620
8	2013/2/7		200	2420	衣	服装			1800		620	2420
9	2013/2/15	1200		3620	其他	技术服务	1200		1800		620	3620
10												

图 12-6　加工后的工作表

此后，在表格中追加新的数据行，格式和公式将自动扩展到新行。可以很方便地进行数据输入、修改、计算、核对和筛选。

3. “统计图表”工作表

在“统计图表”工作表中，选中所有单元格，设置“白色”背景，设置“宋体”、11 号字。选中 A～D 列，设置“虚线”边框，调整适当的列宽。

A 列单元格数字设置为“文本”格式，居中对齐。B、C 列单元格数字设置为两位小数“数值”格式，右对齐。D 列居中对齐。

选中 A1:D3 区域，取消除下边框线之外的所有边框线。选中 B1:D2 区域，设置实线边框，行高为 20。在 B1～D1 单元格中输入筛选标题“年份”“收入”和“支出”，居中对齐，填充适当的背景颜色。

在“开发工具”选项卡的“控件”选项组中单击“插入”按钮，在 B2 单元格中添加一个组合框（ActiveX 控件）ComboBox1。在 C2、D2 单元格中分别添加选项按钮（ActiveX 控件）OptionButton1 和 OptionButton2。删除选项按钮的 Caption 属性值。根据需要调整各控件的大小和位置。

在 Excel“文件”选项卡中选择“选项”命令。在“Excel 选项”对话框的左边单击“高级”项，右边找到“此工作表的显示选项”，取消“在具有零值的单元格中显示零”复选框的选择，隐藏工作表中的零值。

在 A4:D4 单元格区域输入以下表格标题：“日期”“收入金额”“支出金额”和“收支类型”。

为制作统计图表，在 C5:C9、D5:D9 单元格区域分别输入几个模拟的“支出金额”和“收支类型”数据。此时的“统计图表”工作表结构和模拟数据如图 12-7 所示。

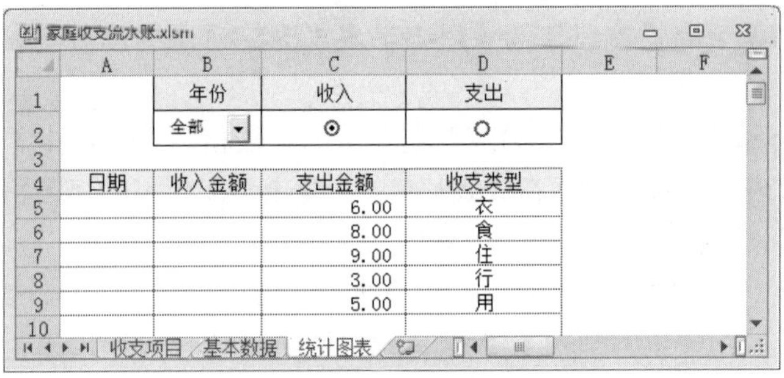

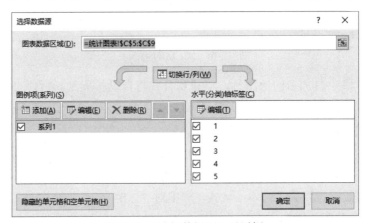

图 12-7 "统计图表"工作表结构和模拟数据

将光标定位到表格之外的空白区域，在"插入"选项卡的"图表"选项组中单击"柱形图"按钮，选择"二维柱形图>簇状柱形图"命令，得到一个空图表。

在"图表工具>设计"选项卡的"数据"选项组中单击"选择数据"按钮，打开"选择数据源"对话框。在图 12-8 所示的"选择数据源"对话框中，指定"图表数据区域"为 C5:C9。单击"水平（分类）轴标签"栏的"编辑"按钮，指定"轴标签区域"为 D5:D9。

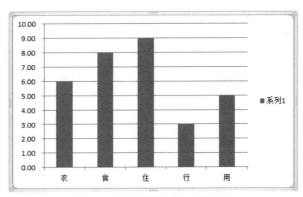

图 12-8 "选择数据源"对话框

单击"确定"按钮后，得到图 12-9 所示的图表。

图 12-9 设置数据源之后的图表

在"图表工具>设计"选项卡的"图表布局"选项组中单击"快速布局"按钮，选择"布局 1"命令。在"图表样式"选项组中选择"样式 16"。

在"图表工具>格式"选项卡的"形状样式"选项组中选择"细微效果-橙色，强调颜色 6"。

选中图表区右侧的"系列 1"，按 Delete 键将其删除。

右击图表区，在弹出的快捷菜单中选择"设置图表区域格式"命令。在"设置图表区格式"任务窗格的"属性"选项组中，设置对象位置为"大小和位置均固定"。

最后得到图 12-10 所示的图表。

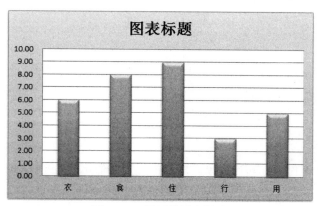

图 12-10　最后的图表样式

12.2　基本数据维护

在"基本数据"工作表中，利用 Excel 本身的功能，可以对数据进行增、删、改等操作。但由于"收支类型"是枚举型数据，我们希望有更简单、更快捷的输入方式，且每行的数据要么是收入记录，要么是支出记录，即，同一条记录的"收入金额"和"支出金额"不能同时为零，也不能同时非零，因此需要对数据进行检测和控制。这些功能可以用 VBA 程序实现。

1. 工作表的 SelectionChange 事件代码

进入 VB 编辑环境，在当前工程的 Microsoft Excel 对象中，双击"基本数据"工作表，为工作表的 SelectionChange 事件编写如下代码：

```
Private Sub Worksheet_SelectionChange(ByVal Target As Range)
  r = Target.Row                        '当前行号
  c = Target.Column                     '当前列号
  If r = 1 Then Exit Sub                '第 1 行，退出子程序
  hs = Range("E1").End(xlDown).Row      '求 E 列数据行数
  If r > hs + 1 Then                    '大于 hs+1 行
    Cells(hs + 1, 1).Select             '定位光标，防止下移
    Exit Sub                            '退出子程序
  End If
  If c = 5 Then                         '第 5 列
    sr = Target.Offset(0, -3)           '收入金额
```

```
      zc = Target.Offset(0, -2)                      '支出金额
      If (sr > 0 And zc > 0) Or (sr = 0 And zc = 0) Then '数据无效
        Target.Offset(0, -3).Select                  '定位光标
        Exit Sub                                     '退出子程序
      End If
      If sr > 0 Then                                 '收入项有效
        lbx = zfc("S")                               '取收入类型代码、名称
      Else                                           '支出项有效
        lbx = zfc("Z")                               '取支出类型代码、名称
      End If
      With Target.Validation
        .Delete                                      '删除数据有效性验证条件
        .Add Type:=xlValidateInputOnly               '设置数据有效性验证条件
        .InputMessage = lbx                          '设置数据有效性验证提示信息
      End With
    End If
End Sub
```

在"基本数据"工作表中的当前单元格的位置发生变化时，产生 SelectionChange 事件，执行上述代码。

程序根据当前单元格位置进行相应的处理。

如果是第 1 行，则不执行其他操作，直接退出子程序。

如果超过 E 列数据 1 行以上，则定位到 E 列数据下一行的第 1 列，然后退出。目的是防止光标过多下移。

如果当前单元格处于第 5 列，则进行以下操作：

（1）取出当前行第 2 列、第 3 列的"收入金额"和"支出金额"。

（2）如果"收入金额"和"支出金额"全大于零，或者全等于零，就说明数据输入无效，将光标定位到当前行第 2 列，然后退出即可。

（3）如果只是"收入金额"大于零，则调用自定义函数 zfc，取"收支项目"工作表中的所有收入类型代码和对应的收支类型名，形成一个字符串，送给变量 lbx。

（4）如果只是"支出金额"大于零，则调用自定义函数 zfc，取"收支项目"工作表中的所有支出类型代码和对应的收支类型名，形成一个字符串，送给变量 lbx。

（5）在当前单元格中，先删除原有的数据有效性验证条件，再设置新的数据有效性验证条件，将变量 lbx 的值作为数据有效性验证提示信息。目的是提醒用一位数字代替对应的收支类型名。

2. 自定义函数 zfc

在"基本数据"工作表中，编写一个自定义函数 zfc，代码如下：

```
Function zfc(sz)
  Set sh = Sheets("收支项目")              '用对象变量表示工作表
  hs = sh.Cells(1, 1).End(xlDown).Row      '数据行数
  For k = 2 To hs                          '按数据行循环
    If sh.Cells(k, 2) = sz Then            '收支标志与参数相同
```

```
        s = s & sh.Cells(k, 1) & "-" & sh.Cells(k, 3) & Chr(10) '拼接代码、类型名
    End If
  Next
  zfc = s                                                      '返回值
End Function
```

上述自定义函数的功能是，取“收支项目”工作表的收入或支出类型代码、名称，拼接成一个字符串，作为函数返回值。

形式参数 sz 作为收支标志，它的值为“S”表示收入项，“Z”表示支出项。

在函数中首先用对象变量 sh 表示“收支项目”工作表。

然后，对“收支项目”工作表的第 2 行到最后一个数据行进行扫描。如果某行第 2 列的“收支标志”与参数 sz 的值相同，则将“代码”、分隔符“-”、“收支类型名”、换行符拼接到字符串变量 s 中。

最后，将 s 作为函数的返回值。

3. 工作表的 Change 事件代码

为“基本数据”工作表的 Change 事件编写如下代码：

```
Private Sub Worksheet_Change(ByVal Target As Range)
  r = Target.Row                            '当前行号
  c = Target.Column                         '当前列号
  If r > 1 And c = 5 Then                   '第 2 行之后的第 5 列
    sr = Target.Offset(0, -3)               '收入金额
    v = Target.Value                        '当前单元格内容
    If IsEmpty(v) Then Exit Sub             '空值，退出子程序
    If Not IsNumeric(v) Then Exit Sub       '非数字符号，退出子程序
    If sr > 0 Then                          '收入金额大于 0
      Target.Value = th(v, "S")             '替换为代码 v 对应的收入类型名
    Else
      Target.Value = th(v, "Z")             '替换为代码 v 对应的支出类型名
    End If
  End If
End Sub
```

在“基本数据”工作表中，当任意一个单元格的内容改变时，都会产生 Change 事件，执行上述代码。

上述代码对当前单元格的位置进行判断，如果是第 5 列，并且行号大于 1，则进行以下操作：

取出当前单元格值（代码），送给变量 v。取出当前行第 2 列的值（收入金额），送给变量 sr。

如果当前单元格的值为空，则不执行其他操作，直接退出。

如果当前单元格的值不是数字，也不执行其他操作，直接退出。

如果当前行第 2 列的值（收入金额）大于零，则调用自定义函数 th，将当前单元格输入的代码 v 替换为对应的收入类型名。否则，调用自定义函数 th，将当前单元格输入的代

码 v 替换为对应的支出类型名。

4. 自定义函数 th

在"基本数据"工作表中，编写一个自定义函数 th，代码如下：

```
Function th(v, sz)
  Set sh = Sheets("收支项目")                        '用对象变量表示工作表
  hs = sh.Cells(1, 1).End(xlDown).Row               '数据行数
  For k = 2 To hs                                    '按数据行循环
    If sh.Cells(k, 1) = v And sh.Cells(k, 2) = sz Then  '代码、收支标志相符
      th = sh.Cells(k, 3)                            '返回收支类型名
      Exit Function
    End If
  Next
  th = ""                                            '返回空串
End Function
```

上述自定义函数的功能是，取出代码对应的收入或支出类型名。

形式参数 v、sz 分别为代码和收支标志，sz 的值为"S"表示收入项，"Z"表示支出项。

该函数首先用对象变量 sh 表示"收支项目"工作表。

然后，对"收支项目"工作表的第 2 行到最后一个数据行进行扫描。如果某行第 1 列的"代码"、第 2 列的"收支标志"与参数 v、sz 的值相同，则把该行第 3 列的"收支类型名"作为函数的返回值。如果"收支项目"工作表中没有匹配的"代码"和"收支标志"，则返回空串。

这里采用了一种"直接代换式输入"技术。在输入枚举型数据时，只要输入事先预置的代码，就可以自动代换为相应的内容。例如，输入"1"，可直接替换为收入类型名"薪资"，或支出类型名"衣"。输入"2"，可直接替换为收入类型名"其他"，或支出类型名"食"。这种方法具有很高的输入效率，熟练后可以实现"盲打"，代换码表的内容也可随时修改和增删。

12.3 分类汇总图表

为了能按某一年份或所有年份对各项收支数据进行分类汇总，得到统计图表，先前已经在"统计图表"工作表中添加了一个组合框、两个选项按钮，按模拟数据设计了一个图表。接下来还需要编写程序，对数据进行筛选和分类汇总，动态设置图表的数据源。

1. 组合框列表项的添加

打开"家庭收支流水账"工作簿，进入 VB 编辑环境。在当前工程的 Microsoft Excel 对象中，双击 ThisWorkbook，为当前工作簿的 Open 事件编写如下代码：

```
Private Sub Workbook_Open()
  Dim b(2010 To 2060) As Integer                    '定义数组（标志）
  Set sh1 = Sheets("基本数据")                       '用对象变量表示工作表
  Set sh2 = Sheets("统计图表")
```

```
rn = sh1.[A1].End(xlDown).Row          '有效数据最大行号
For r = 2 To rn                        '对数据区按行循环
  ny = sh1.Cells(r, 1)                 '取出日期
  nf = Year(ny)                        '取出年份
  If b(nf) <> 1 Then                   '年份 nf 未被收集
    sh2.ComboBox1.AddItem nf
    b(nf) = 1                          '标记 nf 已被收集
  End If
Next
sh2.ComboBox1.AddItem "全部"
End Sub
```

当工作簿打开时，产生 Open 事件，执行上述代码。

它首先声明一个数组 b，下标从 2010 到 2060，数组元素被用来标识某个年份值是否被收集到组合框中。例如，当“2013”这个年份值被收集到组合框后，便将数组元素 b(2013) 的值设置为“1”。反过来，如果 b(2015) 的值为“0”，则说明“2015”这个年份值未被收集。利用这个数组，可以将“基本数据”工作表中不重复的年份值添加到组合框中。

为便于操作，分别用对象变量 sh1、sh2 表示“基本数据”和“统计图表”工作表。然后对“基本数据”工作表的第 2 行到最后一个数据行进行扫描。从每行第 1 列的“日期”数据中取出年份值，用变量 nf 表示。如果 b(nf) 的值不等于“1”，则说明该年份值未被收集，可用 AddItem 方法把该年份值添加到“统计图表”工作表的组合框 ComboBox1 中，并把数组元素 b(nf) 的值置为“1”，标记年份值 nf 已被收集。最后，把列表项“全部”添加到“统计图表”工作表的组合框 ComboBox1 中。

2. 组合框和选项按钮的代码

在 VB 编辑环境中，双击“统计图表”工作表对象，在代码编辑窗口上方的“对象”下拉列表中选择组合框 ComboBox1，在“过程”下拉列表中选择 Change，编写如下代码：

```
Private Sub ComboBox1_Change()
  Call tjtb
End Sub
```

用类似的方式，为选项按钮 OptionButton1 和 OptionButton2 的 Click 事件编写如下代码：

```
Private Sub OptionButton1_Click()
  Call tjtb
End Sub
Private Sub OptionButton2_Click()
  Call tjtb
End Sub
```

这样，当组合框的选项改变时，或者单击选项按钮时，都会调用子程序 tjtb，刷新统计图表。

3. tjtb 子程序

在"统计图表"工作表中，编写一个子程序 tjtb，代码如下：

```
Sub tjtb()
  '对数据源进行筛选、复制到目标区
  Application.ScreenUpdating = False            '关闭屏幕更新
  Set sr = Sheets("基本数据")                     '设置对象变量
  On Error Resume Next                          '屏蔽错误处理
  sr.ShowAllData                                '清除筛选状态
  If ComboBox1.Text = "全部" Then
    sr.ListObjects("表1").Range.AutoFilter 1      '全部年份
  Else
    sr.ListObjects("表1").Range.AutoFilter 1, ComboBox1.Text & "*" '指定年份
  End If
  If OptionButton1.Value = True Then
    sr.ListObjects("表1").Range.AutoFilter 2, ">0"  '收入金额大于 0 的记录
  Else
    sr.ListObjects("表1").Range.AutoFilter 3, ">0"  '支出金额大于 0 的记录
  End If
  With Range("A5:D1048576")                      '对目标区域
    .ClearContents                               '清除内容
    .Interior.ColorIndex = 2                     '清除颜色
  End With
  rm = sr.Range("A1048576").End(xlUp).Row        '求有效数据最大行号
  h = 5                                          '起始目标行号
  For r = 2 To rm                                '复制筛选后的数据
    If sr.Rows(r).Height > 0 Then
      Cells(h, 1) = sr.Cells(r, 1)
      Cells(h, 2) = sr.Cells(r, 2)
      Cells(h, 3) = sr.Cells(r, 3)
      Cells(h, 4) = sr.Cells(r, 5)
      h = h + 1
    End If
  Next
  sr.ShowAllData                                '恢复显示数据源全部记录
  '对目标数据区进行排序、分类汇总
  With Range("A4").CurrentRegion                 '对目标数据区
    .ClearOutline                                '取消分级显示
    .Sort Key1:=Range("D5"), Order1:=xlAscending, Header:=xlGuess '排序
    .Subtotal GroupBy:=4, Function:=xlSum, TotalList:=Array(2, 3) '分类汇总
  End With
  ActiveSheet.Outline.ShowLevels RowLevels:=2    '显示二级汇总结果
  ActiveWindow.DisplayOutline = False            '隐藏分级显示符号
  '设置图表属性
  n = Range("D1048576").End(xlUp).Row - 1        '最后一个分类汇总数据的行号
  If OptionButton1.Value = True Then
```

```
      v = "=统计图表!R5C2:R" & n & "C2"                  '将第 2 列作为图表数据源的值
      t = ComboBox1.Text & " 收入"                       '图表标题
    Else
      v = "=统计图表!R5C3:R" & n & "C3"                  '将第 3 列作为图表数据源的值
      t = ComboBox1.Text & " 支出"                       '图表标题
    End If
    x = "=统计图表!R5C4:R" & n & "C4"                    '第 4 列作为图表的分类轴标志
    ActiveSheet.ChartObjects(1).Activate                '激活第 1 个图表
    ActiveChart.SeriesCollection(1).Values = v          '设置图表数据源的值
    ActiveChart.SeriesCollection(1).XValues = x         '设置图表的分类轴标志
    ActiveChart.ChartTitle.Characters.Text = t          '设置图表标题
    Cells(n + 1, 1).Resize(1, 4).Interior.ColorIndex = 35 '设置"总计"行颜色
    Columns(4).Font.Bold = False                        '取消第 4 列粗体
    Cells(1.1).Select                                   '光标定位
    Application.ScreenUpdating = True                   '打开屏幕更新
End Sub
```

在上述子程序中，先关闭屏幕更新，最后再打开屏幕更新，目的是提高效率。

语句 **On Error Resume Next** 的作用是屏蔽错误处理，忽略在"清除筛选状态""取消分级显示"时可能出现的错误。

整个子程序包括 4 部分。

第 1 部分，对"基本数据"工作表的数据进行筛选，复制到当前工作表指定区域。

（1）清除"基本数据"工作表的数据筛选状态，显示全部数据。

（2）从组合框 ComboBox1 中取出当前选项。如果选项是"全部"，则筛选出"基本数据"工作表中"表 1"第 1 列（即"日期"数据项）的全部数据；否则筛选出"表 1"第 1 列以指定年份开头的数据。

（3）如果选项按钮 OptionButton1 被选中，则筛选出"基本数据"工作表中"表 1"第 2 列（也就是"收入金额"数据项）大于零的数据；否则筛选出"表 1"第 3 列（即"支出金额"数据项）大于零的数据。

（4）对当前工作表 A5:D1048576 区域清除内容、清除颜色。

（5）将"基本数据"工作表中"表 1"筛选结果的 1、2、3、5 列数据，复制到当前工作表第 5 行开始的 1、2、3、4 列目标区域。

（6）恢复显示"基本数据"工作表的全部数据。

第 2 部分，对当前工作表目标数据区的数据进行排序和分类汇总。

（1）对当前工作表 A4 单元格开始的目标数据区，取消分级显示，按"收支类型"升序排序。按"收支类型"分类，对"收入金额""支出金额"汇总。相当于在 Excel "数据"选项卡的"分级显示"选项组中选择"分类汇总"命令，在图 12-11 所示的"分类汇总"对话框中设置了分类字段和汇

图 12-11　"分类汇总"对话框

总项。

（2）让当前工作表只显示二级汇总结果，并且隐藏分级显示符号。

第 3 部分，设置图表属性。

（1）求出当前工作表目标数据区最后一个分类汇总数据所在行号，送给变量 n。

（2）如果选项按钮 OptionButton1 被选中，则将当前工作表第 2 列从 5 行到 n 行的区域作为图表数据源的值，图表标题设置为组合框 ComboBox1 的选项与"收入"拼接的字符串；否则将当前工作表第 3 列从 5 行到 n 行的区域作为图表数据源的值，图表标题设置为组合框 ComboBox1 的选项与"支出"拼接的字符串。数据源的值用变量 v 表示，标题用变量 t 表示。

（3）将当前工作表第 4 列从 5 行到 n 行的区域作为图表数据源的分类轴标志，用变量 x 表示。

（4）激活当前工作表的第 1 个图表，设置图表数据源的值为 v、分类轴标志为 x、标题为 t。

第 4 部分，收尾处理。

设置当前工作表目标数据区"总计"行的背景颜色，取消第 4 列的文字的"加粗"控制，将光标定位到 1 行 1 列单元格。

12.4　测试与使用

打开"家庭收支流水账"工作簿。在"收支项目"工作表中，可以随时添加、删除、修改各收支项目的名称、收支标志和代码。

1. 基本数据维护

在"基本数据"工作表中，可以用通常方法对数据进行增、删、改等操作。但范围不能超过数据区 1 行以上。在新增的数据行中，自动扩展表格的公式和格式。

将光标定位到"收支类型"列时，如果对应的"收入金额"和"支出金额"全都大于零，或者全部等于零，则将光标定位到当前行第 2 列，以便重新输入数据；如果只是"收入金额"大于零，则在当前单元格中显示"收支项目"工作表中的所有收入类型代码和对应的收支类型名，如图 12-12 所示；如果只是"支出金额"大于零，则在当前单元格中显

	日期	收入金额	支出金额	余额	收支类型	收支摘要	工标卡	建行卡	交行卡	支付宝	现金	合计
11	2014/5/10		1300	7520	住	房租	1200	5200	500		620	7520
12	2014/5/15		200	7320	食	米面油	1200	5200	500		420	7320
13	2014/5/16		50	7270	行	打车	1200	5200	500		370	7270
14	2014/5/16	3500		10770	其他	稿费	4700	5200	500		370	10770
15	2014/5/17	220		10990	薪资	交通补助	4700	5200	500		590	10990
16	2014/5/18		600	10390	衣	皮鞋	4700	4600	500		590	10390
17	2014/5/26		800	9590	用	日用品	4700	3800	500		590	9590
18	2014/5/26		1900	7690	用	手机	2800	3800	500		590	7690
19	2014/5/28	2000		9690			2800	3800	500		590	7690

图 12-12　收入类型代码提示信息

示"收支项目"工作表中的所有支出类型代码和对应的收支类型名,提醒用一位数字代替对应的收支类型名,如图 12-13 所示。

图 12-13　支出类型代码提示信息

当第 2 行以后的第 5 列单元格内容发生改变时,如果收入金额大于零,则将当前单元格输入的代码替换为对应的收入类型名;如果支出金额大于零,则将当前单元格输入的代码替换为对应的支出类型名。例如,在图 12-12 所示的 E19 单元格中输入"1",按 Enter 键后将替换为"薪资";在图 12-13 所示的 E19 单元格中输入"2",按 Enter 键后将替换为"食"。

2. 分类汇总图表

在"统计图表"工作表中可以动态生成统计表和统计图。

打开工作簿时,"基本数据"工作表中不重复的年份值将添加到"统计图表"工作表的组合框 ComboBox1 中。

选中"统计图表"工作表,在"年份"组合框中选择一个年份,单击"收入"或"支出"选项按钮,便会按"收支类型"分类对"收入金额"或"支出金额"汇总结果,并分别以表格和图形的形式显示出来。

假设"基本数据"工作表中有图 12-14 所示的内容。

图 12-14　"基本数据"工作表内容

在"统计图表"工作表的"年份"组合框中选择"全部",单击"收入"选项按钮,会得到图 12-15 所示的结果。

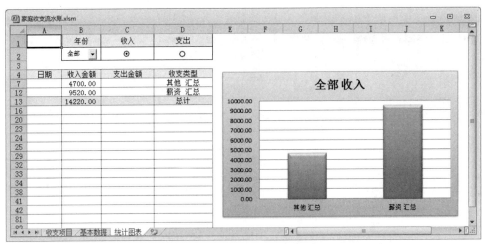

图 12-15   分类汇总结果之一

如果在"年份"组合框中选择"2014",并选中"支出"项,则显示图 12-16 所示的分类汇总结果。

图 12-16   分类汇总结果之二

上机练习

1. 修改"家庭收支流水账"软件,将"统计图表"工作表中的柱形图改为含有百分比的饼图。

2. 修改"家庭收支流水账"软件,使之在"基本数据"工作表中,能够用下拉列表输入"收支类型"数据。

3. 设计一个 Excel 工作簿并编写程序,根据 Sheet2 中的数据生成 Sheet1 中的计算机配件清单。

要求：能够从下拉列表中选择不同的配件类别、品牌和型号，程序自动添加下拉列表项，自动填写单价，自动进行金额计算和汇总，自动在“型号”列单元格中填写批注形式的保换、保修月数信息。Sheet1 和 Sheet2 的结构和内容如图 12-17、图 12-18 所示。

计算机配件清单						
序号	类别	品牌	型号	单价	数量	金额
1	CPU	Intel	PentiumIV 3.2E	1530	1	¥1,530
2	主板	华硕	P5WD2	1650	1	¥1,650
3	内存	三星	DDR400 512M	290	2	¥580
4	硬盘	西部数据	SATA200G	700	1	¥700
5	显卡	七彩虹	X700CT	750	1	¥750
6	光驱	三星	16XDVD-RW	390	1	¥390
7	显示器	飞利浦	170X6	1700	1	¥1,700
8	机箱					
9						
10						
合计						¥7,300

图 12-17　Sheet1 工作表结构和内容

序号	类别	品牌	型号	单价	保换期(月)	保修期(月)
1	CPU	Intel	PentiumIV 3.6C	1780	12	36
2	CPU	Intel	PentiumIV 3.2E	1530	12	36
3	CPU	AMD	Athlon64 4000+	1230	12	36
4	CPU	AMD	Athlon64 4600+	980	12	36
5	主板	华硕	P5WD2	1650	6	24
6	主板	华硕	P5GDC	1360	6	24
7	主板	技嘉	GA-8I955X	1800	3	12
8	内存	现代	DDR400 1G	560	3	12
9	内存	三星	DDR400 512M	290	3	12
10	内存	三星	DDR333 256M	140	3	12
11	硬盘	希捷	SATA200G	760	3	12
12	硬盘	希捷	SATA160G	680	3	12
13	硬盘	西部数据	SATA200G	700	6	24
14	显卡	小影霸	R9800 Pro	990	3	12
15	显卡	小影霸	R9550 Pro	780	3	12
16	显卡	七彩虹	X700CT	750	6	18
17	光驱	三星	16XDVD-RW	390	3	12
18	光驱	明基	32X-COMBO	280	3	12
19	光驱	明基	16XDVD	190	3	12
20	显示器	三星	913V	2480	12	36
21	显示器	三星	770P	2280	12	36
22	显示器	飞利浦	170X6	1700	12	36
23	机箱	世纪之星	蜘蛛侠38度	350	3	12
24	机箱	金河田	星际6117	380	3	12
25	机箱	金河田	蓝牙6108	320	3	12
26	键鼠套装	罗技	极光无影手	550	3	12
27	键鼠套装	微软	黄金游戏	450	3	12
28	键鼠套装	微软	光学极动鲨	180	3	12

图 12-18　Sheet2 工作表结构和内容

参 考 文 献

[1] Excel 精英部落. Excel 函数与公式速查宝典[M]. 北京：水利水电出版社, 2019.

[2] 杨小丽. Excel 应用大全:全新升级版[M]. 北京：中国铁道出版社, 2016.

[3] 罗刚君. Excel VBA 程序开发自学宝典[M]. 3 版. 北京：电子工业出版社, 2014.

[4] 国本温子. Excel VBA 与宏最强教科书[M]. 祁芬芬，译. 北京：中国青年出版社, 2022.

[5] 亚力山大，库斯莱卡. 中文版 Excel 2019 高级 VBA 编程宝典[M]. 石磊，译. 9 版. 北京：清华大学出版社, 2020.

[6] Excel Home. Excel 应用大全 Excel 365 & Excel 2021 [M]. 北京：北京大学出版社, 2023.

[7] 李政. VBA 任务驱动教程[M]. 北京：国防工业出版社, 2014。